AI服装设计

实战速查手册

沈雷◎著

化学工业出版社

·北京·

内 容 简 介

本书是一本将AI技术与服装设计相结合的实用教程，全书分为理念构建、工具矩阵和设计实战三大篇章，覆盖20多个服装品类设计模块、11款主流AI服装设计软件，通过图文详解操作步骤与真实设计案例讲解，构建完整的AI服装设计流程。通过关键词构建、提示词生成逻辑与实战示范，读者可快速掌握AI赋能下的服装设计创作，实现从创意生成到成品落地。

本书特别适合服装品牌设计师、服装专业的学生、独立的设计师、电商从业者与AI设计爱好者，解决"不懂AI工具""找不到设计灵感""难以风格化表达"等痛点。从"灵感生成"到"高定设计"，从"国潮风"到"智能穿戴"，通过本书，读者将了解如何运用AI进行个性化服装定制、风格迁移与跨界创作，从0到1快速入门AI服装设计，系统地掌握AI服装设计核心技能，实现个性化、高效率、可持续的服装设计创作，为服装产业转型升级提供全新的方法论。

图书在版编目（CIP）数据

AI服装设计实战速查手册 / 沈雷著. -- 北京 ： 化学工业出版社，2025. 9. -- ISBN 978-7-122-48592-2

Ⅰ．TS941.2-39

中国国家版本馆CIP数据核字第2025WD3906号

责任编辑：杨 倩 孙 炜 　　　　　　　　封面设计：异一设计
责任校对：田睿涵 　　　　　　　　　　　　装帧设计：盟诺文化

出版发行：化学工业出版社（北京市东城区青年湖南街13号　邮政编码100011）
印　　装：天津市银博印刷集团有限公司
710mm×1000mm　1/16　印张16½　字数326千字　2025年9月北京第1版第1次印刷

购书咨询：010-64518888　　　　　　　　　售后服务：010-64518899
网　　址：http://www.cip.com.cn

凡购买本书，如有缺损质量问题，本社销售中心负责调换。

定　　价：99.00元　　　　　　　　　　　　　　版权所有　违者必究

推荐序

当前，中国服装产业正经历着一场深刻变革，数字技术正重塑着产业生态，消费变革催生了个性、多元的设计需求，双头目标驱动绿色可持续发展，对更加美好生活的向往促进了人们对健康的关注。作为全球最大的服装生产国和出口国，中国拥有规模庞大、潜力巨大的消费市场，拥有19.5万家服装制造企业，年生产服装超过700亿件，年出口额逾1500亿美元，已经形成全球最完备的产业体系。然而，在数字技术鸿沟、结构性消费错配、劳动力成本上升、绿色可持续转型、全球供应链重构等多重挑战下，产业转型升级已不是选择题，而是关乎存续的必答题。

拉长时间坐标，打开空间格局。从长远和大势看，我们正处在一个大变革、大调整、大动荡叠加的时代，来自技术、市场、文化、生态等维度的周期性调整与结构性变化相互交织，全面重塑着时尚产业的底层逻辑和顶层思维。服装行业需要深刻理解变革，积极拥抱变革，持续引领变革，培育发展新质生产力，构建现代化产业体系，打造世界级品牌群体，扎实推进高端化、智能化、绿色化、融合化的高质量发展，聚力实现从"大而全"向"强而韧"的生态跃迁，从"要素驱动"向"创新驱动"的动能转换，从"被动适应"向"主动塑造"的模式升级。

纵观全球时尚产业竞争格局，数智化转型正成为重构产业秩序的核心变量。国际奢侈品牌已率先布局，LVMH集团投资1亿欧元建立AI创新实验室，Gucci通过算法将设计周期压缩60%。快时尚巨头SHEIN依托AI预测系统实现日均上新3000款，国内优势企业如波司登、太平鸟纷纷建立AI美学设计大脑、数字设计中心等。这些实践揭示了一个产业共识：AI技术正在重塑从趋势洞察、产品设计到柔性生产的全价值链。而中国服装产业的数智化转型，需要技术创新与产业生态的共振。中国服装产业要实现从"规模红利"向"技术红利"的跃迁，必须加速构建以算力为基石、以算法为引擎、以数据为燃料的新型竞争力。

以江苏十佳设计师沈雷教授为首的研究团队，多年来专注于品牌服装设计研究，已有与近百个服装品牌合作的经历，在服装品牌企划和设计市场化操作方面取得了实效。在总结其近年AI设计实战经验基础上编写的本书，是对设计理论和实践结合的一次有益尝试。

站在产业发展的历史坐标上，这部著作不仅是一本技术指南，更像是一支振聋发聩的转型号角。它提醒我们：当AI能够完成60%的基础设计工作时，人类的创造力应该投向更辽阔的美学疆域；当算法解构了传统设计流程的底层逻辑时，产业价值正在向数据运营与生态构建迁移。期待该书引发的思想激荡能转化为中国服装产业的集体创新实践，让中国服装产业在智能时代的全球价值链重构中，不仅可以实现技术赶超，更能完成价值跃升。

杜岩冰

中国服装协会 副会长

2025年6月

当你翻开这本书时，或许正站在一场设计革命的起点。过去10年，人工智能技术像一束光，穿透了医疗、金融、教育等领域的边界。如今，这束光正照亮服装设计师的工作台——从巴黎高定时装周的创意工作室，到义乌小商品市场附近的快时尚工厂，AI正在重塑服装设计的全流程。

当巴黎时装周的T台上首次出现由生成对抗网络设计的全系列作品时，当美国谷歌与德国合作的Project Muze实时生成模型自动匹配面料属性时，当上海时装周的虚拟模特在元宇宙空间演绎数字高定时装时，我们正在见证服装设计领域百年未有之大变局。

本书的创作源于中国服装数字化转型报告，国内10%～15%的头部服装企业已尝试使用AI设计工具，但全面部署AI设计工具的企业不足5%；中小微企业渗透率低于1%，且行业智能转型合格人才缺口高达43万。这种技术应用与人才培养的结构性矛盾，恰恰揭示了传统设计教育体系与智能时代需求的严重错位。作为深耕服装设计领域30多年的设计师和教育工作者，我目睹了无数设计师在人工智能工具面前既兴奋又困惑的复杂表情，这种时代性的认知焦虑，最终催生了这部系统性讲解AI服装设计的专业著作。

本书的创作初衷，是帮助不同阶段的设计从业者找到与AI协作的最佳方式。全书分为3篇，层层递进，带领读者深入AI设计的前沿领域。第1篇"什么是AI设计"带你初步认识AI。AI赋予了计算机和机器类似人类的学习、理解、解决问题和创造的能力，它涵盖机器学习、深度学习等复杂的技术，能从海量数据里挖掘规律、预测趋势。第2篇"AI服装设计工具矩阵指南"将解锁两类利器，即以Midjourney、Stable Diffusion为代表的通用AI设计工具，它们像是数字化的灵感喷泉，能根据一个抽象的概念瞬间生成数百张设计草图；而蝶讯D.SD、潮际主设、凌迪Style3D、POP•AI智绘等AI服装设计专用软件，不仅能精准预测时尚流行趋势，海量生成各种品类的新创意，更能将平面设计自动转化为可用于生产的版图和3D样衣，精确调整服装面料的物理参数，快速生成不同场景的时装展示效果，实现从灵感到成品的跨越。第3篇"设计实战"收录了84个品牌实战案例，涵盖T恤、衬衫、牛仔裤、毛衫、羽绒服、运动服、高定礼服、智能服装等20个国内时尚专业领域。每个案例都是一次真实的"人机对话"过程，你会看到设计师如何运用关键词驾驭Midjourney生成创意图像，如何利用服装设计专用软件将AI绘图转化为精致的服装款式，以及如何借助AI相机展现虚拟穿着效果的每一个细节。

在写作过程中，我不断回想起30年前刚接触CAD软件时的震撼，当时的老匠人们担忧计算机会扼杀手艺的温度，但事实证明，掌握新技术的那批人反而更有效率地创造了更多的作品。今天，我们正站在相似的转折点上：当AI可以完成从灵感发散、款式设计到虚拟走秀的全流程，设计师的核心价值正在向更上游迁移——对文化符号的解读能力、对情感共鸣的把握精度，以及对技术伦理的思考深度，这些人类独有的智慧，将成为区分平庸和设计大师的真正标尺。

期待在某个清晨，当你在AI生成的设计方案中突然找到心跳加速的创意时，能想起这本书曾陪伴你度过技术困惑期的那些夜晚。服装设计的终极魅力，从来不在布料与针脚之间，而在人类对美的永恒追求之中——现在，我们有了一个更强大的伙伴共同踏上这段旅程。

是为前言。

2025年初夏于蠡湖
江苏服装品牌协同创新中心

目录

第1篇
什么是AI设计

第2篇
AI服装设计工具矩阵指南

第3篇
设计实战

什么是
AI设计

第1章

AI技术与服装设计基础

当服装设计遇见AI，就像给了每个人一把魔法剪刀。

每天早上穿衣服时，你可能不知道，你衣领的弧度藏着数学公式，牛仔裤的破洞位置经过大数据计算，甚至T恤上的印花图案，可能诞生于人工智能的"魔法"。这不是科幻电影，而是正在发生的现实——就像电灯取代蜡烛、手机取代信件，AI技术正在重新定义"服装设计"。

那么，到底什么是AI呢？

1.1 AI技术的定义与分类

1.1.1 人工智能的定义

人工智能（Artificial Intelligence，AI）是指计算机系统模拟人类智能的能力，其能够执行通常需要人类智慧的任务，如学习、推理、规划和决策等。AI的目标是通过算法和数据，使计算机能够自主地进行分析和决策，而不完全依赖人为指令。

AI技术的广泛应用已经深刻改变了人们的生活，例如智能语音助手（如Siri和小爱同学）、自动驾驶汽车、智能推荐系统（如抖音和小红书）等。这些系统能够通过学习大量的数据，提高自身的判断能力，使决策更加精准。

1.1.2 人工智能的分类

人工智能可以根据其能力和技术路径进行分类，主要包括以下几类。

（1）基于能力的分类[①]

弱人工智能（Narrow AI）：也称为"专用AI"，是指能够完成特定任务的AI，比如人脸识

---

① 根据IBM 2024年8月9日发布的关于"什么是人工智能（AI）"的定义。

别、语音助手和智能搜索引擎等。这类AI无法进行超出特定领域的推理，比如AlphaGo可以在围棋上战胜人类，但它无法理解自然语言或驾驶汽车。

强人工智能（General AI）：又称为"通用AI"，指的是能够像人类一样思考和学习的AI，能够在不同任务间进行迁移学习。目前，AI仍处于弱人工智能阶段，通用AI仍然是未来的研究方向。

超级人工智能（Super AI）：AI未来将能够超越人类智能，具备创造力、情感和自我意识，成为真正的"智能生命体"。

（2）基于技术的分类①

机器学习（Machine Learning，ML）：一种AI实现的方法，它使计算机能够通过数据自动学习规律，而无须明确编程。例如，邮件系统中的垃圾邮件识别功能会通过分析大量垃圾邮件的特征（如关键词、发送者地址等），来不断优化自己的分类算法。

深度学习（Deep Learning，DL）：机器学习的一个子集，它采用多层神经网络来模拟人脑的运作方式，使计算机能够自主学习复杂的模式。例如，自动驾驶汽车利用深度学习来识别道路标志、行人和交通信号，从而做出合理的驾驶决策。

神经网络（Neural Networks）：一种模拟人脑神经元工作方式的计算模型。简单来说，它由一系列相互连接的"人工神经元"组成，每个神经元负责处理信息，并将结果传递给下一层神经元。深度学习中的"深度"就是指神经网络的层数越深，学习能力就越强。例如，AlphaGo通过神经网络学习了百万场围棋比赛，从而达到超越人类棋手的水平。

1.2　AI在服装设计中的进化之路

从图案生成的"实习生"到可持续革命的"战略家"，AI在服装设计中的进化本质是人类创造力的拓展。技术终将迭代，但设计的灵魂永远根植于人们对美与功能的追求之中。

1.2.1　早期萌芽：算法与图案生成的实验

21世纪初，AI技术尚处于萌芽阶段，其在服装设计领域的应用主要集中在图案生成和基础数据分析方面。早期的计算机辅助设计（CAD）工具崭露头角，为设计师们带来了一些便利。这类工具能够依据预设的算法，生成简单的几何图案，或呈现出对称、规整的纹理。以常见的几何图案生成为例，通过特定的算法指令，CAD工具可以精准地绘制出正方形、圆形、三角形等基础图形，并将其按照一定的规律进行排列组合，形成富有秩序感的图案。而在对称纹理生成方面，借助镜像对称、旋转对称等算法逻辑，能够快速复制出与初始元素相对称的纹理效果。然而，这些功能本质上仅停留在"工具辅助"的浅层次上。设计师在整个创作流程中依旧占据绝对主导地位，从设计理念的构思、风格的定位，到整体造型的把控，每一个关键环节都依赖设计师的创意与经验。

这一阶段的AI更像是"实习生"，依赖设计师设定规则，输出结果粗糙且缺乏商业价值。该阶段的技术局限为算力不足、数据样本稀缺，AI无法理解时尚趋势或人体工学。

---

① 根据周志华的经典教材《机器学习》中对人工智能技术的分类和解释。

1.2.2　深度学习崛起：从数据分析到风格迁移

如今科技发展迅猛，深度学习技术迎来了重大突破，成为推动人工智能实现质的飞跃的关键力量。深度学习通过构建多层神经网络，借助大量数据训练，让模型自动学习复杂的特征和模式，从而在图像识别领域展现出强大的能力，能够精准地解析图像元素、理解其含义及相互关系。这一卓越的图像识别能力，为人工智能在服装设计领域的深度应用筑牢了坚实基础，进而催生出趋势预测与风格迁移两大极具价值的应用。

趋势预测是深度学习在服装设计领域的重要应用之一。随着社交媒体的蓬勃发展、时尚秀场的数字化呈现，以及销售数据的大量积累，AI拥有了丰富的数据资源。借助深度学习算法，AI可以对社交媒体上的海量图片、热门话题、秀场中展示的最新设计，以及销售数据所反映的消费者偏好进行全面而深入的分析。通过对这些数据的挖掘，AI能够精准地识别颜色、廓形、图案等流行元素之间的关联。例如，通过分析社交媒体上时尚博主的穿搭图片，结合特定时间段内的服装销售数据，AI发现某一年夏季，明亮的柠檬黄色与宽松的阔腿裤频繁同时出现，且这类与穿搭相关的帖子点赞量高，对应的服装款式销量也显著上升，由此判断出柠檬黄色与阔腿裤的组合将成为下一季的流行趋势之一。这种基于数据驱动的趋势预测，相比传统的市场调研方法，更加高效、精准，为服装品牌制定设计策略和生产计划提供了有力依据。

风格迁移则是深度学习在服装设计领域的另一大创新应用，它借助卷积神经网络（Convolutional Neural Network，CNN）实现。卷积神经网络能够提取图像的特征，并且可以将一张图像的风格特征迁移到另一张图像上。在服装设计中，这一技术展现出了独特的魅力。以梵高的画作《星月夜》为例，其独特的笔触、浓烈的色彩和奇幻的风格深受大众喜爱。借助深度学习的风格迁移技术，AI可以提取《星月夜》中的色彩、笔触和构图等风格特征，并将这些特征"移植"到服装设计草图中。

在这一阶段，AI在服装设计流程中的角色发生了显著变化，从早期的"实习生"升级为"助理"。以往，设计师为了寻找设计灵感，需要花费大量时间浏览各类时尚杂志、参加秀场活动、研究历史服装款式等。现在，AI通过趋势预测和风格迁移，能够快速为设计师提供丰富的灵感素材，大幅缩短了灵感收集的时间。

1.2.3　生成式AI时代：从辅助到共创

生成式AI时代的来临，彻底改写了AI在服装设计领域的角色定位，使其从单纯的辅助工具转变为能够与设计师并肩的共创伙伴。而这一重大变革的背后，生成对抗网络（Generative Adversarial Network，GAN）和Transformer模型发挥了关键作用。

生成对抗网络由伊恩·古德费洛（Ian Goodfellow）在2014年提出[1]，它创新性地构建了一种对抗式学习架构，包含生成器和判别器两个核心组件。生成器的任务是生成全新的数据，比如生成逼真的服装图像；判别器则负责对生成器的输出进行鉴别，判断其是真实数据还是生成的"假数据"。这两个组件相互博弈、共同进化，就像在一场激烈的竞争中，生成器不断提

---

① 根据古德费洛（Goodfellow）在2014年提出的革命性想法：生成对抗网络的概念。

升生成数据的质量以骗过判别器，判别器则持续优化鉴别能力以识破生成器的"伪装"。在这个过程中，生成器逐渐学会了如何生成高度逼真、符合特定要求的内容，赋予了AI前所未有的原创设计能力。

　　GAN在服装设计领域的应用，为设计师带来了无限可能。以往，设计师在寻找灵感和突破创意瓶颈时常常面临诸多挑战，而GAN可以通过学习海量的服装设计数据，包括不同风格的服装款式、色彩搭配、面料纹理等，挖掘出其中潜在的设计模式和规律，进而生成极具创意和独特性的设计方案。这些方案不仅涵盖了传统的设计元素，还能将看似不相关的元素巧妙地融合，创造出全新的时尚风格。

1.2.4　个性化与可持续的革命

　　当下，AI技术正有力地推动着服装设计领域的两大关键变革，为行业发展注入新的活力。

　　超个性化定制成为服装设计领域的一大显著趋势。美国公司StitchFix利用AI深入分析数百万用户数据，涵盖用户的身材尺寸、风格偏好、购买历史、生活场景等多维度信息。通过先进的算法模型，将这些数据转化为精准的设计参数，实现了真正意义上的"一人一版"设计。比如，根据用户日常活动场景与对舒适度的要求，AI会为其推荐合适的面料；依据用户独特的身材曲线，精准地规划服装版型，确保每一件定制服装都能完美地贴合用户身形，满足其个性化需求，提供独一无二的穿着体验。

　　可持续设计闭环也是AI在服装行业的重要发力点。国内某知名电商平台，凭借AI技术构建了高效的可持续设计闭环。平台整合销售、用户反馈、潮流趋势及供应链数据，借助大数据分析与预测模型，精准地洞察服装款式、尺码的需求变化。在库存管理上，当需求上升且库存较低时，AI会向供应商快速发出补货提醒；面对库存积压，AI提供促销或改造建议，减少生产浪费。在面料选择环节，AI依托庞大的面料数据库，按设计需求和可持续标准，为设计师推荐环保面料。在生产阶段，智能排单系统依据订单、产能、设备状态合理安排任务，提升效率、降低能耗，同时实时监测设备、预测故障。此外，平台通过AI图像识别开展旧衣回收计划，评估衣物价值，给出回收价格或积分，将回收的衣物翻新后进行二手销售或拆解再利用，打造从设计到回收的完整闭环，助力服装行业绿色转型。

1.3　传统服装设计与AI服装设计的区别

　　传统设计与AI设计并非对立的关系，而是创造力与技术力的融合。未来的服装设计，将是人类感性审美与机器理性计算共同编织的"双螺旋结构"，既保留手工艺的温度，又拥有数字时代的精准与高效。

1.3.1　设计流程：从"手工打磨"到"数据驱动"

　　在时尚产业的漫长发展进程中，传统服装设计长期依赖设计师深厚的个人经验及精细的手工操作。回溯历史，设计师在开启一个新设计项目时，往往先在空白的画纸上，凭借脑海中模糊的灵感雏形，用铅笔细细勾勒出服装草图。每一根线条的走向，都承载着设计师对服装廓形、比例的考量。完成草图后，便是对版型的反复雕琢。设计师需要将纸张裁剪成不同的形状，在人台模型上不断摆弄，用别针固定，以调整出最贴合人体又兼具美感的版型，这一过程可能历经数十次尝试。

如今，AI凭借强大的数据处理能力，成为服装设计的得力助手。它如同一位不知疲倦的信息收集者，在浩如烟海的信息海洋中穿梭。一方面，深入挖掘历史潮流数据，从过去几十年甚至上百年的时尚秀场档案、经典服装设计作品中，探寻风格演变规律；另一方面，紧密追踪社交媒体趋势，分析海量用户发布的穿搭照片、时尚话题讨论等信息，捕捉当下最热门的时尚元素；同时，还将消费者行为数据纳入分析范畴，涵盖购买记录、浏览偏好等，全方位洞察消费者的喜好。AI大幅缩短设计周期，提升设计效率，让服装设计流程发生了质的飞跃。

1.3.2 创意生成：从"灵感迸发"到"无限组合"

传统服装设计创意高度依赖设计师的审美积累，这使得作品带有鲜明的个人烙印，但受限于人类大脑的信息处理能力。比如，一位深耕复古风的设计师，在面对未来主义风格时，因缺乏相应的知识储备与设计经验，难以快速捕捉其精髓，融入创意，设计出令人眼前一亮的作品。此外，传统创意生成方式效率较低，设计师需要从海量资料中汲取灵感，寻找灵感的过程漫长且不确定，可能长时间苦思冥想，却难有满意的创意浮现。

AI的创意生成则基于模式识别与组合创新。它基于强大的模式识别能力，能对海量设计元素进行深度剖析。在面料纹理方面，AI学习不同面料如丝绸的顺滑纹理、牛仔布的粗糙纹理，以及各类纹理在不同服装风格中的应用，了解纹理与风格的适配性。对于廓形，无论是经典的A字裙廓形，还是彰显干练的直筒裤廓形，AI都能洞悉其特点。通过对这些海量设计元素的学习，AI实现了组合创新。它能将看似毫不相干的设计元素进行跨界融合，生成新奇的组合。比如，将巴洛克风格中繁复华丽、充满细节的刺绣，与极简主义剪裁中追求简洁线

图1-3-1

条、去除繁杂装饰的理念相结合，创造出既具奢华感又不失简约大气的服装；或利用算法模拟自然界生物的形态，像蝴蝶翅膀上精致且独特的纹理，把这种纹理以巧妙的方式融入服装设计，为服装增添灵动自然的美感。这种"混合创造力"为设计师提供了源源不断的灵感，让设计师从传统有限的创意思维中跳脱出来，拥有更广阔的创作空间。如图1-3-1所示为AI生成的AI服装设计的未来展望图。

1.3.3 材料与生产：从"经验判断"到"精准预测"

在传统服装设计流程里，材料选择这一关键环节，主要依靠设计师长期积累的经验，以及手中有限的供应商资源。设计师凭借过往对不同面料的手感、外观效果的了解，来决定选

用何种材料。但这种方式存在明显弊端，市场情况瞬息万变，面料价格可能因原材料供应、季节变化等因素大幅波动，而设计师常因信息滞后，依旧按原计划采购，导致成本剧增。若合作供应商库存不足，又难以快速找到合适的替代品，就会延误生产周期，进一步推高成本。

AI技术的融入改变了这一局面。它通过整合供应链上下游各类数据，包括原材料产地、运输状况、供应商库存、市场价格走势等，为材料选择提供全面的参考。同时，借助材料性能模拟技术，AI能精准呈现不同面料的特性。例如，利用虚拟试穿技术，模拟丝绸在模特行走时轻柔的垂感与灵动的褶皱效果，或牛仔布在伸展动作中的硬朗表现。设计师可据此快速确定理想面料，减少实物打样次数，实现精准决策，极大地降低成本，提升生产效率。

1.3.4 用户交互：从"单向输出"到"双向共创"

在传统服装设计模式下，用户交互几乎是"单向输出"。服装品牌主导设计与生产，消费者处于被动位置，只能在品牌推出的有限款式中挑选。即便有定制服务，过程也极为烦琐。消费者需要多次前往线下门店，耗费时间与精力，等待专业人员量体。在沟通设计细节时，由于缺乏直观的展示工具，往往难以精准传达自己的想法，这不仅让消费者体验不佳，品牌也需投入大量人力、物力，导致定制成本居高不下。

AI技术的出现扭转了这一局面，让用户一跃成为"共同设计师"。如今，消费者只需轻松上传自己的身材数据，如身高、体重、三围等，同时勾选或描述个人风格偏好，比如喜欢休闲风、职场风，偏好简约还是繁复设计，AI系统便能快速运转，依据这些信息生成10款专属设计方案供用户挑选。更令人惊喜的是，借助实时渲染3D试穿技术，用户能直观地看到自己身着每款设计的效果，服装的动态褶皱、面料质感都得以清晰地呈现出来，真正实现了双向共创的高效用户交互体验。

1.3.5 可持续性：从"事后补救"到"源头优化"

传统时尚行业在可持续性方面长期面临严峻挑战。在以往的模式下，由于缺乏精准的市场预判，常常出现过量生产的情况。与此同时，潮流更迭迅速，库存积压问题愈发严重。权威数据显示，每年因此造成的纺织品浪费高达9200万吨，这不仅意味着大量资源被白白浪费，还对环境造成了沉重的负担。

AI技术的兴起，为时尚行业的可持续发展带来了转机，通过需求预测与循环设计两大路径推动可持续变革。一方面，AI通过深度分析消费者在网络平台上的搜索记录、点赞偏好等行为数据，能够精准洞察市场趋势，预测爆款销量。服装企业依据这些预测结果合理安排生产规模，有效避免了生产过剩带来的资源浪费。另一方面，AI在循环设计中发挥着重要作用。它能够自动识别并拆解旧衣物的面料成分，然后基于这些数据，生成全新的可回收利用的旧衣物设计图。如此一来，从设计环节便将可持续理念融入其中，真正做到了从源头优化，推动时尚行业朝着绿色、环保的方向大步迈进。

1.4 AI在服装设计中大展身手

1.4.1 设计灵感生成：数据驱动的创意爆发

传统设计依赖于设计师的个人经验与灵感积累，而AI通过分析海量数据，如社交媒体趋势、历史秀场图片、消费者行为等，能够快速识别流行元素并生成跨界创意。

在实时趋势捕捉方面，AI通过分析TikTok、Instagram等平台的流行标签，敏锐洞察时尚潮流走向，辅助品牌抢占市场先机。

2024年，AI分析发现社交媒体上"Y2K千禧辣妹风"的相关标签热度持续攀升，某快时尚品牌依据这一趋势，快速推出带有金属配饰、亮色皮革材质、低腰设计的服装款式，在激烈的市场竞争中占得先机。

在跨界创新方面，AI能融合看似不相关的元素。比如，利用AI将中国传统陶瓷的色彩与纹理，如青花瓷的蓝白配色、钧瓷的窑变纹理，与现代礼服的剪裁相结合。AI对陶瓷艺术元素进行数字化提取，并与礼服设计的版型数据进行匹配，生成一系列创新设计方案。最终呈现出的礼服，在领口、裙摆等部位融入陶瓷元素，既展现出东方文化的典雅韵味，又不失现代时尚的精致感。

1.4.2 个性化定制：满足多元需求的专属体验

AI技术在服装领域的深度渗透，彻底革新了个性化定制模式，借助扫描用户身材数据、剖析购物历史，以及洞察社交媒体动态等多维度信息，实现了精准的"量体裁衣+风格匹配"深度定制服务。

① 智能量体：以淘宝的AI智能量体功能为例，它借助计算机视觉与深度学习算法，仅需用户打开淘宝App，使用手机摄像头拍摄照片，系统便能迅速识别用户的人体轮廓与关键点，如肩宽、胸围、腰围、臀围等。这背后依靠的是对大量服装数据与人体数据的算法模型进行持续训练与优化，从而不断提升测量精度。

② 个性化推荐：快时尚品牌利用AI算法深度挖掘消费者在品牌官网和线下门店的购物历史数据，同时整合社交媒体平台上消费者的时尚分享动态，全面了解消费者的风格偏好。例如，通过分析发现某位消费者过往购买记录中多为简约北欧风服装，且在社交媒体上频繁点赞简约风穿搭内容，AI便会优先为其推荐当季新款的简约风服装系列，包括简洁线条的纯色连衣裙、基础款的百搭T恤和直筒牛仔裤等。这种精准的个性化推荐，使得该消费者在浏览推荐商品后的购买转化率大大提高，真正实现了契合消费者个人风格的专属购物体验，满足了消费者对服装个性化多元需求。

1.4.3 生产流程优化：智能升级，降本增效

在服装生产领域，AI技术正驱动行业向智能化、高效化、低成本化方向迈进。

海澜之家与中国移动合作开展"5G+AI智慧供应链融合质检项目"。传统人工验布每小时

仅能检测100～150m布匹，漏检率达10%～15%。海澜之家引入的AI机器视觉系统，依靠先进算法与深度学习模型，能每秒扫描数米布匹，精准识别断经、色花等数十种瑕疵，检测准确率超98%，较人工提升至少3个百分点。这一技术将质检合格率从95%提至97%以上，每年节省约300万元人工成本，还避免了后续返工浪费，缩短了生产周期。此外，在海澜之家门店、仓库及工厂实现了5G网络全覆盖，以支撑智能化生产。"智慧零售"系统借助5G-A无源物联网技术，实现服饰标签信息自动上传与统计分析，陈列核查准确率近100%。

ZARA同样借助AI优化生产流程。其AI系统整合销售、社交媒体、市场趋势及天气等多源数据，能精准预测服装的销量与流行周期。如预测某款短袖在特定城市销售旺季仅6周，ZARA据此严控铺货量，减少25%～30%库存管理成本。同时，AI实时监测时尚话题与消费者反馈，助力快速调整设计生产计划，利用AI设计工具生成草图，加快新品上市，降低设计成本与时间成本。

AI贯穿服装生产各环节，从海澜之家质检、零售环节的智能应用，到ZARA供应链预测与设计环节的高效变革，全方位提升生产效率，降低成本，推动服装行业智能化转型。

1.4.4 可持续设计：从"环保口号"到"绿色革命"

全球知名运动品牌，利用AI技术对产品全生命周期进行深度分析与优化。在产品设计阶段，AI通过分析海量消费者需求数据与材料性能数据，推荐环保且性能优良的面料。例如，在设计某款运动鞋时，AI依据消费者对透气、耐磨、轻量化的需求，推荐了一种可回收的高性能网眼面料，该面料不仅减少了对新资源的开采，而且在产品废弃后可高效回收再利用。在生产过程中，AI实时监测能源消耗情况，优化生产流程，降低能耗。通过智能调控生产设备的运行参数，耐克工厂在生产该款运动鞋时，使能源消耗较以往降低。

AI技术在服装行业可持续设计中的应用，正将可持续发展从抽象概念转化为切实可行、可计算的绿色变革，推动整个服装行业朝着更加环保、高效的方向发展。

1.4.5 虚拟与现实的联动：从"T台秀场"到"元宇宙"

AI正打破物理与数字世界的界限，在数字化浪潮的席卷下，AI技术成为推动服装行业虚拟与现实跨界联动的核心力量，彻底改写了时尚的呈现与体验方式，将传统的T台秀场延伸至充满无限可能的元宇宙衣橱。

例如，2024年巴黎时装周期间，Balenciaga通过AI生成"虚拟超模"展示全息服装，观众用手机AR扫描即可试穿，首日数字藏品销售额突破200万美元；英国设计师IrisvanHerpen的2024高定系列采用了3D打印技术，全程使用AI渲染流体动力学效果，将"水波纹"立体刺绣的实物还原度提升至95%。更进一步的是耐克推出的AI虚拟球鞋实现了"虚实融合穿搭"，用户可在元宇宙穿着并获取运动数据，AI据此优化实体鞋的缓震结构，实现数字体验驱动实体创新。

1.5 AI服装设计相关术语

如表1-5-1所示为AI服装设计相关术语解析。

表1-5-1 AI服装设计相关术语解析

类 别	术 语	技术描述	应用场景
生成设计类	生成对抗网络	通过生成器与判别器的对抗训练生成逼真的服装图像	生成概念图 虚拟样衣设计
	扩散模型（Diffusion Model）	通过逐步去噪生成高分辨率设计图（如Stable Diffusion）	快速生成多风格服装方案
	风格迁移（Style Transfer）	将艺术风格迁移到服装图案或整体设计	定制化印花设计 品牌联名款创作
	智能打版（AI Pattern Making）	基于人体数据自动生成适配版型	减少人工打版时间 提高尺码适配度
	面料利用率优化	AI算法优化布料排版，减少裁剪废料	降低生产成本 支持可持续生产
用户与市场类	虚拟试衣（Virtual Try-On）	结合AR、3D建模模拟服装上身效果	电商试穿 线下智能试衣镜
	趋势预测（Trend Forecasting）	分析社交数据预测流行色、款式	品牌季度企划 快时尚选款
可持续设计类	零浪费设计（Zero-Waste）	通过算法优化版型，实现布料100%利用	环保品牌服装生产
	碳足迹计算	AI追踪从服装原料到成衣的碳排放	企业ESG报告 绿色认证
虚拟与数字技术类	数字孪生（Digital Twin）	创建服装的虚拟3D模型，同步物理属性	线上发布会 虚拟样衣测试
	3D建模生成	输入文字、草图生成可编辑的3D服装模型	游戏、元宇宙角色服装设计
核心技术支撑	点云处理	基于3D人体扫描数据生成精准版型	高端定制 运动服压力 分布优化
	强化学习（Reinforcemen）	通过用户反馈迭代优化设计	个性化推荐 系统改进
新兴概念	智能面料（Smart Fabric）	整合传感器或AI驱动的变色、温控材料	户外服装 医疗健康监测服饰
	协作式设计（Co-Creation）	AI辅助设计师完成创意发散与筛选	品牌联名设计 众创平台

第 2 篇

AI 服装设计
工具矩阵
指南

第2章

软件简介

人工智能正在重塑服装行业。马斯克曾预言，未来80%的智力劳动将被AI取代。从AI设计、AI大片、AI视频到智能商品管理和库存管理，从数据分析到供应链优化，AI技术正在全方位改变行业生态。字节跳动计划于2024年投资AI 800亿元，2025年投资1500亿元；阿里巴巴未来三年计划投资AI 3800亿元；2025年1月21日，特朗普在白宫宣布"星际之门"人工智能基础设施投资计划，计划未来4年总投资5000亿美元。各方对人工智能的巨量投资，预示未来AI将呈现指数级增长。

2.1 AI服装设计软件的行业现状与趋势

2.1.1 行业现状

（1）效率提升与成本优化

当前，AI服装设计软件正通过其高度自动化的设计流程，显著提升服装行业的效率。在传统服装设计流程中，设计师从设计草图到样衣效果确认，通常需要3～5个工作日，而借助AI系统，这一过程可以被缩短至十几秒。AI设计软件能够快速完成从设计理念到成品样图的转换，在缩短设计周期的同时，AI技术的应用还减少了人力投入，优化了资源分配，从而降低了生产成本，使企业能够以更低的成本快速响应市场需求，以更高的效率推出新产品。随着AI技术的不断成熟，设计软件将更加智能化，进一步压缩从设计到生产的时间，提高材料利用率，减少浪费，从而实现更高效的成本控制。

（2）市场规模的迅速扩张

全球AI服装设计软件的市场规模正在迅速扩大。据预测，市场规模将从2023年的11.8亿美元增至2032年的25亿美元，中国市场在这一领域的表现尤为突出，2023年AI服装设计相关软件采购规模同比增长了127%，占全球市场份额的18.6%[①]。随着消费者对个性化和定制化服装

---

① Wiseguy Reports.（n.d.）.纺织行业全球供应链管理市场研究报告.

需求的增长，以及服装企业对提高设计效率和降低成本需求的增加，AI设计软件的市场需求将会持续上升。此外，随着技术的普及和软件价格的降低，中小型服装企业也开始采用这些工具，市场规模将会进一步扩大。未来，随着技术的进步和市场教育的深入，AI服装设计软件的市场渗透率有望得到进一步提高。

（3）技术渗透与行业痛点

AI技术在服装设计领域的渗透正在逐步加深，它解决了传统服装设计中的多个痛点，如设计周期长、成本高、市场响应慢等问题。AI软件能够通过大数据分析预测市场趋势，帮助设计师更准确地把握消费者的需求，减少设计失误。同时，虚拟试衣和3D建模技术的应用，减少了对实物样品的制作需求，降低了样品开发成本。然而，行业仍面临一些挑战，如设计师对AI技术的接受度、软件个性化服务能力的提升，以及数据安全和隐私保护等问题。随着这些痛点的逐步解决，AI服装设计软件的技术渗透率有望得到进一步提升，AI服装设计软件成为推动服装行业转型升级的重要力量。

2.1.2　核心技术的应用场景

AI服装设计软件作为连接技术与时尚的桥梁，正逐步改变传统服装行业的研发、生产和销售模式。它以其独特的优势，为设计师赋能，为企业增效，引领着服装行业迈向智能化、个性化、高效化的新时代。

（1）智能化设计

AI服装设计软件利用深度学习和大数据分析技术，精准洞察用户需求、市场动态及历史数据，迅速打造出符合个性化需求的服装设计方案，显著提升设计效率的同时确保了设计方案的创新性及其与市场的契合度。设计师仅需输入设计风格、颜色偏好、面料类型等基本参数，AI软件即可快速响应，提供多样化的设计方案，为设计师的创作过程注入丰富的灵感。

（2）趋势分析与预测

AI软件在趋势分析与预测方面的应用同样至关重要，它能够分析全球时尚趋势，实时更新设计理念，确保设计师的创意始终与市场潮流保持同步。从趋势预测到设计优化，AI技术贯穿了整个服装产业链，为设计师提供前瞻性的市场洞察，帮助他们把握市场脉搏，制定出更具竞争力的产品策略。

（3）虚拟试衣与3D建模

AI服装设计软件支持虚拟试衣和3D建模技术，为设计师提供了一个高效的设计平台。设计师可以在虚拟环境中预览服装效果，精细化调整设计细节，从而提升设计效率与精确度。这一技术有效减少了实物样品的制作需求，缩短了产品从设计到上市的周期，显著降低了研发成本。

（4）智能摄影

AI服装设计软件具备高效生成多场景、多模特营销素材的能力，其工作效率是传统摄影方法的两倍。这一技术为服装品牌提供了高效且经济的营销解决方案，助力品牌形象的多维度展现。

（5）个性化定制

AI技术能够精准解析设计师所输入的需求并结合市场趋势，迅速生成满足特定客户需求且契合品牌风格的个性化设计方案。这种按需设计、快速响应的模式为企业带来了前所未有的个性化定制体验，实现高效且低成本的定制化生产与服务。

（6）自动化生产

AI技术在自动化生产领域的应用，极大地简化了生产准备工作。通过AI软件，能够自动生成生产工艺文件、自动完成版片的生成与缝合，以及自动生成BOM物料清单等，这些自动化流程不仅节省了宝贵的时间，减少了人为错误，还提升了生产效率，优化了整个生产流程，有效降低了生产成本。

2.1.3 主要厂商与产品格局

当前，市场上的AI服装设计软件主要聚焦于服装设计、智能制版、虚拟仿真和图案花型四大核心领域，并呈现出多元化的发展态势。既有涵盖服装研发全流程的一站式设计平台，也有专注于某一细分环节的垂直化专业工具。这些软件的应用范围广泛，贯穿从前期趋势调研、灵感激发、草图绘制、设计方案生成、面料设计、图案花型定制、智能制版、3D虚拟模拟到智能试衣等服装产业全链条，并能够针对性地服务于时装设计师、服装制造商、时尚品牌、电商从业者、教育机构及院校等多元主体。

（1）服装设计领域

➤ 技术特点：AI服装设计工具通过深度学习和图像生成技术，将设计师的创意快速转化为可视化效果，支持多种风格和设计需求。

➤ 市场定位：主要面向中小型服装品牌及独立设计师，帮助他们降低设计成本，提升创新效率。

（2）智能制版领域

➤ 技术特点：智能制版工具通过参数化设计和自动化调整，大幅减少人工干预，提高制版精度和效率。

➤ 市场定位：服务于服装制造企业，尤其是在批量生产和定制化需求中具有显著优势。

（3）虚拟仿真领域

➤ 技术特点：结合虚拟现实和生成模型技术，支持服装的数字化模拟和虚拟试穿，降低样衣制作及拍摄成本，快速获得真实试穿效果，显著降低试错成本。

➤ 市场定位：主要面向服装企业和电商平台，助力缩短产品开发周期，实现更精细化的生产管理。

（4）图案花型领域

➤ 技术特点：基于文本生成和图像识别技术，快速生成多样化的图案花型，满足大规模定制需求。

➤ 市场定位：主要服务于服装面料设计和图案创作领域，帮助企业在花型设计上实现高效创新。

为了便于设计师们快速上手AI服装设计，选择合适的AI设计工具，笔者针对市场上主流软件所侧重的四大领域，编制了表2-1-1。表中归纳了各款AI服装设计软件的基础介绍、核心功能，旨在帮助设计师们深入了解各工具的特点与适用方向，助力大家高效地进行探索与实践。

表2-1-1 AI服装设计常用软件的对比解析

AI软件	核心功能	基础介绍	使用方式
蝶讯D.SD	服装、鞋履、面料生成	文生图、图生图、线稿生成、服装实验、百变模特、图案设计、AI工具	网页使用
潮际主设	款式生成结构调整	款式创新、线稿生成、系列配色、局部改款、图案创新、AI工具	网页使用
深度思考Deep Thinking	设计全流程提示词指导	文生图、图生图（文）、图像调整、无限生成、四方连续、配色调整、高清修复、面料替换、线稿生成、模特试衣、提示词指导	应用商店下载
凌迪Style3D AI平台	生产全流程智能工艺单	文生图、款式创新、智能生版、智能工艺单、3D款式库、虚拟试衣	网页使用
POP·AI智绘	服装、鞋履、箱包、家居、首饰、生成	线稿生款、款生线稿、款式创新、图案设计、电商产品图、AI工具箱、背景替换、以图生文	网页使用
LOOK AI	实时设计线稿成款	与Procreate连接实时设计、线稿生成、款式融合、AI工具	网页使用
画衣衣	无框画布智能生版工业文件	面料替换、实时渲染、输入尺寸智能生版、自动生成工业级电子样、工业级文件输出	网页使用
博克智能协同研发平台	AI智能研发协同办公平台参数化CAD	以图搜版、智能改版、参数化设计、工艺库、AI增强、面料库、全流程数字化协同工作平台	网页使用
AiDA（CodeCreate）	可控性强出图快	文生图、图生线稿、线稿调整、图案设计、效果图转真人试穿、智能背景	网页使用
美图设计工作室	AI商拍服装换色	文生图、服装去皱、AI试鞋、AI试衣、AI模特、服装换色、人像换背景、图像处理	网页使用
潮际好麦	电商领域智能商拍	真人试衣、模特换脸、背景替换、商品修复	网页使用
艺柏	图案设计	商业设计图片授权交易、设计版权申请、AI助手、AI绘画、AI仿图、AI配色、AI扩图	网页使用
NAO虚拟织布机	面料结构开发仿真软件	织造模拟、参数智能调控、结构拼搭、虚拟打样、生成工艺、云端记忆库、与3D服装款式设计系统对接	网页使用
设链所DesignLab.AI	图案印花设计服装款式迭代行业专属模型	图案设计、服装款式生成、企业模型定制、行业专属模型库、AI工具	云端部署、本地安装

2.2 基础绘图与生成类软件

基础绘图与生成类软件作为以AI技术为核心的全新一代设计工具，正引领着设计领域的变革。它们能够根据设计师输入的文本或简单的草图，自动生成相对应的设计图稿，并迅速提供多种风格及设计方案供设计师选择，为设计师将创意从理念转化为现实提供了高效途径。

相较于服装设计软件，基础生成软件拥有更为广阔的可能性，能够助力每一位设计师在AI设计之旅中充分释放想象力，实现天马行空的设计构想。

2.2.1 Midjourney

（1）软件简介

Midjourney是一款基于人工智能技术的图像生成工具，用户只需输入文字描述（即"提示词"），即可生成风格化的图像。作为近年来迅速走红的AI绘图平台之一，Midjourney以其独特的美学风格、高质量的图像输出和强大的艺术表现力，被广泛应用于概念设计、视觉艺术、时尚插画等创意领域。

Midjourney不同于传统的图像编辑软件，它基于深度学习技术中的扩散模型（Diffusion Model），通过对大量图像和文本数据的训练，将抽象的语言信息转化为具体的视觉内容。目前，Midjourney运行在Discord社交平台上，用户通过加入官方服务器，在指定频道中输入"/imagine"指令及提示词，即可开始图像生成。生成后，用户可以选择放大、变换或再次生成图像。

Midjourney不需要在本地安装软件，全部操作基于云端，用户只需具备基本的英文提示词输入能力与使用Discord的经验，即可快速上手。此外，平台还支持订阅制服务，不同等级的用户可获得不同的图像生成配额和使用权限。

与其他AI图像生成平台（如Stable Diffusion或DALL·E）相比，Midjourney更强调图像的艺术感和氛围塑造，生成的图像通常带有浓厚的绘画风格，适合用于服装设计灵感图、氛围图、广告视觉和品牌风格探索等。

（2）界面概览

Midjourney作为一款操作简单的AI图像生成平台，其界面设计直观、易月，适合新手快速入门。Midjourney基于社交平台Discord构建，其使用体验类似于对话交互，用户通过向平台机器人发送命令来实现各项功能，如图2-2-1所示。

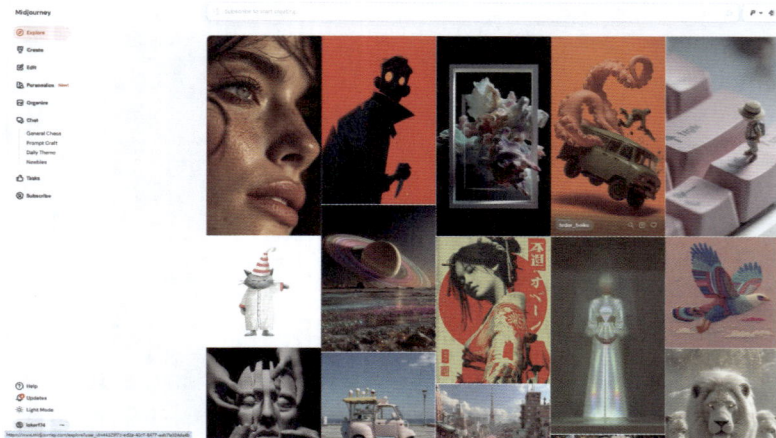

图2-2-1

Midjourney基础界面可分为左侧导航栏、顶部输入区、中部生成区、选项设置区、工具栏和菜单栏这五大核心区域。

① 左侧导航栏：主要操作入口，包含Showcase（展示精选作品）、Archive（记录用户生成图片）、Explore（探索社区优秀作品）、Create（生成新图片区域）、Chat（与AI助手交互）以及Support（提供帮助文档）等功能模块。

② 顶部输入框：用于输入提示词（Prompt），可以是简单描述，也可以包含复杂的细节。

③ 中部生成区：展示AI根据提示词生成的图像，用户可放大图片或生成更多类似的图像，并调整尺寸、风格等参数。

④ 选项设置区：允许用户调整生成图像的参数，包括模型选择、风格滑块、速度模式及重新设置。

⑤ 工具栏和菜单栏：提供额外的功能，工具栏包含绘图工具，菜单栏提供文件管理、编辑功能及高级设置。

除五大核心功能区域，Midjourney还提供素材库（矢量图形、贴纸、背景等）和图层管理功能，并支持服务器创建和管理、多语言切换、提示词库、一键生成特定类型的图像，以及多种订阅计划等功能。无论是新手还是专业设计师，都可以利用该平台生成高质量、多样化的图像作品。

（3）核心特点

① 依托简单的平台：Midjourney无须在本地部署，用户通过Discord社区平台即可快速接入模型生成服务，整个交互过程具有高度的开放性与社交性，如图2-2-2所示为Midjourney生图的效果。

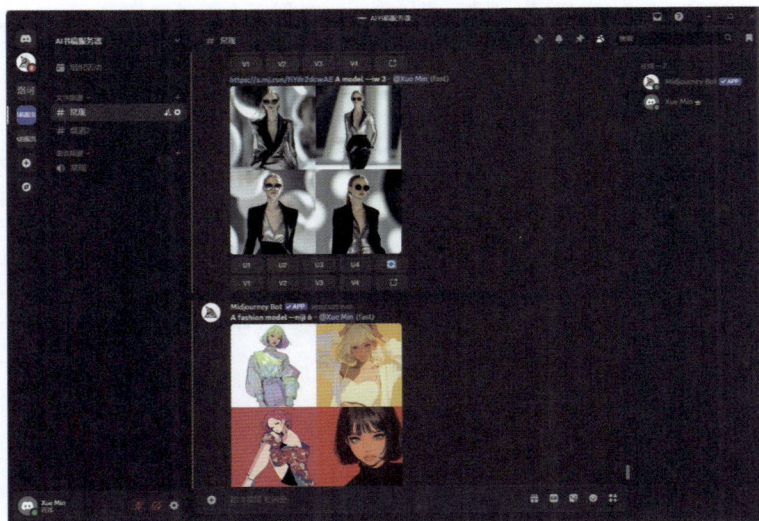

图2-2-2

➢ 基于Discord频道运行，用户直接通过文本指令生成图像。

➢ 模型调用便捷，无须硬件配置与本地环境部署。

➤ 公开创作空间，便于观摩他人作品、学习与模仿提示词技巧。

② 美学能力突出：Midjourney在扩散模型的基础上融合独特的图像美学优化策略，使生成的作品在视觉表现上高度风格化且特点鲜明。

➤ 持续版本更新，提升图像质量与生成连续图像的一致性，当前已支持高清细节渲染。

➤ 提供多种功能，如图像放大、变体与重绘，增强创作灵活性。

➤ 优化模型对美学构图的理解能力，输出作品风格一致、质量稳定。

③ 艺术语言理解：相较于强调写实控制力的模型，Midjourney更擅长处理幻想、复古、插画等艺术化图像生成任务。

➤ 精于表达梦幻、赛博、古典、蒸汽波等高辨识度的风格。

➤ 构图复杂、色彩丰富、光影强烈，具有高度视觉冲击力。

➤ 适用于概念设计、游戏原画、插画创作与潮流图像生成等场景。

④ 功能易上手：Midjourney为用户提供了直观易懂的创作入口，用户输入提示词即可快速生成多个版本，便于方案对比与灵感延展。

➤ 支持图像的放大（Upscale）、重绘（Reroll）与变体（Variation）操作。

➤ 快速生成风格具有差异的图像，适合创作发散与快速决策。

➤ 操作流程简单、明了，适合无基础的用户快速上手。

⑤ 社交社区生态：Midjourney深度融入Discord社区生态，用户协同创作并共享优质作品，推动提示词创作技巧与图像审美的集体提升。

➤ 开放式图像展示与排名机制，增强用户参与感。

➤ 提示词共享与作品讨论促进用户共同进步。

➤ 社区氛围活跃，形成以视觉内容创作为核心的交流生态。

2.2.2 Stable Diffusion

（1）软件简介

Stable Diffusion是一款开源的文生图人工智能图像生成模型，由StabilityAI与多个研究机构联合开发。它基于扩散模型（Diffusion Model）架构，能根据文字提示生成高分辨率、风格多样的图像，其生成效果依赖于模型版本和提示词设置，风格覆盖范围非常广泛。从真实摄影风格到动漫插画，从未来主义到复古风格，都能通过不同的模型权重和提示参数进行表达。此外，用户还可以引入参考图像，通过图生图模式实现对设计草图或灵感图的风格化再创作。

Stable Diffusion的最大优势之一是"本地化运行"，用户可以在自己的电脑上安装模型，自主控制生成过程与输出效果。这意味着更高的数据隐私性，同时也可以配合各种插件和衍生模型（如LoRA、ControlNet、Adetailer等）进行扩展，实现更精准的图像控制和风格微调。对服装设计师而言，可以将模型训练得更贴近品牌视觉风格或某类设计语境，从而极大地提升创作效率和保证一致性。

总体来说，Stable Diffusion是一款功能强大、灵活开放的AI图像生成工具，适用于追求个性化控制和图像质量的设计师群体，尤其是在服装设计领域，可以广泛用于灵感生成、图案设计、材质模拟与风格探索等多个环节。

（2）界面概览

Stable Diffusion的WebUI是其核心操作平台，为用户提供了一个直观且功能丰富的环境，用于生成高质量的图像。相较于Midjourney，Stable Diffusion在视觉上呈现出更高的复杂性和专业性。这一差异也反映了两者在功能定位上的不同，Stable Diffusion赋予用户对图像生成过程更精细的控制力和更广泛的拓展性，如图2-2-3所示。

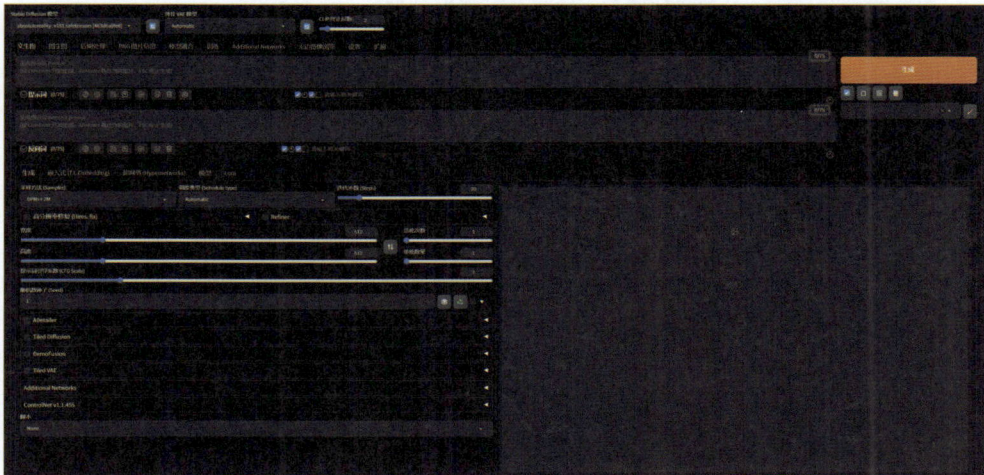

图2-2-3

Stable Diffusion界面布局可分为五大核心区域，分别为顶部导航栏、提示词输入区、参数设置区、图片生成按钮区和生成图片展示区。

① 顶部导航栏：包括模型选择、功能切换（如文生图、图生图）、扩展插件入口等功能。

② 提示词输入区：用于输入正向提示词（Prompt）和反向提示词（Negative Prompt）。

③ 参数设置区：用于调整采样方法、采样步数、图片尺寸、批量生成数量等参数。

④ 图片生成按钮区：包括生成按钮及其他快捷功能按钮。

⑤ 生成图片展示区：显示生成的图像及后续处理功能（如保存、压缩、编辑）。

Stable Diffusion的WebUI以其强大的功能和灵活的操作方式著称，适合从初学者到高级用户的不同需求，通过掌握界面布局、功能模块及参数设置，便可高效地生成高质量的AI图像。

（3）核心特点

① 开源免费，普及性强：Stable Diffusion作为开源图像生成模型，以本地部署+免费使用的方式，极大地降低了高质量图像创作门槛，推动了AI图像生成工具的大众化普及。

➢ 开源模型可在本地运行，避免依赖在线平台与高额订阅费用。

➢ 用户可自定义模型路径、文件结构，灵活性与可控性强。

➢ 有效打破技术壁垒，支持个人与小型工作室低成本使用。

② 开放共建的社区生态：Stable Diffusion社区聚集了全球范围内的大量创作者与开发者，开源协作不断催生新的模型、插件与创作思路。

➢ 社区平台如HuggingFace、Civitai提供了多样模型下载资源。

➤ Reddit、Discord等社群讨论活跃，有利于技巧分享与问题解决。

➤ 形成提示词工程、插件开发、UI美化等多维度共创氛围。

③ 广泛适用性与行业融合性：Stable Diffusion灵活的模型机制与本地控制特性使其在多个行业场景中得到广泛应用。

➤ 应用于服装款式生成、电商主图建模、虚拟人物与环境设计。

➤ 有利于企业构建自有AI工作流程，支持定制化模型训练。

➤ 降低创意视觉输出成本，提高项目周转效率。

④ 支持多种用户交互界面，生态体系丰富：Stable Diffusion拥有多个可选图形界面，适应不同使用者的技能水平与需求。

➤ WebUI：界面直观，功能全面，适合初学者与经验丰富的人日常使用，如图2-2-4所示。

➤ ComfyUI：节点化模块构建流程，便于自定义复杂的生成逻辑。

➤ 插件生态活跃：支持如ControlNet、Adetailer、LoRABlockWeight等实用扩展。

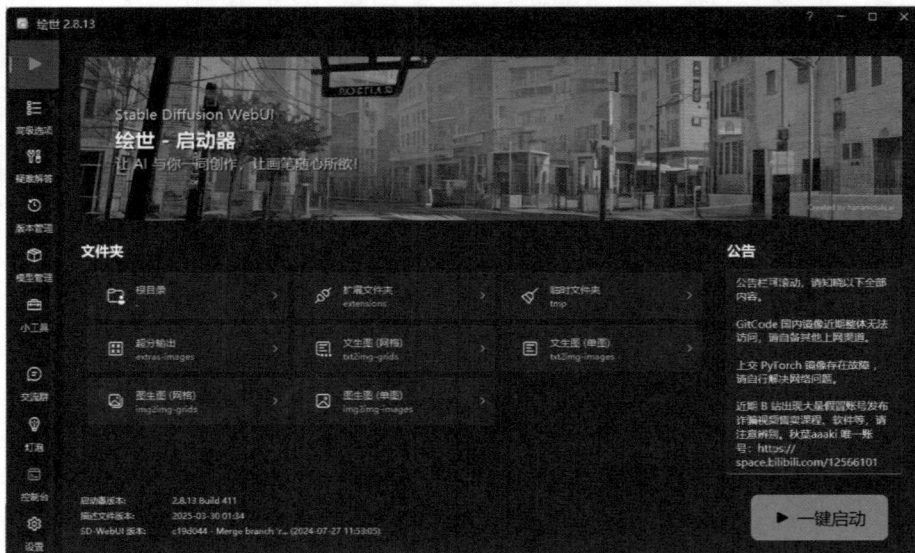

图2-2-4

⑤ 多模型兼容与拓展：Stable Diffusion构建了丰富的模型生态系统，可加载并灵活组合多种生成技术与微调模块，增强图像控制力与细节表达。

➤ 支持加载LoRA、VAE、Textual Inversion、ControlNet等技术模块。

➤ 子模型与提示词可结合调整，实现多风格融合与精细控制。

➤ 可用于图像合成、风格迁移、细节增强等多种任务需求。

2.2.3 软件的对比与选择

当前，AI设计工具市场呈现百花齐放的态势，各类软件层出不穷，每款工具均具备独特的优势。面对众多软件工具，设计师们在进行选择时，难免会产生困惑，究竟哪一款工具更契合自身的实际需求？

为了更清晰地展现各款AI基础绘图与生成类软件的特性与适用场景，笔者整理出了表2-2-1，从主要特点、适用场景、学习曲线、价格等多个维度进行系统性的横向比较，帮助设计师们深入剖析各工具的优势与适配方向，从而为其挑选AI设计工具提供更为全面的参考依据。

表2-2-1 AI基础绘图与生成类软件的特性与适用场景

软件名称	主要特点	适用场景	学习曲线	价 格
Midjourney	基于Discord平台，擅长生成艺术风格图像，支持文本描述生成和图生图功能	文本到图像的生成，支持复杂场景和对象的生成	中等，需掌握复杂的命令和参数设置	订阅制
Stable Diffusion	开源模型，可本地部署，支持多种风格和主题创作，可实现高度定制	文生图、图生图、视频生成等	高，需要一定的技术背景和硬件支持	免费，需自行配置硬件
DALL E·3	OpenAI开发，基于ChatGPT构建，生成图像版权归用户所有，强大的文本到图像生成能力，支持复杂的场景描述	文本到图像的生成，支持生成复杂的场景和对象，效果逼真	中等，需登录 ChatGPT 并可能涉及订阅费用	需订阅 ChatGPT Plus
豆包	支持文字描述生成创意图像，适合摄影相关内容创作	文生图、图像生成	低，适合摄影爱好者	免费
LiblibAI	聚合多个开源模型，开发者友好，基于Stable Diffusion模型，支持中文优化，适合国内用户	文生图、图生图、图像后期处理等	中等，适合设计师和艺术家	免费（每日使用额度）
触站AI	二次元创作专用，结合AI绘画与社区互动，提供丰富的素材库，支持中文提示词	文生图、图生图、图像后期处理等	中等，适合插画、漫画设计等	免费＋会员制
即梦AI	面向电商和自媒体用户，专注于视觉设计，集成设计素材库，支持中文提示词	图像生成、人像换脸、视频生成	低，适合设计师	基础功能免费
无界AI	国内团队开发，主打低门槛和二次元风格，支持移动端操作，支持中文提示词	文生图、图生图、图像后期处理等	低，适合电商卖家和广告从业者	免费试用＋会员订阅
文心一格	百度推出的AI绘画工具，集成于百度生态，适合快速生成创意内容，支持中文提示词	国风、油画、水彩等多种风格画作生成	低，适合艺术家和设计师	免费额度＋付费积分制
可灵AI	快手旗下AI创意工具，支持多语言操作，支持文字生成图像、人像换装等功能	文生图、图像生成、人像换脸等	低，操作简单，适合零基础用户	免费试用＋高级功能订阅
奇域	小红书推出的新中式美学AI绘画平台，集成AI技术与社区互动，支持中国风和民族风图片生成	文生中式风格图、风格延伸、灵感共创	低，操作简单，适合零基础用户	基础功能免费，高级功能需付费

2.3　AI服装设计专用软件

　　AI服装设计专用软件，作为为设计师们量身打造的智能设计助手，不仅能够理解服装行业的专业语言和特定需求，更在款型设计、面料模拟、图案定制等方面展现出显著的优势。从灵感到成衣，从草图到打版，专用软件能够为设计师提供精准高效的解决方案，让创意的火花迅速绽放成一件件精美的服饰。

2.3.1　蝶讯D.SD

　　（1）软件简介

　　蝶讯智能设计系统（D.SD）是由深圳市蝶讯网科技股份有限公司精心打造的AI服装设计解决方案，专注于为全球时尚设计师提供专业、高效的智能绘图平台。作为行业首家融合AI科技的流行趋势资讯平台，蝶讯网自1995年成立以来，通过多次战略升级，构建了智能化、数据化、工具化的时尚科技生态，引领时尚行业的数字化发展。

　　D.SD依托蝶讯网28年积累的海量时尚数据——超过2000万张时尚图片、详尽的国内外品牌资讯及全球流行趋势，打造出了专为服装、鞋包设计师服务的智能工具。其核心目标是解决传统设计效率低下、创意转化困难等痛点，让设计师无须关注复杂的软件开发逻辑，仅通过简单的操作即可实现设计灵感的快速落地，覆盖设计企划、服装设计、打样、订货会、宣发运营等全流程环节，推动时尚设计行业向智能化、高效化转型。

　　（2）界面概览

　　蝶讯D.SD主界面采用简洁、直观的布局设计，功能模块划分清晰，支持用户在不同的设计场景中快速调用所需工具，主要包含文生图、服装实验室、百变模特、矢量图、AI助手、作品广场这6个核心功能区域，如图2-3-1所示。

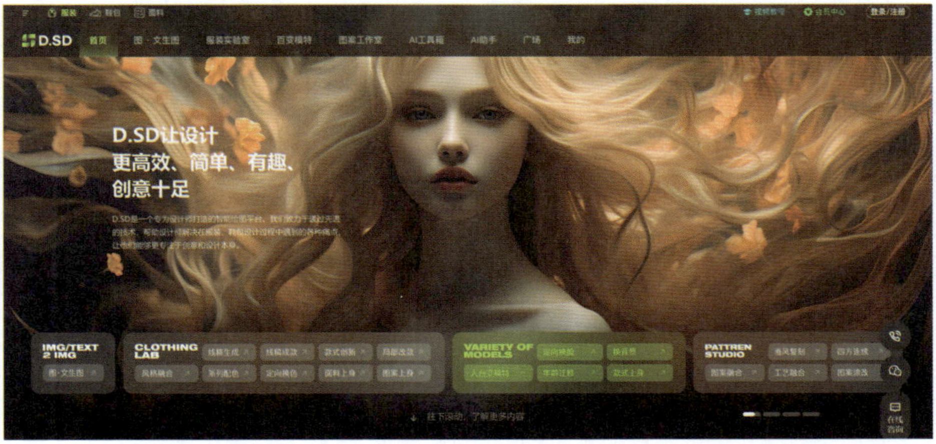

图2-3-1

　　① 首页：作为软件入口，提供快速访问常用功能的快捷方式，展示最新设计案例、热门趋势及用户个人中心入口，帮助设计师快速获取行业动态与个人资源。

② 文生图：核心创意生成模块，用户通过输入文字描述，结合"图片参考""参考强度"等参数设置，单击"生成图片"按钮即可获得符合描述的设计图，支持中英文关键词混合输入，兼容多样化的创意表达。

③ 服装实验室：专业设计功能集合区，涵盖线稿生成、款式创新、局部改款、面料上身、系列配色、图案设计等细分工具，满足从基础线稿到复杂款式开发的全流程需求。

④ 百变模特：视觉展示工具，提供人台变模特、换背景、定向换脸等功能。设计师上传人台图或模特图后，可快速实现服装在不同模特、不同场景下的展示效果，支持调节模特姿势、表情及背景风格，提升设计方案的视觉呈现效果。

⑤ 矢量图：支持将生成的设计图转换为矢量格式，方便后续的印刷、制版等工业化生产环节，确保设计作品的高质量输出。

⑥ AI助手：智能辅助工具，提供关键词优化建议、设计流程引导等功能，帮助设计师提升创意表达的准确性和效率。

⑦ 作品广场：设计师交流社区，展示用户上传的优秀设计作品，支持按风格、品类、品牌等标签搜索，促进创意共享与行业交流。

（3）核心特点

① 极简操作驱动创意快速落地：D.SD以"让服装人专注生成内容"为设计理念，摒弃传统设计软件复杂的节点搭建与代码编程逻辑，将核心功能提炼为"输入创意—选择模型—生成结果"三大步骤。支持批量生成与快速迭代，设计师可通过调整关键词或参数，快速获得多版设计变体，大幅缩短创意验证周期，设计效率较传统手绘或Photoshop大幅提升。

② 全流程覆盖的AI设计工具箱：D.SD集成了时尚设计领域的全场景功能，构建起从灵感捕捉到商业落地的完整生态，如图2-3-2所示。

➢ 文生图、图生线稿、风格复刻等功能支持多模态输入，满足"从0到1"的灵感转化。

➢ 多种细节优化工具，实现设计方案的精细化调整。

➢ 可快速生成具有品牌辨识度的陈列方案，节省传统设计师与空间设计师的沟通成本。

图2-3-2

③ 专业精准的自研大模型矩阵：D.SD依托蝶讯网专业趋势团队与海量行业数据，开发出五大核心模型，精准匹配服装行业细分需求。

➢ 风格模型：内置数十种主流设计风格，支持通过关键词快速调用，确保设计符合当下流行趋势。

➢ 单品模型：针对不同品类，优化生成算法，支持复杂工艺的精准呈现。

➢ 橱窗模型：整合国际知名橱窗设计师的经典风格，帮助品牌打造标志性视觉形象。

➢ 品牌模型：对接国内外知名品牌的设计语言库，支持"品牌专属风格生成"，确保设计方案与品牌DNA高度契合。

➢ 图案模型：支持四方连续、渐变、几何图案等多种纹样生成，内置200多种预设花型库，同时允许用户上传自定义图案，满足面料设计、印花设计等细分需求。

④ 2000万以上时尚数据驱动精准设计：蝶讯网积累的2000多万张时尚图片与全球品牌资讯构成D.SD的核心数据资产，通过AI算法分析时尚趋势（色彩、廓形、材质），为设计师提供数据支撑。

➢ 自动识别当季流行色，在进行文生图时提供趋势关键词推荐，帮助设计师把握市场动向。

➢ 通过搜索功能查看同类品牌的最新设计，支持一键生成竞品风格的差异化方案，提升设计的市场竞争力。

⑤ 场景化交互设计降低使用门槛。

➢ 采用"功能分区+快捷键"布局，常用功能均配置独立图标，重要操作按钮突出显示，以符合设计师的操作习惯。

➢ 入门级用户可通过"操作教程"快速掌握基础功能，进阶用户可在"专业模式"中探索参数调节技巧。

➢ 提供"关键词助手"实时提示专业术语，降低创意表达难度。

➢ 支持自定义界面主题（亮色、暗色模式）、快捷键组合、常用功能排序，适应不同设计师的工作习惯。

2.3.2 潮际主设

（1）软件简介

潮际主设是由杭州潮际汇智能科技有限公司自主研发的AI时尚设计平台，专注于为服装、鞋履、箱包等时尚制造产业提供智能化的创新解决方案。该工具深度融合了生成式人工智能与时尚设计专业知识，通过"五年核心研发+两年迭代升级"，以长达7年的技术沉淀构建起覆盖服装设计全流程的AI赋能体系，致力于重塑传统服装产业工作模式。

基于自研的预训练生成式AI框架，系统通过对海量行业数据的深度学习，可智能生成女装、男装、童装、鞋靴、箱包等多品类设计内容。用户仅需通过极简工作台上传需求，选定品类、材质与风格标签，即可一键获取兼具创意与商业价值的设计方案，并支持实时调整款式细节、色彩搭配、面料纹理及图案元素。其创新的"智能改款"功能，可基于基础版型快速衍生出数十种变体设计，配合放大镜级的细节优化模块，确保从概念到成品的精准落地。目前已在多家头部企业实现商业化应用，通过降低设计门槛、释放创意潜能，为行业数字化转型提供新动能。

（2）界面概览

平台核心功能聚焦"智能创作"与"高效迭代"，用户可通过极简操作界面选择服装品类、鞋靴或箱包类型，在不同功能板块，输入材质、风格等基础需求，一键生成多样化设计提案，满足市场差异化需求。其中，主页面功能分为六大模块，分别是款式设计、局部调整、图案与文字、颜色管理、面料编辑、辅助工具，如图2-3-3所示。

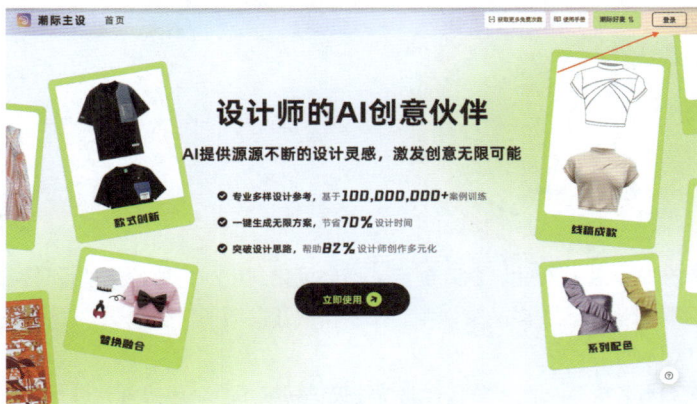

图2-3-3

① 款式设计：助力服装款式创新，上传产品图，AI可生成多样化款式。"灵感实验室"可融合产品图与灵感图，生成新方案；"替换融合"巧妙结合了两款产品的优点；"线稿成款"可将线稿转为立体效果图；鞋靴专属的"快捷线稿"和"鞋面创作"功能大大提升了迭代效率。

② 局部调整：专注模块局部设计的修改。使用"重绘改款"功能可绘制或上传修改；使用"随机替换"功能可在标注区域后让AI生成方案；"部件替换"可实现无缝拼接实体部件图；使用"裁剪改款"（服装类）功能可由AI裁剪并生成新内容。

③ 图案与文字：使用"图案创新"功能可上传图片，让AI即刻衍生新图案；使用"文字创新"功能可自定义文字、字体及布局；使用"图文应用"功能可将图案、文字叠加至产品图，精准匹配尺寸。

④ 颜色管理：提供全面的颜色管理功能。"全局换色"和"局部换色"功能可实现灵活的色彩调整；"系列配色"功能提供了预设方案并可协调主辅色；"灵感配色"（鞋靴类）功能可融合灵感图颜色，生成全新配色方案。

⑤ 面料编辑："面料替换"功能可实现将面料纹理智能应用于产品图；"面料创作"功能可实现基于现有面料特征生成新纹理，拓展了材质设计的可能性。

⑥ 辅助工具：包含3种AI预处理工具。使用"AI抠图"功能可精准提取图片区域，使用"AI消除"功能可无痕去除指定部分，使用"AI放大镜"功能可提升低分辨率图片的清晰度，辅助细节分析与创意深化。

（3）核心特点

① 全流程AI赋能（图2-3-4）。

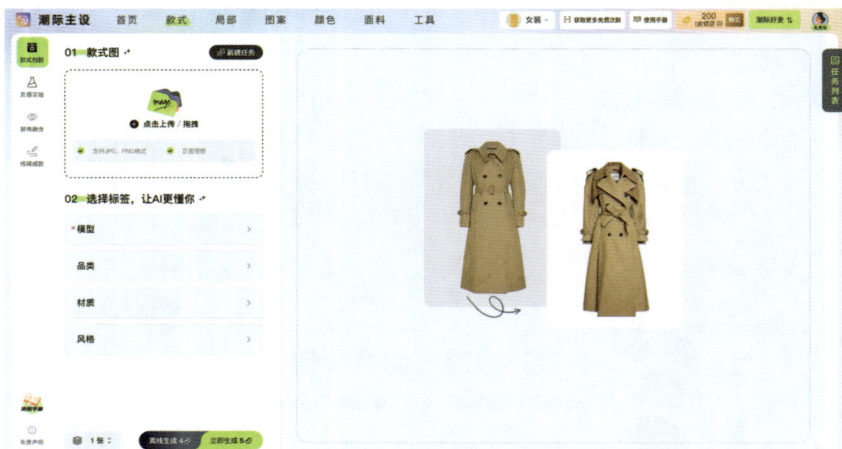

图2-3-4

➤ 覆盖从灵感生成、线稿转化、款式创新、局部优化到生产落地的完整设计链路。

➤ 支持服装、鞋靴、箱包等多品类创作，显著缩短开发周期。

② 细分领域专业化。

➤ 针对鞋靴类目开发专属功能，结合行业特性提供精准工具，解决鞋款设计的高频迭代需求。

③ 精准控制与灵活调整。

➤ 支持局部替换、裁剪改款等精细化操作，实现设计元素的毫米级修改。

➤ 提供颜色、图案、面料的自由组合与实时预览，确保创意落地的可控性。

④ 智能设计辅助。

➤ 基于深度学习的AI框架，解析百万级行业数据，生成符合商业逻辑的创新方案。

➤ 工具模块（如AI抠图、放大镜）可优化设计效率，降低技术门槛。

⑤ 高效生产协作。

➤ 图文应用功能可实现设计尺寸与生产数据无缝对接，减少沟通误差。

➤ 支持一键导出设计稿，直连供应链系统，加速产品上市。

2.3.3　深度思考Deep Thinking

（1）软件简介

深度思考（Deep Thinking）是由杭州深度思考人工智能有限公司开发的一款AI服装设计软件。Deep Thinking秉承智能、技术、创新、高效的理念，致力于营造一个智能化的时尚环境，使时尚体验更加丰富，成为生活的一部分。

该软件旨在提升设计师的工作效能，提供了一键AI创作、智能文本助手、创意工具集、虚拟试穿体验等多样化功能，通过简洁的操作界面帮助决策者利用人工智能技术高效生成设计原型，以提升效率、降低成本，助力服装设计行业向智能化、个性化和高效率方向发展。

（2）界面概览

深度思考软件的主界面采用了黑金色调的设计风格，彰显出强烈的科技感和未来感。主界面核心区域为基础生图界面，并配备了基础操作指令和历史详情，方便用户进行设计和回顾。界面下方放置了四大特色板块的文字图标：咒语生成器、创意实验室、灵感广场和创意艺术家，单击相应的图标即可跳转至各个辅助功能区域，尽享高效设计体验，如图2-3-5所示。

图2-3-5

① 咒语生成器：作为智能文本助手，能够为图像生成精准的文字描述，实现图像到文字的智能转换。

② 创意实验室：功能丰富的设计工具集，涵盖了AI放大镜、产品AI大片生成、文案创作、机器人助手、AI橡皮擦及矢量图生成器等实用工具，满足用户多样化的设计需求。

③ 灵感广场：展示了多元的设计作品，涵盖时尚、空间、工业和摄影四大类别，为用户提供了丰富的灵感。

④ 创意艺术家：专注于设计的局部重绘和整体重塑，让用户能够精细地调整每一处细节。

（3）核心特点

① 一键AI创作：软件集成了先进的自然语言处理和图像生成技术，简单描述或上传图片便能迅速实现设计图的即时生成，一键操作即可完成服装设计、时尚大片、图案创作及视频制作，极大地简化了传统设计流程，让创意轻松转化为可视化的作品，如图2-3-6所示。

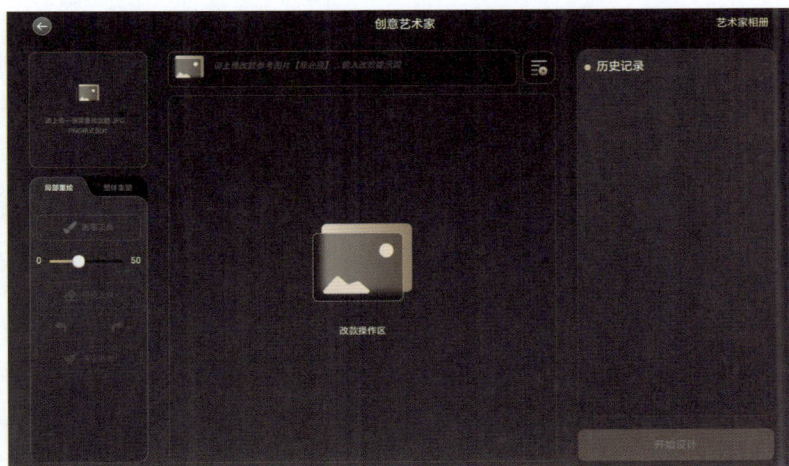

图2-3-6

➤ 利用自然语言和灵感图片，轻松推理生成符合描述的服装效果图，让设计更直观、高效。

➤ 自然语言推理助力，无限四方连续图案一键生成，为图案设计增添无限创意。

➤ 提供文生视频、图生视频、视频生视频3种模式的生成系统，全方位满足视频创作需求。

➤ 启用爆款大模型，实现图片超仿真生成，贴近实际质感，减少AI痕迹。

➤ 多线程技术加持，可同时处理3项任务，高效完成首次生图、二次任务及细节调整。

② 智能文本助手：内置的AI算法能够高效地生成指导性文本并解析图像信息，为设计师在图像生成与文案编写的过程中提供有效的辅助，以精准的内容产出来强化设计的表达力。

➤ 内置提示词生成器，快速构建指导性文本，轻松开启设计之旅。

➤ 智能图像解析，精准识别图片信息，转化为易于理解的关键词描述。

➤ AI驱动营销文案自动化，创作出高品质、针对性强的商业文案。

③ 创意工具集：软件包含一系列便捷的创意设计工具，包括图像裂变、景深变换、线稿转换、高清修复等。这些多功能工具为设计师提供了丰富的创作手段，使得从概念到成品的转换过程更加流畅和高效，极大地提升了设计的创新性和实现的效率性。

➤ 自由变换景深，轻松实现从特写至全景的无缝转换，探索无限场景的可能性。

➤ 线稿一键智能转为效果图，轻松实现局部修改，让创作过程更加智能和便捷。

➤ AI高清修复技术，无损提升图片质量，实现从1K到8K的像素飞跃。

➤ 灵感广场集结多元领域设计案例，丰富的创意资源库，激发创新灵感。

④ 虚拟试穿体验：利用智能合成技术，将服装设计图与模特形象完美结合，呈现出仿真的试穿效果。无须制作实体样品，即可预览设计效果，实现了服装、模特、场景搭配的自动化和个性化，轻松助力生产高质量的产品展示大片。

➤ 平铺款式图与模特形象智能合成，呈现仿真的上身效果，让人们直观地感受设计的魅力。

➤ 智能抠像技术，灵活结合不同的模特与场景，打造多样化的产品AI大片展示。

2.3.4 凌迪Style3D Ai平台

（1）软件简介

浙江凌迪数字科技有限公司（Style3D）是一家以AI+3D技术为核心驱动力的科技企业，专注于为时尚纺织行业提供数字资产创作、展示、协同的工具和解决方案，公司以"打造数字引擎·驱动时尚未来"为愿景，推动全球时尚行业的数字化转型和创新发展。

凌迪公司研发并推出了3款AI产品——Style3D Ai、Style3D iWish，以及Style3D iCreate。其中，Style3D Ai是一款集设计、营销、生产于一体的智能化AI平台，为行业提供全方位的智能解决方案；Style3D iWish专注于AI智能增强出图技术，大幅提升图像处理效率；而Style3D iCreate则作为AI创意生成的加速器，激发无限创意可能。这3款产品各具特色，共同构建了凌迪公司的AI产品矩阵。

Style3D Ai是专注赋能时尚纺织行业设计创作、商品营销、快速生产的一体化、轻量化、智能化平台，致力于打造时尚行业未来商业新范式。平台包含AI创意设计、3D精准设计、AI赋能生产及AI智能商拍四大模块及丰富的精选案例，旨在通过3D+AI技术为时尚行业提供设计、生产、营销一体化的智能化解决方案。

（2）界面概览

Style3D Ai平台主界面以简洁、富有科技感的蓝白色调为主，整体布局清晰，功能分区明确。主界面主要分为4大板块，包括首页介绍、AI创意设计、3D精准设计和AI智能商拍。各设计板块界面均采用统一布局，从左至右依次为功能分区、历史任务栏、具体生成操作、生成结果及精选案例展示，方便用户快速上手并流畅地进行各项操作，如图2-3-7所示。

图2-3-7

① 首页介绍：展示平台的基础内容，以及精选的参考案例，帮助用户快速了解平台功能和使用方法。

② AI创意设计：提供了一系列强大的AI创意工具，包括以文生款、以款生款、AI花型、线稿成款、款生线稿、版片生成、融合创款、局部改款、颜色替换等功能，满足用户多样化的设计需求。

③ 3D精准设计：包含丰富的3D服装款式库，并支持廓形、面料、图案等数据库调用编辑与新增上传，可快速进行改款、创款与细节调整，实现3D款式的在线轻量化设计。设计界面上端设置了灯光渲染和基础设置调整选项，下端则可以查看多角度视角、选择背景和部件显示，实现全方位的可视化三维高效在线设计体验。

④ AI智能商拍：专为电商场景设计，提供服装上身、面料上身、包包上身、帽子上身、换姿势、换模特背景、服装精修、窗帘试挂、图生视频等功能，帮助用户快速生成高质量的电商展示图和视频。

通过简洁的界面设计和强大的功能模块，Style3D Ai平台为用户提供了从创意构思到精准设计再到商业应用的全流程解决方案。

（3）核心特点

① AI创意设计：通过款式参考图、文本描述等，快速生成可生产的服装，可以实现以文生款、以款生款、融合创款、线稿成款、款生线稿、版片生成、局部改款、AI花型、颜色替换等，如图2-3-8所示。

➢ 将线稿一键转化为可生产成品，节省样衣制作成本。

➢ 将文本描述直接转化为设计灵感，创意与生产无缝对接。

➢ 利用参考图延伸爆款设计，实现快速落地生产。

图2-3-8

② 3D精准设计：平台拥有超过3000款的经典3D款式库，服务涵盖面料、辅料、图案及颜色等，用户可轻松进行面料与图案的调整，迅速打造出市场爆款，如图2-3-9所示。

➢ 海量爆款3D廓形，助力电商品牌快速创款生产。

➢ 轻松精准替换各类面料、辅料、图案及印花效果。

➢ 输入输出操作便捷，廓形运用灵活。

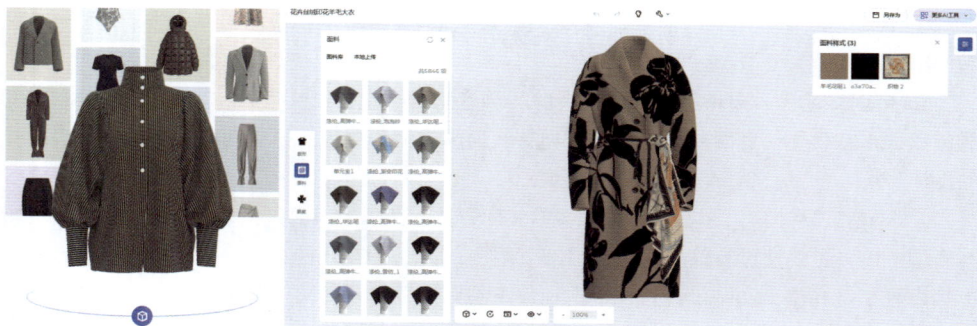

图2-3-9

③ AI赋能生产：AI技术融合生产流程，可自动完成版片生成与缝合，一键打造精准版型，并自动生成BOM物料清单和生产工艺单，优化整个生产过程，如图2-3-10所示。

➢ 版片生成&自动缝合，一键生成精准版型，加速生产流程。

➢ 智能BOM清单，提前规划面料采购，提升服装生产效率。

➢ 生产工艺自动化，缩短生产周期，助力产品快速上市。

④ AI智能商拍：快速实现多场景多模特的营销素材，效率翻倍，成本降低超90%，可以实现服装上身、面料上身、包包上身、自由姿势、更换模特、更换背景、服装精修、图生视频等，如图2-3-11所示。

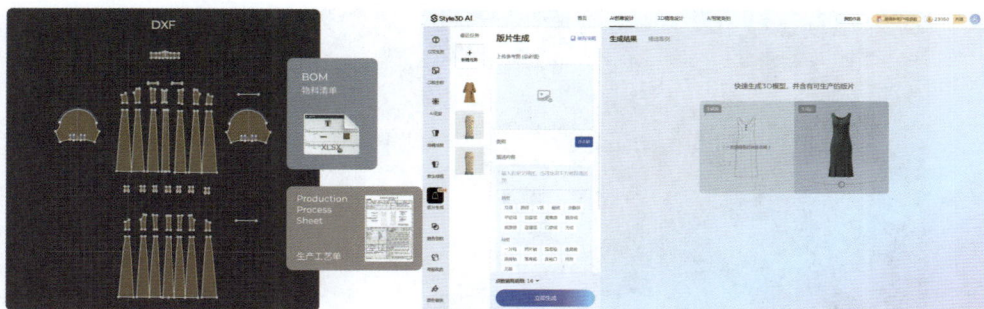

图2-3-10

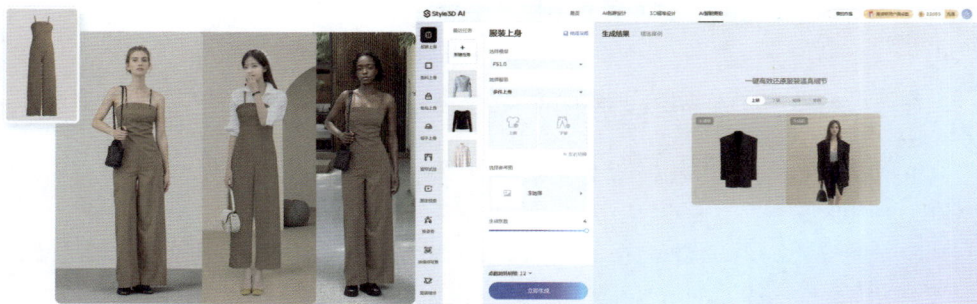

图2-3-11

➢　服装一键试穿，效果媲美真人实拍。

➢　模特随意切换，适应国内、跨境等多种业务场景。

➢　无须场景搭建，轻松更换大量仿真背景。

2.3.5　POP·AI智绘

（1）软件简介

POP·AI智绘是由逸尚创展（上海）科技有限公司研发的一款AIGC时尚设计工具平台，融合人工智能与设计创意，覆盖服装、箱包、鞋履、首饰、家纺及CMF等多个领域，能将输入的文字、图片等创意快速转化为高质量的设计作品。

作为设计生产力变革的引擎，POP·AI智绘能帮助企业突破传统设计流程的效率瓶颈，将烦琐的设计工作转变为高效的智能创作，从品牌视觉到营销物料，从概念设计到产品建模，都能大幅缩短设计周期，降低创意成本。借助POP·AI智绘，企业可以快速响应市场需求，在时尚设计和视觉创意领域获得显著竞争优势。

（2）界面概览

主界面上端及右侧排列着6大核心功能模块，分别为款式创新、图案设计、电商产品图、AI转矢量、以图生文、AI工具箱，单击即可跳转至相应的功能界面，享受流畅的操作体验，如图2-3-12所示。

图2-3-12

① 款式创新：集新款创作、改款设计及AI线稿生成等功能于一体，助力设计师快速构思并实现各类服装款式。

② 图案设计：提供了AI描图、文生图、图案融合、百变花型等一系列强大的工具，让图案创作更加快捷轻松。

③ 电商产品图：通过虚拟试衣，以及更换模特和背景，快速生成高质量的电商产品图片。

④ AI转矢量：将位图转换为矢量图，便于后续的编辑和修改。

⑤ 以图生文：根据图片内容自动生成相关的关键词，为文生图提供参考文本。

⑥ AI工具箱：包含一系列实用的工具，如AI褪底、高清放大、涂抹消除等，可以帮助设计师处理各种细节问题，从而提升设计作品的整体质量。

（3）核心特点

① 款式创新：覆盖服装、箱包、鞋履、首饰、家纺及CMF等6大设计领域的款式开发全流程。从线稿构思到完整款式，从快速出款到高效改款，从单品设计到系列化开发，AI技术带来了极致的出款效率，人们可尽享新时代AI工作流。

➢ 超过1000万款式的素材库，提供海量灵感，激发无限创意。

➢ 基于AI的强大算法，实现极速改款，大幅提升设计效率。

➢ 多维度覆盖，全面满足多样化的设计需求。

② 图案设计：AI设计系统能够理解并解析用户输入的文字描述，结合先进的算法和庞大的数据库，快速生成满足企业个性化需求的定制花型，极大地提升了图案设计的效率，使设计过程更加便捷和高效。

➢ 一键将低分辨率图像智能转换为高清晰度的连续平面图案。

➢ 实现不同图案风格的自由融合，创造出多样化的全新花型。

➢ 基于单一图案生成多种配色方案，支持指定颜色的改色操作。

③ 电商产品图：通过先进的图像渲染和智能算法，为电商企业提供了低成本、高效率的视觉解决方案。无须实体模特拍摄，即可生成精致逼真、风格多样的产品展示图，大幅降低营销宣传成本，提升商品吸引力，如图2-3-13所示。

➤ 智能合成上身效果图，免除实体模特拍摄环节。

➤ 单张着装图即可生成多角度的高品质展示图，轻松实现电商模特效果。

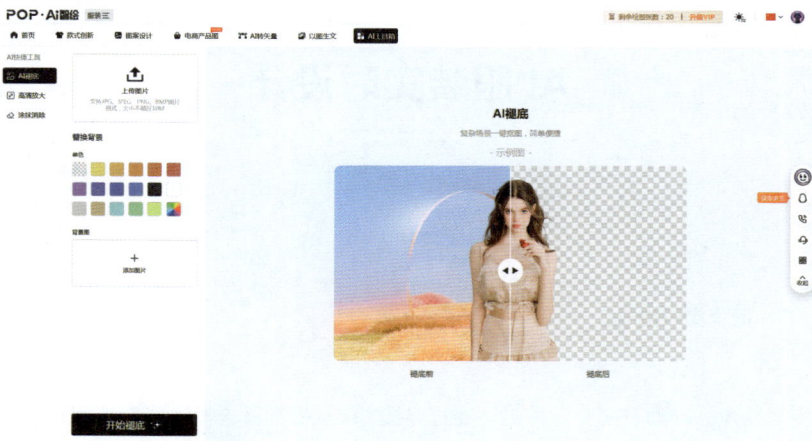

图2-3-13

④ AI工具箱：专为设计师打造的全方位设计辅助软件，集成了矢量图转换、AI褪底、高清放大、涂抹消除等多种智能工具，旨在大幅提升工作效率和作品质量，让设计流程更加便捷、高效。

➤ 智能高效的位图矢量化工具，一键极速转换，清晰精确的效果呈现。

➤ 智能识别复杂的场景，实现一键精准抠图。

➤ 无损放大技术，超清图像细节可见。

➤ 智能算法精准识别，实现涂抹区域的无缝清除。

2.3.6　LOOK AI

（1）软件简介

LOOK AI是深圳基本操作团队旗下一款专为时尚设计师打造的AI服装设计软件，其突破性功能"实时设计"，实现了与Procreate的无缝连接，让设计师在绘制线稿的同时，AI即时生成效果图。服装设计师可在创作过程中实时调整设计细节，如面料、花型、颜色和工艺，确保每一个设计元素的精准呈现。AI还能提供多样化的创意效果图，配合丰富的辅助工具，全面满足设计师的各项设计需求，避免了在不同软件间频繁切换的烦琐操作。

LOOK AI的设计直观易用，适合各类用户，无论是服装设计专业的学生、设计新手、设计师助理，还是资深服装设计师，都能迅速掌握并高效实现设计理念，适用于制作作品集、完成毕业设计、兼顾副业设计项目等多种设计任务。

（2）界面概览

LOOK AI界面设计简洁且功能分区明确，以直观高效的布局，助力设计师快速实现创意落地。主界面核心区域聚焦实时设计，搭配流畅的操作流程与可视化反馈，让设计灵感即时呈现。界面侧边栏与底部功能区整合了丰富实用的工具，便于设计师随时调用，如图2-3-14所示。

图2-3-14

① 实时设计：以动态交互为核心，通过连接Procreate和平板投屏，设计师在绘制草图时，软件能即时渲染出成衣效果。在设计过程中，可深入雕琢款式细节、面料质感与绣花图案，实现从创意到具象设计的无缝衔接。

② 风格融合：以双图上传为基础，遵循"首图偏向轮廓，次图偏向细节"的参考逻辑，助力设计师将不同风格的元素巧妙融合，为服装设计注入多元创意与独特的风格。

③ 文生图：支持词组与段落两种描述方式。词组式描述精准明确、权重清晰；段落式描述可构建完整的场景，满足不同设计场景的需求。设计师可在实践中优化提示词，提升从文字向成衣转化的质量。

（3）核心特点

① 高效缩短设计周期（图2-3-15）。

➢ 加速创意转化，简化设计流程，AI可快速理解创意并生成初步方案。

➢ 显著提高设计效率，协助设计师快速将创意转化为实际作品。

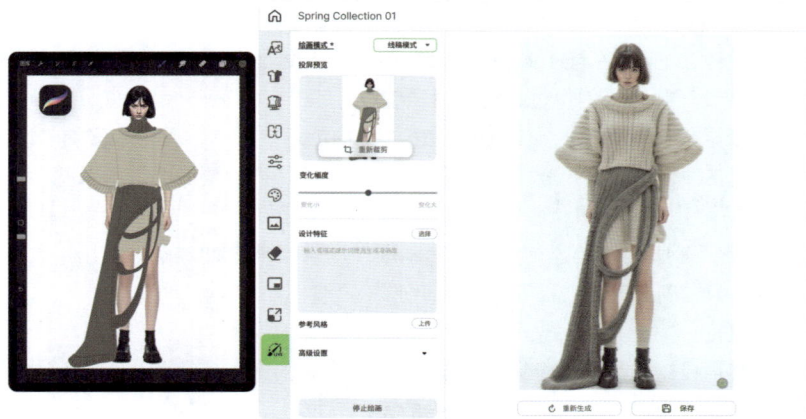

图2-3-15

② 满足多元设计需求。

➢ 可生成丰富多样的时尚设计方案，全面满足用户对于不同风格、不同场合穿着的多元需求。

③ 支持个性化设计调整。

➢ 用户可以依据自身的喜好与独特需求，借助AI对设计方案进行个性化修改和精准调整。

➢ 实现与Procreate无缝连接，在绘制线稿的同时，优化生成效果。

2.3.7 画衣衣

（1）软件简介

画衣衣由杭州深图智能科技有限公司研发，是一款服装领域以AI为驱动的全链路智能设计研发平台，致力于通过人工智能技术重塑传统服装设计流程。作为面向未来的AI设计平台，自研服装打版垂类模型，构建起从创意生成到生产落地的完整解决方案，有效解决了传统服装设计中专业门槛高、研发周期长、试错成本大等核心痛点。

产品采用"AI+云平台"的创新架构，支持Web端与移动端多平台协作。用户无须掌握专业制版知识，仅需通过自然语言描述、风格选择或草图勾勒等方式输入设计需求，即可在数秒内获得包含服装CAD版片和3D渲染图的完整设计方案。更重要的是，所有产出文件均符合服装行业生产标准，可直接对接工厂进行样衣制作，真正实现"设计即生产"的产业闭环。

目前产品用户涵盖知名品牌、个人设计师、服装院校师生、小微服装企业主及跨境电商卖家等多个群体。通过将专业设计能力模块化、标准化，画衣衣正在打破传统服装行业的专业壁垒，让每位用户都能以极低的成本获得媲美专业设计师的创作能力。

（2）界面概览

画衣衣软件界面设计简洁清新，整体操作页面布局合理，功能清晰，兼顾用户体验与服装AI设计打版的专业需求，如图2-3-16所示。

图2-3-16

① 左侧功能栏：包括爆款库、灵感、面料、收藏等选项。

② 面料板块：细分羽绒面料、大衣面料等类别，展示多种颜色样例，便于用户挑选。

③ 主操作区：上方为设计延伸、款式修改、换面料、生成视频等功能按钮。

④ 中间展示区：展示服装设计的不同阶段与效果，用户可直观地查看设计演变。

⑤ 右上角："下载"按钮与用户头像，方便下载作品与管理个人信息。

（3）核心特点（图2-3-17）

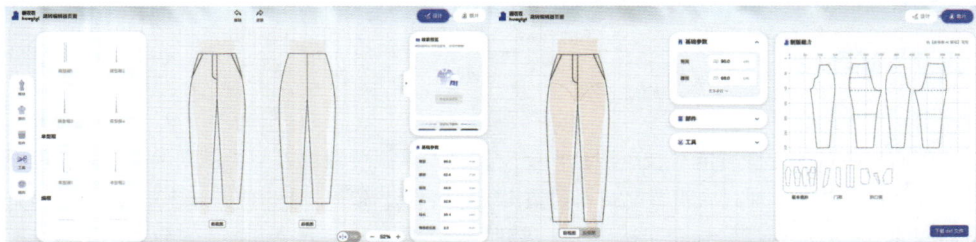

图2-3-17

① 智能设计引擎。

➢ 搭载自主研发的服装垂类生成模型，配合"画小衣Agent"可支持智能语义解析。

➢ 精准识别"法式复古泡泡袖""日系机能工装风"等服装专业术语。

② 工业级AI自动打版。

➢ 自研AI打版模型OmniTailor AI，真正实现自动生成工业级CAD版片。

③ 生产就绪输出。

➢ 一键生成包含工艺单、尺寸表、物料清单的标准技术包。

④ 零门槛操作体验。

➢ 可视化交互界面：拖拽式设计+智能修改支持。

⑤ 技术平权理念。

➢ 独创的AI设计导师系统：实时提供结构合理性建议。

2.3.8　博克智能服装云CAD系统

（1）软件简介

博克智能服装云CAD系统是基于AI与参数化CAD的智能协同研发平台（图2-3-18），旨在解决传统服装设计研发过程中的诸多痛点。传统CAD研发流程存在制版复用率低、工作烦琐、易出错、缺乏联动修改与数据共享等问题；跨部门协作面临数据无法共享、标准不统一、效率低下的瓶颈；上下游产业链协同也因人工操作过多，导致效率低、成本高且版型不一致等问题。

该平台通过引入AI技术与参数化CAD，实现以图搜版、智能改版，降低时间和人工成本；构建参数化设计与AI智能研发体系，促进跨部门、上下游高效协同研发；打造全流程数字化协同工作平台，形成数据标准，实现数据资产积累与数据驱动；作为数据驱动的持续创新引擎，推动服装行业研发模式变革。

（2）软件功能

博克智能服装云CAD系统主页面涵盖丰富的功能模块，各模块紧密协作，服务于服装研发设计全流程，包含智能服装CAD模块、工艺库模块、AI增强模块、交互协同模块、面料库模块这五大核心模块。

图2-3-18

① 智能服装CAD模块：具备3D系统，支持2D、3D双向联动，方便设计师在二维和三维模式下进行设计切换与调整。通过结构化服装分类，建立品牌版型数据库，涵盖男装、女装、童装等按人群分类，户外、运动等按用途分类，春、夏、秋、冬等按季节分类，以及不同开发部门和市场分类的服装。将服装拆分成最小单元，如男式衬衫部件组合可产生海量款式，客户调用后进行局部微调就能快速获得所需版型。

② 工艺库模块：包含工艺图、工序说明和工时分析，为服装生产提供详细的工艺指导。智能样版可自动生成相应的工艺数据，工艺系统能快速调用并计算工时。

③ AI增强模块：集成NLP、知识图谱、强化学习优化、GAN、Diffusion、时序预测等模型技术，可实现需求语义自动转换、工程参数和拓扑结构智能生成、多目标优化建议等功能，在设计阶段增强、仿真验证加速和协同创新支持等方面发挥重要作用。例如，能根据客供基样自动匹配同结构样版并微调，也可按款式图自动调整样版，还可通过自然语音调整样版。

④ 交互协同模块：支持跨企业的交互设计，便于不同企业间在服装研发设计过程中进行协同设计与修改，提高整体协作效率。

⑤ 面料库模块：记录面料属性参数和Bom清单，为服装选材提供数据支持，方便设计师根据设计需求选择合适的面料。

（3）核心特点

① AI技术深度融合（图2-3-19）。

➢ 利用AI实现多种功能，如通过视觉算法自动匹配样版、识别款式图、计算尺寸比例、修改样版。

➢ 借助NLP算法将需求语义转换为工程参数等；基于AI实现2D与3D互通，建立3D版型大模型，自动生成版型并支持人工调整。

➢ 通过拍照生成数字人，进行智能诊断、推荐服装，实现精准定制。

图2-3-19

② 高效协同研发。

➤ 打破跨部门和上下游产业链之间的壁垒，实现数据共享与协同工作。

➤ 不同部门、企业可在同一平台上进行设计、修改和沟通，减少重复工作和内耗，提升整体研发效率。

③ 数据驱动创新。

➤ 形成统一的数据标准，打通上下游数据，积累数据资产。

➤ 基于海量数据，平台不断优化和创新，为服装企业提供持续发展的动力，推动整个行业向数字化、智能化方向发展。

2.3.9 潮际好麦

（1）软件简介

潮际好麦是潮际汇（杭州）网络科技有限公司凭借深厚的技术积累与对电商行业的深刻洞察，精心打造的AI商拍平台。其核心目标是为电商用户量身定制一流的人工智能营销内容生成工具，精准满足电商营销场景多样化的需求。无论是虚拟试衣、服饰换色、模拍换景，还是AI换模特、鞋靴试穿、商品修复等，平台都能通过友好的操作界面与快速的内容生成流程，帮助电商从业者、品牌商和网店店主高效、高质量地完成营销任务，实现低成本创建丰富营销内容的目标，全面提高电商运营效率。

（2）界面概览

潮际好麦的界面设计简洁现代，顶部导航栏以清晰的布局呈现"首页""模特图""商品图""短视频"等选项，采用简洁明了的设计风格，方便用户快速定位所需功能。下方功能区通过图文结合的方式，生动地展示"平铺、人台试衣""真人试衣""鞋靴试穿""模拍换景""AI换模特""AI换脸"等核心功能，每个模块都配有代表性的图片，让用户一目了然地了解功能效果。整体界面布局合理，操作指引清晰，既保证了视觉上的简洁美观，又兼顾了用户体验的便捷性，有效降低使用门槛，如图2-3-20所示。

图2-3-20

（3）核心特点

① 降本增效。

➢ 一键生成营销内容，彻底简化流程，无须再投入大量人力、物力在复杂的商拍工作中。

➢ 无论是商品展示图还是宣传视频，都能快速产出，极大地节省时间与成本。

➢ 让营销内容制作变得轻松高效，真正实现降本增效的目标。

② 内容多样（图2-3-21）。

➢ 平台支持图、文、视频等多种形式的内容生成，满足电商在不同营销场景下的需求。

➢ 功能涵盖精美商品展示图、富有吸引力的宣传文案，以及生动的视频。

➢ 一站式生成工具覆盖店铺首页、社交媒体推广、广告投放等多元渠道。

➢ 助力电商实现全方位营销布局，轻松应对多样化的内容营销需求。

图2-3-21

③ 效果优质。

➢ 针对电商运营场景的特点，运用先进的AI技术，确保生成内容的高质量。

➢ 图片清晰精美、文案精准吸引人、视频流畅且富有创意，提供专业级素材质量。

➢ 高质量的内容能有效吸引消费者的目光，提升商品转化率，增强品牌在市场中的竞争力。

④ 定制服务。

➢ 基于深度学习与大数据分析技术，平台深入挖掘品牌的独特需求与商品市场定位。

➢ 通过定制训练，为品牌打造专属的模特形象，包括独特的人脸、姿势、风格，以及专属的品牌背景。

➢ 个性化服务提升营销内容的专业度与吸引力，为消费者带来独特的品牌体验。

2.3.10　NAO虚拟织布机

（1）软件简介

NAO虚拟织布机是由上海青甲科技自主研发的面料结构开发仿真软件，是全球首款基于织布结构原理的数字面料结构开发工具。其核心定位为"会织布的AI助手"与"更懂面料的AI织造管家"，通过将虚拟现实技术与传统织布工艺深度融合，实现了面料设计从传统实物打样到数字化仿真的革命性突破。软件支持单双面圆机、单面提花机等设备，兼容中英文双语，旨在为纺织行业提供高效、可视化、零门槛的面料开发解决方案，推动面料设计从创意到量产的全流程智能化，如图2-3-22所示。

图2-3-22

（2）功能介绍

① 全流程数字化设计仿真（图2-3-23），所见即所得的织造模拟。

➢ 支持单面、双面针织机全覆盖，实时还原织物纹理、3D动态垂感，效果媲美实物。

➢ 提供"3D试衣间"功能，可将设计的面料直接应用于虚拟模特，直观地展现垂感、软硬、弹性等物理特性。

➢ 实时织布直播功能，在调整针数、三角排列时，线圈图同步动态变化，即时验证效果。

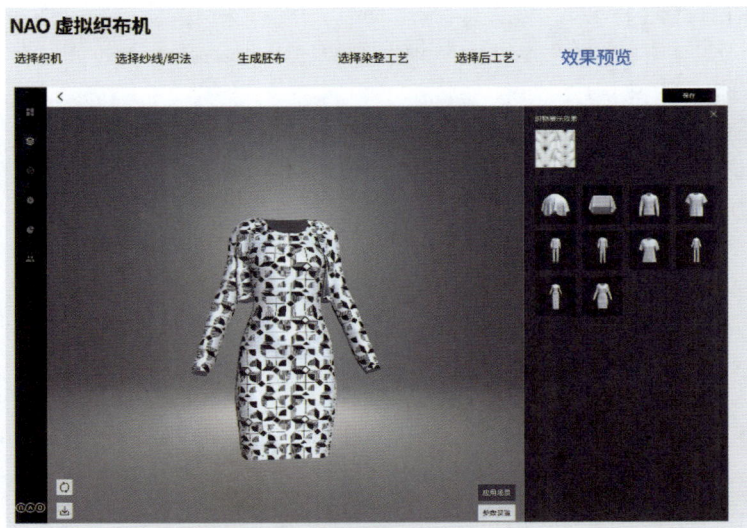

图2-3-23

②参数智能调控与结构拼搭。

➢ 自由调配纱线色彩，支持实时配色，快速生成潮流配色方案。

➢ 内置1000多个面料结构模板（基础款、爆款、创意款），支持拖拽拼搭创作新花样。

➢ 智能优化织物性能，自动预测克重、线长等数据，通过参数组合快速匹配最佳方案。

③全链路提效与生产对接。

➢ 虚拟打样与成本优化：以屏幕仿真替代实物打样，减少90%的废料，研发周期从30天缩短至12天，试错成本降低80%。系统自动预警设计冲突、纱线用量超支等问题，生产合格率提升至95%，避免返工浪费。

➢ 无缝对接生产与协作：1.5分钟生成工艺单，通过USB或微信一键导出高清仿真图、PDF工艺单，直接传输至车间织机。云端记忆库自动归档设计数据，支持微信查阅历史记录，提升团队协作效率。

④设备兼容性与技术支持。

➢ 目前开放兼容单双面圆机、单面提花机设备，支持本地化部署。

➢ 提供中英文双语界面，适配国际化使用场景。

➢ 可与3D服装款式设计系统对接，实现面料多样化呈现。

（3）核心特点

①AI驱动的效率革命。

➢ 设计自动化：从绘图到生成生产指令全程自动化，复杂的花纹设计如"拼图"般简单，新手1分钟即可上手。

➢ 研发提速：5分钟输出工艺单，生产指令下达效率提升300%，推动面料开发从"灵感"到"量产"的无缝衔接。

②可视化与零门槛操作。

➢ 界面设计时尚简约，操作逻辑贴近日常，降低了专业技术门槛。

➢ 实时3D效果预览与织布过程直播，告别"脑补"设计，实现"所见即所得"。
③ 绿色环保与成本优势。

➢ 虚拟打样技术减少实物损耗，助力环保，符合全球可持续发展趋势。

➢ 通过智能排雷与参数优化，从源头避免生产浪费，实现经济效益与环境效益双提升。
④ 行业首创与技术领先。

➢ 作为业界首款基于织布结构原理的数字化仿真软件，其突破传统纺织流程限制，定义了面料开发新范式。

➢ 支持多设备兼容与技术供应链验证，推动虚拟设计成果快速落地量产，如NAO织物已实现多场景应用。

2.3.11 设炼所DesignLab.AI

（1）软件简介

设炼所DesignLab.AI是一款专注于纺织服装时尚产业的AI云端设计平台，集成了前沿生成式AI技术（如Stable DiffusionXL、SD3.5），支持从图案设计、服装款式生成到企业模型定制的全流程解决方案。其通过深度学习模型与私有化部署方案的深度融合，为纺织印染、家纺、服装设计等行业提供高效、安全且智能化的图像生成与编辑工具。用户可通过文字描述、草图或参考图快速生成高分辨率设计稿，并通过行业专属模型库和微调功能实现品牌风格的精准适配，显著提升设计效率与知识产权保护能力。

与Midjourney等通用AI绘图工具相比，设炼所更聚焦垂直行业需求，内置纺织图案设计、数码印花生成、服装款式迭代等标准化工作流，支持本地化部署以确保企业数据安全，同时兼容云端协作，适配全球化团队的多语言需求。

（2）界面概览

设计采用了直观的模块化界面，将核心功能划分为4大板块，使得用户能够轻松上手并高效运用该软件。这四大板块分别是：绘画创作区、模型训练工坊、AI工具集、管理后台，如图2-3-24所示。

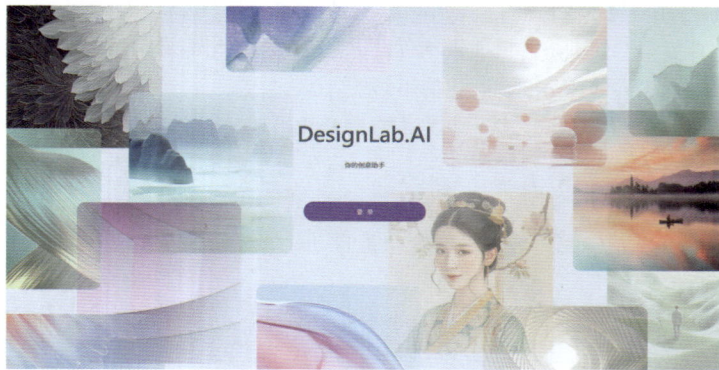

图2-3-24

① 绘画创作区：集成了文生图、图生图、统一画布等强大的工具，使用户能够通过提示词、草图或参考图轻松生成设计稿。

② 模型训练工坊：提供Dreambooth大模型训练与LoRA小样本微调功能，助力企业快速开发专属风格模型。

③ AI工具集：包含ControlNet精准控制、图像高清放大、智能去背景等20余种专业工具，全面满足服装设计、电商视觉等领域的精细化需求。

④ 管理后台：支持多账户协作、权限管理及API集成，完美适配私有化部署场景下的数据隔离与资源监控需求。同时，界面支持中英文实时切换，云端与本地部署版本功能保持一致，用户可根据硬件条件灵活选择运行模式。

（3）核心特点

① 行业垂直化解决方案（图2-3-25）。

➢ 设计所深度整合纺织服装行业的需求，提供从图案生成到成品设计的全链条AI支持。

➢ 内置100多种纺织花型、服装款式专属模型库，直接匹配行业标准。

➢ 预置四方连续图案生成、数码印花设计等标准化工作流，降低学习成本。

➢ 支持企业通过10～20张样本训练品牌专属模型，设计效率大幅提升。

图2-3-25

② 私有化部署与数据安全。

➢ 结合生成式AI技术与私有化架构，兼顾生产力与数据安全。

➢ 支持云端及本地服务器部署，企业数据全程自主可控。

➢ 私有化部署响应速度较公有云大幅提升，支持实时协作与高清渲染。

③ 前沿模型与高精度输出。

➢ 集成SDXL（14B参数）、SD3.5等顶级模型，突破行业生成标准。

➢ 支持8196×8196px超高分辨率输出，细节表现力卓越。

➢ 优化器模型二次增强图像质量，解决结构模糊与纹理失真问题。

➤ 多模型混合推理技术联动SDXL写实能力与ControlNet精准控制，实现一次生成即达标。
④ 全流程创作工具集。

➤ 覆盖从创意生成到后期编辑的全流程功能，满足专业设计需求。

➤ 文生图、图生图支持1000多种艺术风格标签，相比传统流程效率提升5倍。

➤ 统一画布功能支持内容填充、局部替换与画面延展，实现二次创作自由。

➤ 图像高清放大（4倍无损）、智能去背景等工具简化后期处理步骤。
⑤ 跨平台与多语言支持。

➤ 适配多样化硬件环境与全球化团队协作场景。

➤ 兼容Windows、Linux、macOS系统，显存优化至2GB即可运行。

➤ 中英文界面实时切换，企业版支持API强制统一语言配置。

➤ 云端与本地部署无缝切换，显存占用与生成速度动态平衡。

第3章

操作指南

上一章简要介绍了当前主流的AI设计软件，覆盖了从通用生成工具到服装领域专业软件等多个方面。每款软件都凭借其独特的功能和应用场景，为设计领域的创新与发展带来了新的动力。本章将精选其中部分软件，详细解析其获取途径、安装部署步骤、操作流程、核心功能及实践应用技巧。无论是经验丰富的设计师，还是初涉服装设计领域的新人，本章都将提供有价值的指导，助力大家深入了解并熟练掌握AI工具在服装设计中的实际应用。

3.1 Midjourney

Midjourney是一款基于人工智能技术的前沿图像生成工具，如图3-1-1所示。它通过智能解析用户输入的文字描述（即"提示词"），能够迅速生成符合描述的、风格独特的图像。这款工具不仅简化了图像创作流程，还极大地拓展了创意设计的可能性。

图3-1-1

接下来将围绕3个关键方面对Midjourney软件进行详细解析，帮助用户全面掌握其功能与应用，如表3-1-1所示。

表3-1-1

关键方面	具体内容
订阅步骤与安装使用	使用Midjourney，在Discord中新建服务器。
核心斜杠命令（/命令）及用法	/setting命令：用于调整生成设置，定制图像生成的各项参数。 /imagine命令：用于从提示词生成图像。基本功能包括生成/describe命令（自动分析现有图像并生成相应的提示词）。 /blend命令：用于混合两张或多张图像，创造出融合的效果。 /horten命令：用于简化长提示词，优化文本输入。
核心双连字符参数（--参数）及应用	双连字符参数（--参数）共性介绍。 纵横比参数（--aspect或--ar）：调整图像纵横比。 随机性参数（--chaos或--c）：调整图像的随机性。 排除元素参数（--no）：排除特定元素。 图像质量参数（--quality或--q）：调整图像质量。 重复生成参数（--repeat或--r）：重复执行相同的生成命令。 随机种子参数（--seed）：设定随机种子，控制生成的一致性。 停止生成参数（--stop）：提前停止生成图像。 风格原始参数（--style raw）：使用原始风格生成。 风格化参数（--stylize或--s）：调整图像的风格化程度。 角色参考参数（--cref）：在多个图和场景中使用相同角色。 风格参考参数（--sref）：使用参考图像帮助生成。 平铺图像参数（--tile）：生成无缝平铺图像。 视频参数（--video）：图像生成的过程视频。 异常风格参数（--weird或--w）：生成异常风格图像。 图像权重参数（--iw）：调整参考图像对生成图像的影响。 动漫风格参数（--nii）：使用动漫风格生成图像。 其他与/settings命令相关的参数。

3.1.1　订阅与安装使用

Midjourney并不是免费的，用户需要完成订阅后才能正式使用图像生成功能。目前，Midjourney提供几种不同的订阅套餐，适合不同需求的用户。订阅过程主要通过官网进行，以下是具体的订阅步骤与说明。

（1）Midjourney的订阅方式

① 订阅Midjourney的准备工作。

➢ 注册Discord账号：Midjourney是依托Discord平台运作的AI图像生成工具，因此，在开始订阅之前，必须拥有一个有效的Discord账号。Discord是一款即时通信工具，类似于QQ或Slack，用户可以在不同的服务器中进行聊天、分享文件和使用各种Bot功能。Midjourney的图像生成操作实际上就是通过其Discord服务器中的Bot指令完成的。如果还没有Discord账号，可以前往官网免费注册，如图3-1-2和图3-1-3所示。注册完成后，建议下载安装桌面客户端或使用网页版进行后续操作（图3-1-4）。

图3-1-2

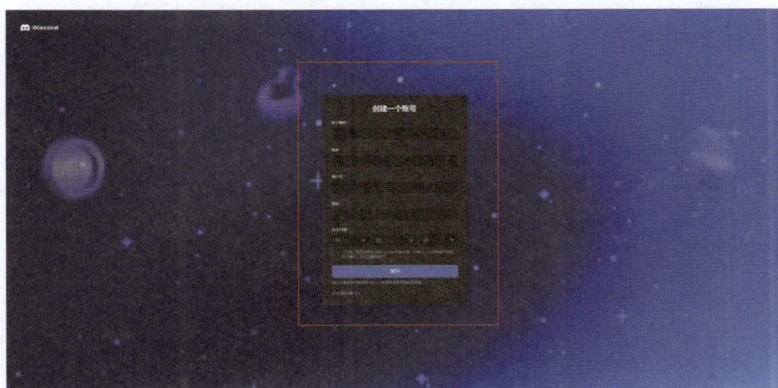

图3-1-3

图3-1-4

➢ 访问Midjourney官网并登录：打开浏览器，前往Midjourney官方网站。单击Log In按钮，使用Discord账号完成登录，如图3-1-5和图3-1-6所示。

图3-1-5

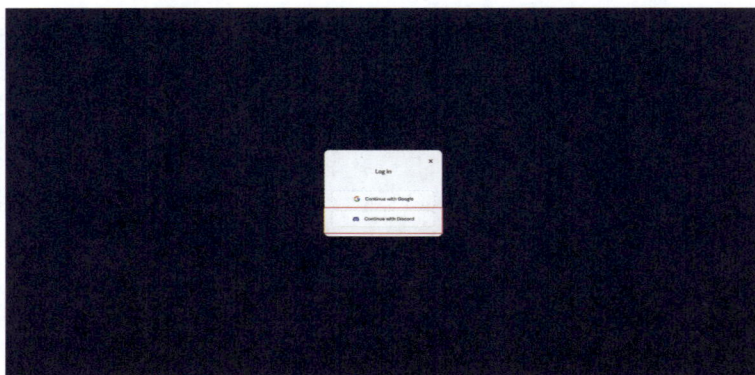

图3-1-6

② 为账户进行订阅。

➤ 进入订阅页面：登录后，在官网主页左侧导航栏中找到Subscribe选项并单击（图3-1-7）。

图3-1-7

➤ 选择订阅套餐：Midjourney提供了多个订阅等级，包括Basic、Standard、Pro和Mega等（套餐名称可能随时间有所更新）。不同套餐的区别主要体现在生成图像的速率、月度生成量、并发任务数及是否支持Turbo模式等方面。用户可以根据个人创作频率和需求进行选择（图3-1-8）。

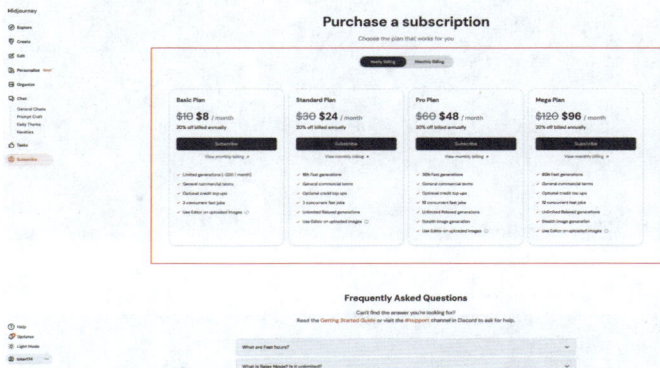

图3-1-8

➤ 完成支付并激活：选择好套餐后，输入付款信息（支持国际信用卡、部分地区的PayPal、支付宝等），确认支付后即可激活订阅。激活成功后即可在Discord或官网平台使用Midjourney功能（图3-1-9）。

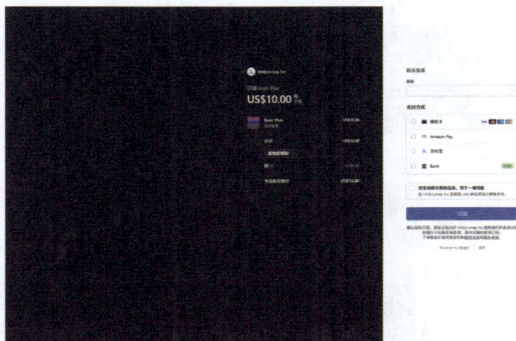

图3-1-9

（2）使用Midjourney的两种渠道

完成Midjourney的订阅后，用户可以通过两种主要渠道来使用它的图像生成服务：Discord官网网页端和Discord客户端。两者的功能一致，但在操作体验上略有不同，用户可根据个人习惯选择使用方式。后面会介绍如何在Discord中新建服务器使用Midjourney。

① Discord官网网页渠道：在这个渠道中，无须下载安装软件，可以直接在浏览器中访问Discord的官网登录，进行Midjourney的使用（图3-1-10）。

② Discord客户端渠道：客户端方式是大多数用户的首选，具有更流畅的操作体验和更高的稳定性。打开Discord官网下载客户端，前往Discord官网下载对应平台的桌面客户端，支持Windows、macOS、Linux系统（图3-1-11）。

图3-1-10

图3-1-11

　　下载好后运行安装包，安装客户端，安装完毕后可以运行并登录使用，如图3-1-12和图3-1-13所示。

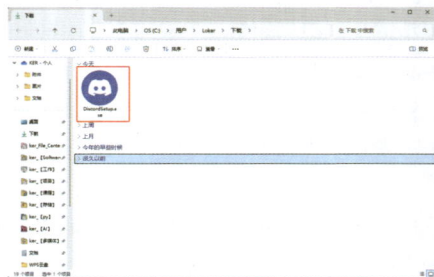

图3-1-12

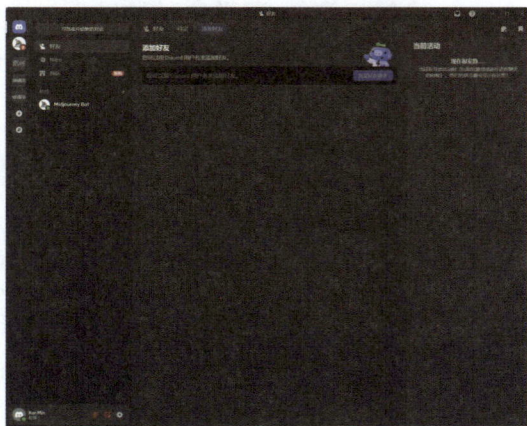

图3-1-13

（3）在Discord中新建服务器使用Midjourney

Midjourney在Discord中有一个官方的服务器频道，但是Midjourney官方服务器中人多且频道繁杂，新手频道中的消息更新速度非常快，生成的图像容易被刷屏淹没。相比在自己的服务器中添加Midjourney Bot，可以获得一个更专注、整洁的使用环境，避免干扰，也便于后续图像整理和归档。因此，这里展示自己新建服务器使用Midjourney。

① 新建服务器：在Discord左侧的服务器列表中，单击"+"按钮，分别选择"亲自创建""仅供我和我的朋友使用"，如图3-1-14至图3-1-16所示。

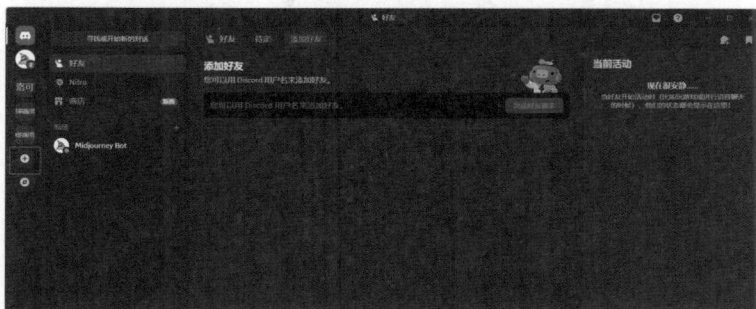

图3-1-14

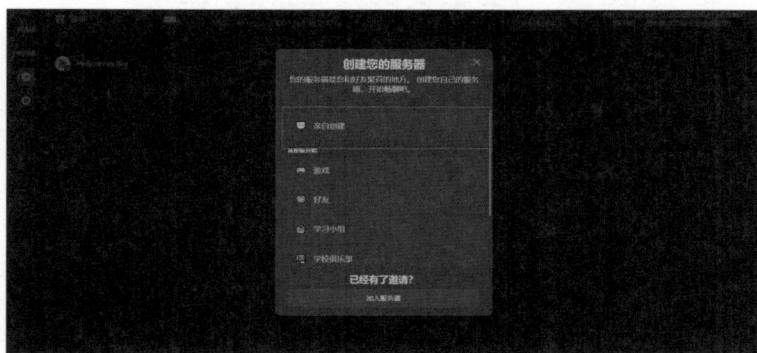

图3-1-15

图3-1-16

② 设置服务器名称和图标并创建：随意输入一个喜欢的服务器名称（如"我的Midjourney 项目"），也可以上传一个图标作为头像，然后单击"创建"按钮（图3-1-17）。

图3-1-17

③ 创建完成后自动进入服务器主页：新服务器创建成功后，Discord会自动进入该服务器 主界面。用户可以随时通过最左侧的菜单找到它（图3-1-18）。

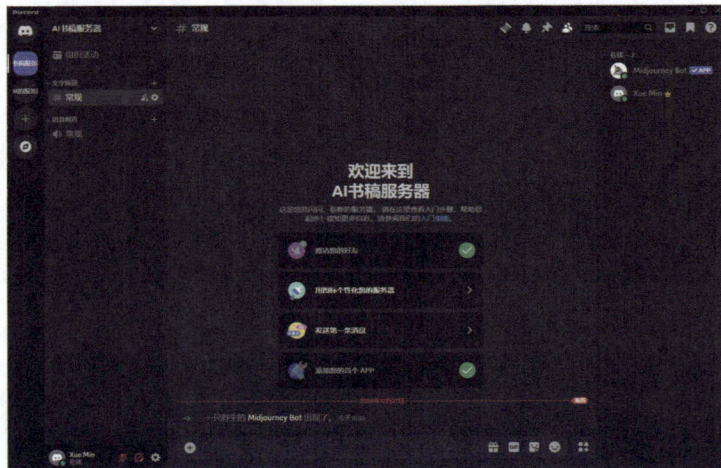

图3-1-18

④ 选择"发现"下的App选项，并搜索Midjourney机器人：在最左侧的菜单中单击指南针 图标，进入"发现"界面，然后选择App选项，最后在右上角搜索Midjourney（图3-1-19）。

⑤ 添加Midjourney Bot到自己的服务器：单击Midjourney Bot进入详情页，单击详情页右 侧的"添加App"按钮。然后选择刚刚创建的服务器，单击"继续"按钮，然后授权，操作流 程如图3-1-20至图3-1-24所示。

图3-1-19

图3-1-20

图3-1-21

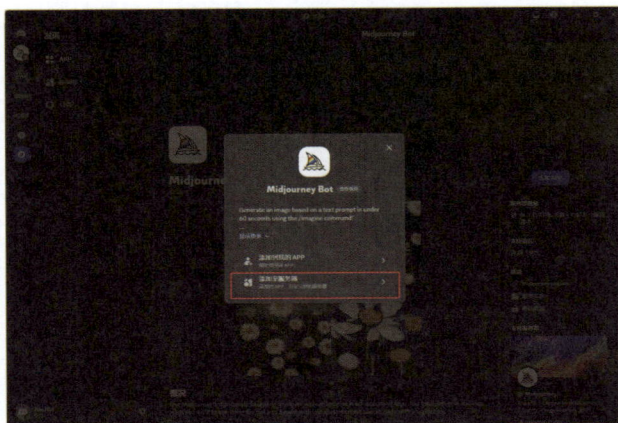

图3-1-22

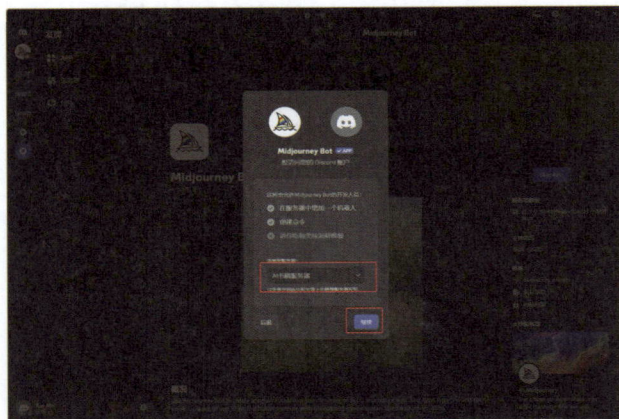

图3-1-23

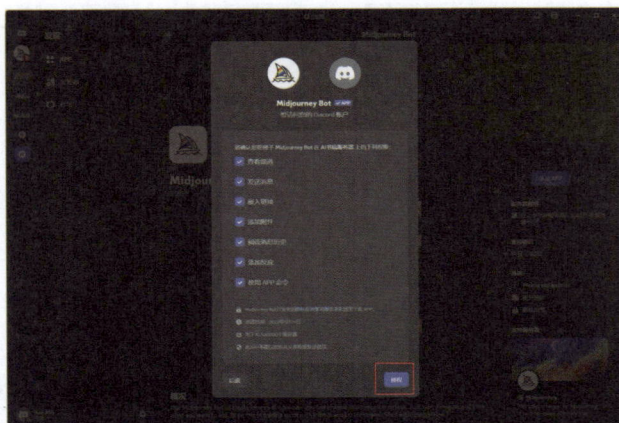

图3-1-24

⑥ 添加成功：看到"成功"字样，就说明添加成功了。此时，用户可以单击按钮回到自己的服务器使用Midjourney（图3-1-25），接下来继续学习后面的教程。

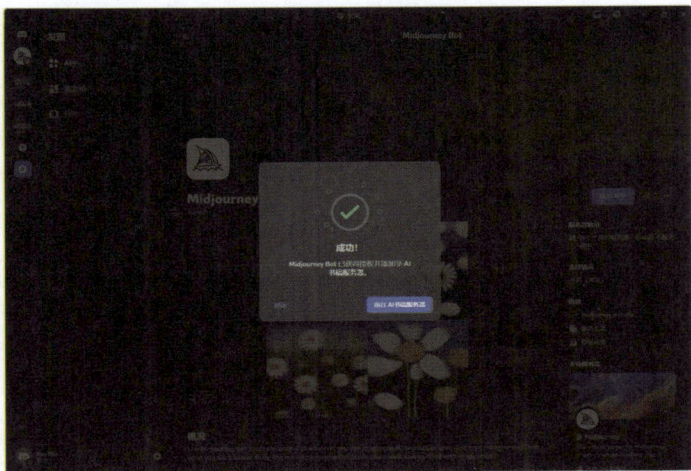

图3-1-25

3.1.2 软件操作详细解析

（1）/setting 命令

用于调整生成设置，定制图像生成的各项参数。/settings 命令是对 Midjourney 进行基本生成设置的指令，它允许用户管理和定制 Midjourney 图像生成的各项参数。通过调整这些设置，用户可以优化生成效果，适应不同的设计需求。以下是 /settings 命令的用法及详细介绍。

① 使用/settings命令调整生成设置：在Discord界面的左侧打开已经创建好并且加入了Midjourney Bot的服务器（图3-1-26）。

图3-1-26

② 输入命令：在输入框中输入"/"，在弹出的命令目录中找到并选择/settings，或者直接手动输入/settings并按空格键（图3-1-27）。

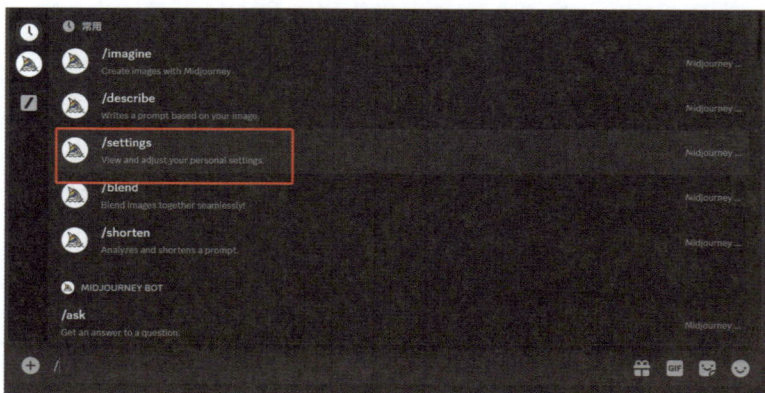

图3-1-27

③ 更改各项设置：输入/settings并且按下Enter键后，Midjourney Bot会发来一个带有一系列可调节选项的对话，用户可以通过单击的方式来设置，其中绿色的是已经启用的设置，灰色的是没启用的设置（图3-1-28）。后面将展开详细的介绍。

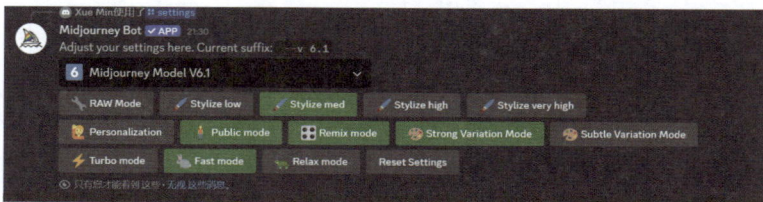

图3-1-28

④ 模型版本（Midjourney Model和Niji Model）：可以在这里选择不同的Midjourney模型版本，在后续生成时，Midjourney就会使用用户设置的模型版本来进行生成（图3-1-29）。

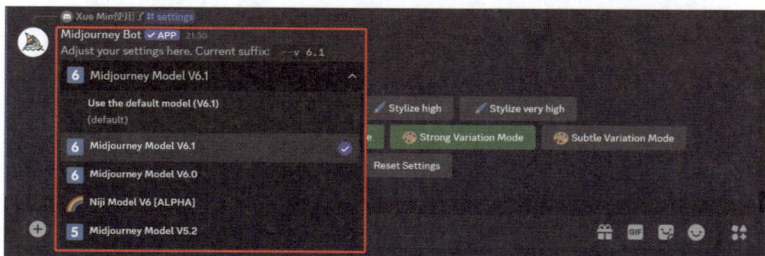

图3-1-29

一般来说，版本号越高，生成的效果就越好。截至目前，最新的版本是V6.1，Midjourney在未来还会不断地推出新的版本。

值得一提的是，列表中其实有两种类型的模型，一种就是基础的Midjourney Model模型，这种模型生成的内容偏向于真实。而另一种就是Niji Model模型，Niji生成的内容偏向于动漫风格。但是这种区分不是绝对的，用户仍然可以用Midjourney Model模型生成一些动漫图片，只是说这两种模型各自有自己的生成倾向。

虽然一般版本号高的模型在生成内容和语义理解的表现上会更好，但是在实际操作中，因为不同的模型具有不同的生成风格，所以有些创作者更喜欢用老版本的模型。用户可以根据不同的创作需求，选择不同的模型版本，这些版本在生成的图像风格和细节上有所区别。不同版本可能会带来不同的创作风格或效果，但是要注意，不同版本对于一些指令和参数的支持情况是不一样的。

（2）Midjourney中不同模式的详细解析

① 原图模式（RAW Mode）：带有扳手图标的RAW Mode按钮就是原图模式的开关，开启后，生成的图像将保留更多未处理的细节，也就是说生成的图像细节较为丰富，适合需要高度定制或后期处理的设计项目，这个概念和摄影中的RAW格式的概念比较类似（图3-1-30）。

图3-1-30

② 风格化程度设置（Stylize）：4个带有画笔图标的按钮就是风格化程度设置按钮（Stylize），4个按钮从左到右分别为不同的图像生成风格化程度，只能同时开启一个。通过调整该设置，用户可以决定图像的艺术风格化效果，从较为真实的表现到高度艺术化的效果，下面介绍4个按钮的含义（图3-1-31）。

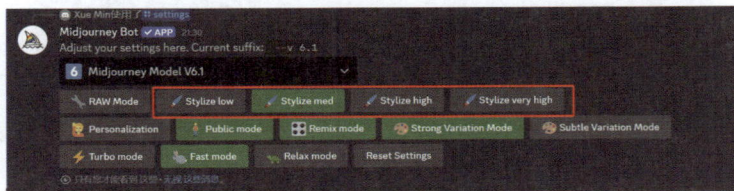

图3-1-31

➢ Stylize low：较低的风格化，图像保持更多的真实感。

➢ Stylize med：中等风格化，结合了艺术风格和现实感。

➢ Stylize high：较高的风格化，图像表现更具艺术性。

➢ Stylize very high：非常高的风格化，图像将呈现强烈的艺术风格。

③ 个性化设置（Personalization）：带有举手小人图标的就是个性化设置，启用后可以生成更符合个人喜好的图像。此选项允许用户根据自己的偏好调整图像风格，使其更加符合个人或品牌的需求（图3-1-32）。

图3-1-32

④ 公共模式设置（Publicmode）：带有站立小人图标的按钮就是公共模式按钮，启用后用户生成的图像将对所有人可见，适合展示生成的图像作品或共享创意。值得一提的是，这个选项是默认打开的，并不是所有订阅版本都能关闭这个设置（图3-1-33）。

图3-1-33

⑤ 重新混合模式设置（Remix mode）：带有4个黑色仪表盘图标的按钮就是重新混合模式设置，当将其开启时，将允许在生成过程中对图像进行修改和调整。重新混合模式提供了更多的创作灵活性，可以让用户在原始图像的基础上进行多次修改。在后面的操作教程中，可以看到很多功能和指令在使用的过程中会出现一个可以让用户更改提示词的弹窗，那些弹窗就是基于这个设置出现的，功能十分强大好用。一般建议开启这个选项，否则会导致后面的教程和你的操作对不上（图3-1-34）。

图3-1-34

⑥ 图像衍生、变体模式程度设置（Variation Mode）：带有调色板图标的两个按钮是用来设置图像衍生、变体程度的，具体的功能会在后面的"/imagine"中的"图像衍生、变体（V1、V2、V3、V4）"部分介绍。这两个模式只能选择其中一个，大家可以在后续的过程中尝试，根据自己的喜好来选择变体的强度模式（图3-1-35），它们的区别如下。

图3-1-35

➢ Subtle Variation Mode：细微变体模式，生成轻微变化的图像。在细微变体模式下，图像的变化较为细致，适合需要小幅度调整的设计需求。

➢ Strong Variation Mode：强烈变体模式，生成大幅度变化的图像。在强烈变体模式，将会基于原始图像生成更为显著的变化，适合需要较大创意飞跃的设计。

⑦ 速度模式选项设置：下面这组带有闪电、兔子、乌龟图标的按钮就是生成速度模式选项，大家可以从图标中看出来，它们的生成速度从左往右依次降低。Turbo mode模式生成图像的速度最快，几乎可以做到马上出图；Fast mode可能需要等待几秒；Relax mode就要慢一些，根据服务器的繁忙情况，需要等几分钟。值得一提的是，这个速度模式的选择受制于用户订阅的套餐，有的套餐是无法开启快速模式的（图3-1-36）。

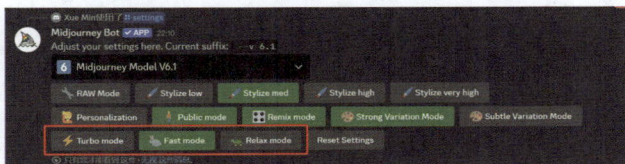

图3-1-36

⑧ 重置设置按钮（Reset Settings）：最后一个是设置按钮，这个按钮的作用就是重置所有设置，恢复默认状态。如果不小心乱调设置导致生成效果不佳，或者对当前的设置不满意，或者想要重新开始，则可以使用这个选项将所有设置恢复到默认状态（图3-1-37）。

图3-1-37

（3）/imagine命令

用于根据提示词生成图像。基本功能包括生成图像、衍生图像、放大图像和局部重绘（Variation）等操作（图3-1-38）。

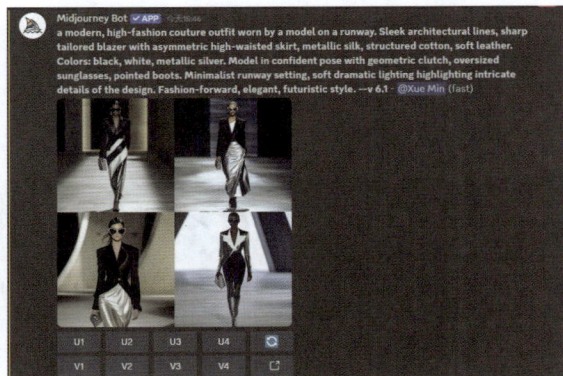

图3-1-38

① 基础生成：通过输入创意提示词，生成基础图像。

② 在输入框中输入指令：然后在下方的输入框中，使用英文输入法输入"/"（斜杠），此时输入框上方会显示一个目录，单击其中的"/imagine"指令，指令会自动填充到输入框中；该操作也可以通过在输入框中输入"/imagine"并按空格键来实现（图3-1-39）。

图3-1-39

③ 输入提示词内容：在将指令填充至输入框中后，在Prompt（即提示词）的蓝色方框内输入想生成的内容。现阶段Midjourney还无法理解中文，所以提示词必须是英文，可以是英文词语、短语或句子，用","（逗号）或"."（句号）分隔。提示词的写法会在后面的专题中提及，现在可以先使用翻译软件翻译想生成的内容，先享受一下初次生成的乐趣（图3-1-40）。

图3-1-40

④ 等待生成：当确认好想生成的内容后，按Enter键，这时Midjourney Bot就会检测到用户输入的指令，向Midjourney服务器发送生成请求，在文段末尾可以看到服务器处理的状态。（Waitingtostart）表示请求正在排队，等待服务器进行处理；（35%）表示正在生成图像，百分比为当前的进度；"fast"显示的是生成模式，Turbo、Fast、Relax分别代表不同的生成速度，根据用户订阅的套餐决定（图3-1-41和图3-1-42）。

图3-1-41

图3-1-42

⑤ 生成结果：当服务器生成图像完毕，Midjourney Bot会给用户发送图3-1-43所示的对话，每一次都会生成4张图，它们的编号与位置对应如下：左上为1、右上为2、左下为3、右下为4。此时用户可以在图片上单击鼠标右键，选择"保存图片"命令保存生成的图片，这样保存的是整组的4张图片。

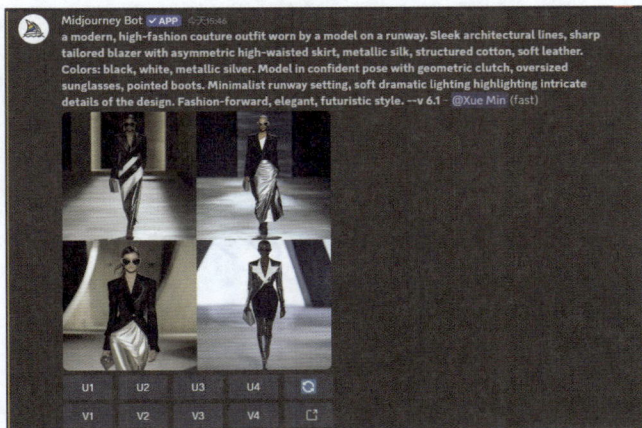

图3-1-43

⑥ 实战演练：使用/imagine命令让Midjourney生成一张自己喜欢的图片，并成功保存。

⑦ 常见错误：如果在发送命令后遇到了图3-1-44所示的错误，这就说明提示词中含有不恰当的内容，需要重新调整相应的提示词后重新发送。

图3-1-44

（4）单张图像放大（U1、U2、U3、U4按钮）

用户可以在之前的图像生成对话中单击单张放大按钮（U1、U2、U3、U4按钮），一般可以选择自己喜欢的单张图片进行放大，保存这张单张放大的图片后，也可以进行进一步的更改。首先需要根据图片的编号来单击下面对应的按钮，比如喜欢第3张，可以单击了下面的U3按钮，如图3-1-45所示，这样服务器会重新发送一张放大的单张图片。

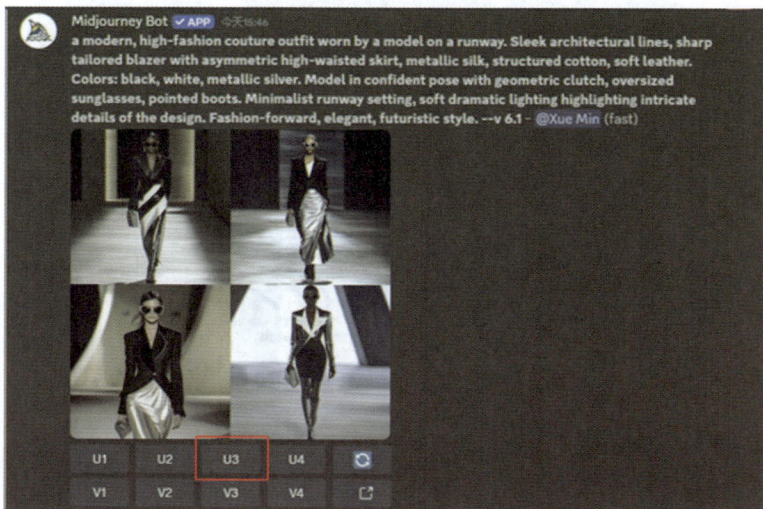

图3-1-45

此时，可以在这张图片上单击鼠标右键，在快捷菜单中选择"保存图片"命令，选择想保存的位置进行保存，这样就完成了一次最基础的生成（图3-1-46）。

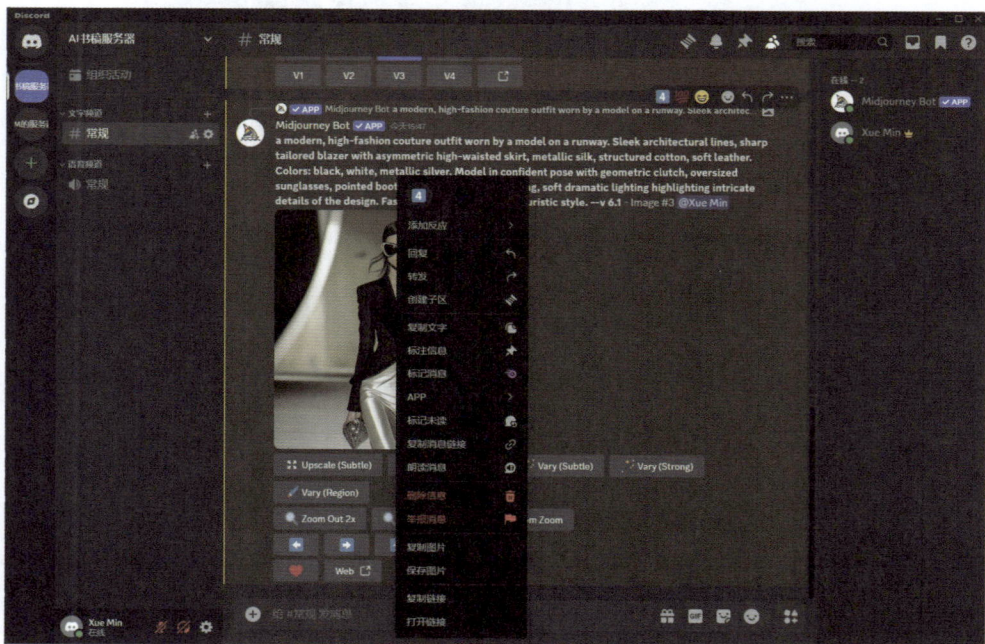

图3-1-46

下面一起来欣赏一下这张图片吧（图3-1-47）。

图3-1-47

（5）在之前生成的图片的基础上再次优化

① 图像衍生、变体（V1、V2、V3、V4按钮）：在初次生成的图像的基础上生成变体图像或相似的图像。回到上面Midjourney Bot发的消息，可以看到下面有许多按钮（图3-1-48），其中含有字母V的按钮是用来在初次生成的图像版本的基础上重新生成，创建变体图像的。

图3-1-48

② 提示词更改弹窗：单击V3按钮，表示以左下角的那张图片为基础创建变体，这时会弹出一个名为Remix Prompt的弹窗。此弹窗的文本框中是之前生成图片用的提示词，用户可以选择在这个基础上进行修改。例如，想将上身的衣服改成红色，就可以在文本框中加入对应的提示词，这里在开头加上了"Red top"，然后单击"提交"按钮看看效果（图3-1-49）。

③ 等待生成：通过生成的结果，可以很明显地看出，服务器在用户初次生成的第3张图片的基础上，将上衣改成了红色，生成的图片在风格、画面构成等方面，都和第3张图片更为接近。但是这里需要注意的是，如果希望生成与原来的图片不同的变体，则不能让提示词中出现互相矛盾的意思（例如"有毛皮翻领"VS"无领"），矛盾的提示词可能会导致无法得到想要的效果（图3-1-50）。

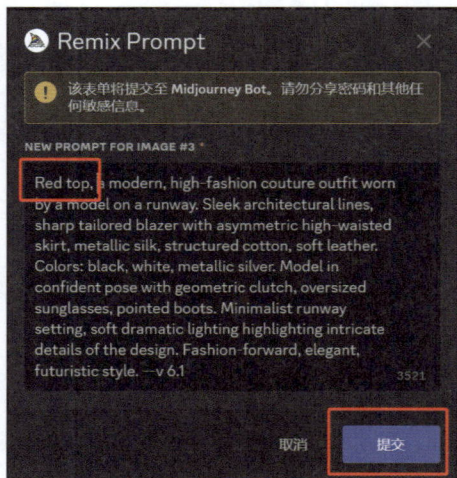

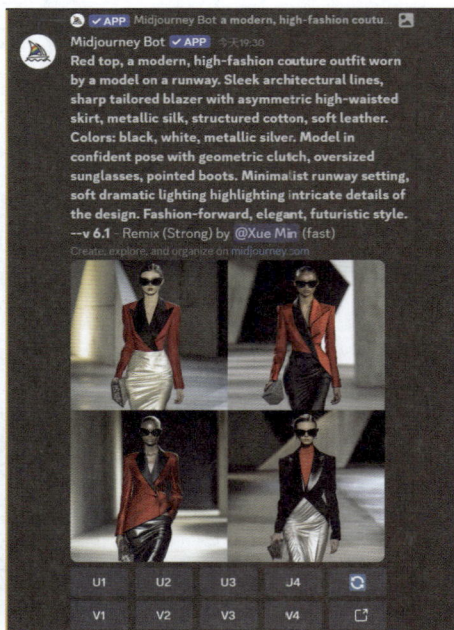

图3-1-49   图3-1-50

当然，用户可以在新生成的图片的基础上再次使用这个功能，这次单击V1按钮，即以左上角这张图片为基础生成新的图片（图3-1-51），这次在提示词中加入了"Green hat"（图3-1-52），单击"提交"按钮，则生成的图片在图1的基础上又添加了一顶绿色的帽子（图3-1-53）。当然，大家可以不断地这样衍生下去，如果对某一次的衍生结果不满意，可以随时向上翻回之前的对话，重新修改提示词进行衍生。值得一提的是，人们通常无法通过一次生成就获得满意的成果，因此可以使用这个功能来一步步引导软件生成自己想要的图片，包括对图片内容的更改（增减服饰、更改款式等）。

④ 从初次生成的图片的基础上生成相似图片：找一个图像生成对话，还是回到上面Midjourney Bot发的消息界面，这次稍微改变一下操作，就能使用同样的功能来获取不一样的生成效果，单击V3按钮（图3-1-54）。

图3-1-51

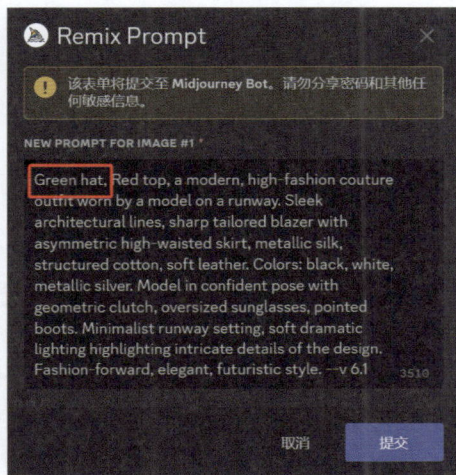
图3-1-52

图3-1-53

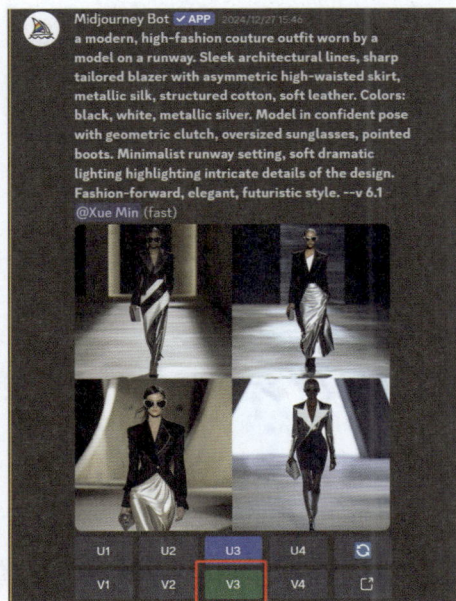
图3-1-54

⑤ 提示词更改弹窗：弹出Remix Prompt弹窗，文本框中的提示词是以用户单击的这次对话为基础的，并没有受到之前输入"Red top""Green hat"的影响，还是原来的提示词。这一次不对文本框内的内容进行任何修改，直接生成（图3-1-55）。

⑥ 等待生成：根据生成的结果可以看出，软件以用户最开始生成的第3张图片为基础，再次生成了一张画面和风格与原本的第3张图片相似的图片。通过这种方式，用户可以在生成的图片中选取自己偏好的风格或内容，引导软件进行新一轮的生成。当然，大家也可以在新一轮生成的图片对话框中单击相应的按钮进行衍生生成（图3-1-56）。

图3-1-55

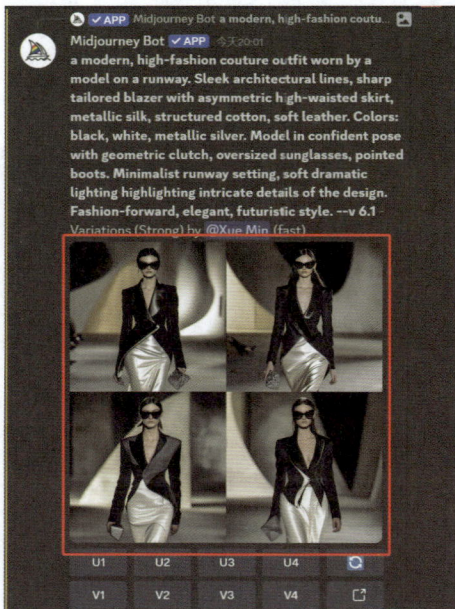

图3-1-56

⑦ 常见错误：在进行图像衍生的过程中，由于提示词是全英文的，因此人们常常会忽视新增的提示词是否与已有的提示词矛盾，矛盾的提示词可能会导致软件无法生成用户想要的图片。用户在每一次进行图像衍生时，都需要检查一遍提示词是否存在冲突，对冲突的提示词进行删除或修改。

（6）上传参考图

① 参考图像生成（图生图）：用户可以通过参考图控制生成图片的风格与元素。想要通过参考图片的链接来进行图生图，就需要拥有图片在网络上的链接，最基本的方式是上传图片到Midjourney所在的Discord社区，有两种上传方式。拖拽上传是一种最简单、便捷的图像上传方式，只需打开Midjourney Bot所在的聊天频道，然后将电脑中的图片文件拖拽到窗口中就可以了。这时如果按键盘上的Shift键，将直接上传图片。如果不按Shift键，就会看到下一步的界面（图3-1-57）。

图3-1-57

② 注释与确认上传：此时图片已经显示出来了，这时可以按Enter键上传，或者在文本框中输入注释，方便自己辨认（图3-1-58）。

图3-1-58

③ 查看结果并获取链接：当在聊天频道中看到自己发的消息以后，说明图片已经被上传到服务器了（图3-1-59），这时候可以在图片上单击鼠标右键，在弹出的快捷菜单中选择"复制链接"命令，将图片的链接地址复制到剪贴板。注意是"复制链接"而不是"复制图片"（图3-1-60）。除了拖拽上传，用户也可以通过文件浏览的方式上传图片。首先单击输入框左侧的加号图标，再单击"上传文件"按钮（图3-1-61）。

图3-1-59

图3-1-60

图3-1-61

④ 浏览文件并打开：在弹出的文件浏览窗口找到想要上传的图片，选中图片，然后单击右下角的"打开"按钮（图3-1-62）。后面的步骤和拖拽上传是一样的，对话框如图3-1-63所示，其中已经显示了图片，这时候可以按Enter键上传，或者在文本框中输入注释，方便自己辨认。

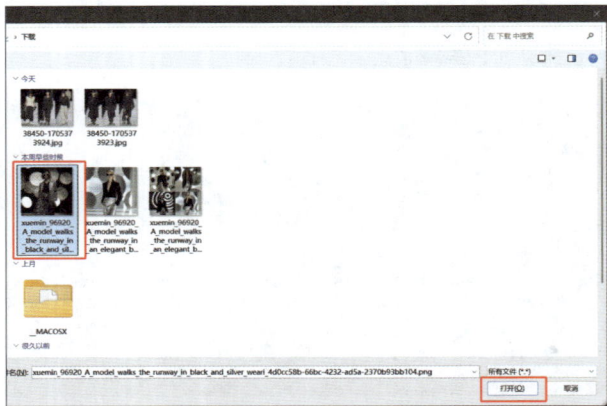

图3-1-62

图3-1-63

当在聊天频道中看到自己发的消息时，说明图片已经被上传到服务器了（图3-1-64）。因为打了标签，所以可以很清楚地知道哪张图片是刚刚上传的，不会搞混。和前面的操作一样，这时候在图片上单击鼠标右键，在打开的快捷菜单中选择"复制链接"命令，将图片的链接地址复制到剪贴板。

除了将图片上传到Discord，还有一个很方便的获取图片链接的方式，就是在任意网页中的图片上单击鼠标右键来获取链接。打开任意有图片的网页，这里以百度图片为例（图3-1-

65）。当然，大家也可以在其他网页中获取图片链接。

图3-1-64

图3-1-65

在感兴趣的图片上单击鼠标右键，在打开的快捷菜单中选择"复制图片地址"命令（图3-1-66）。值得注意的是，"复制图片地址"而不是"复制图片"。

（7）使用/imagine命令结合单张参考图链接进行图片生成

① 输入命令：在下方的输入框中，输入"/"（斜杠），单击其中的"/imagine"命令（图3-1-67），或者在输入框中输入"/imagine"并点按空格键。

图3-1-66

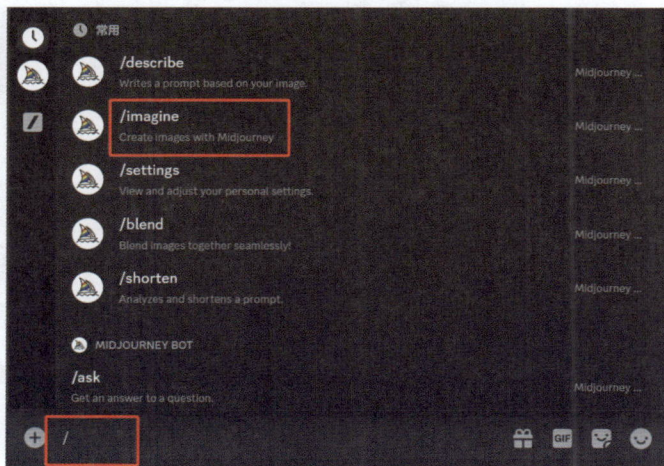
图3-1-67

② 粘贴参考图链接并输入提示词：将刚才获取到的图片链接粘贴到提示词文本框中，然后输入一个空格，在后面输入想生成的提示词内容。这里用简单一点的示例，如"Female model wearing leopard print clothes"，因为软件会参考用户提供的图片链接进行生成，确认无误后按Enter键（图3-1-68和图3-1-69）。

图3-1-68

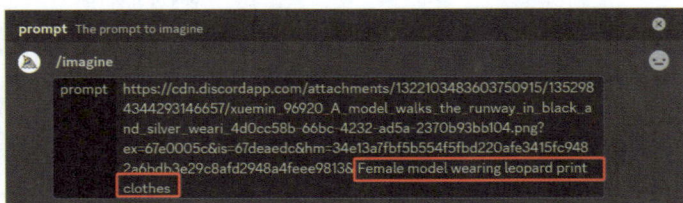

图3-1-69

③ 查看结果：稍等片刻，即可收到Midjourney根据对应提示词生成的4张图片（图3-1-70）。可以看出，软件结合了参考图和提示词进行生成，但是并不会和原图完全一致，这种方式很适合不断给Midjourney提供参考，引导它生成自己想要的图片。

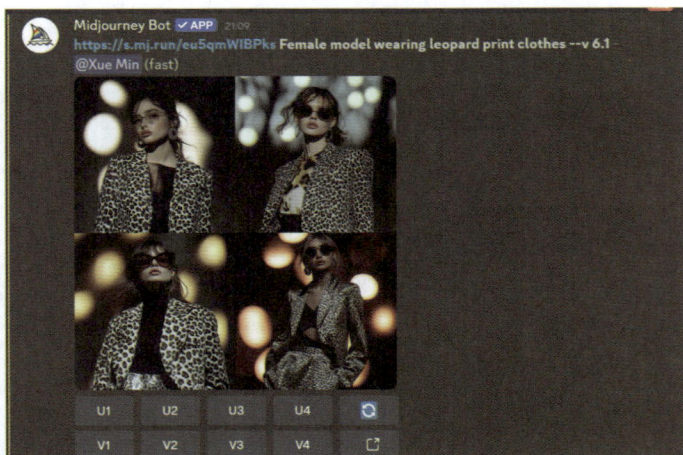

图3-1-70

（8）使用多张参考图像链接进行生成

① 输入命令：和使用单张参考图的方法类似，首先在下方的输入框中输入"/"（斜杠），单击其中的"/imagine"命令（图3-1-71），或者在输入框中输入"/imagine"并按空格键。

图3-1-71

　　② 粘贴多个参考图的链接并输入提示词：将刚才获取的图片链接粘贴到提示词文本框中，然后输入一个空格，然后粘贴第二张图片的链接，再输入一个空格（注意这是第二个空格），最后输入想生成的提示词内容，这里用的提示词是"Female model wearing leopard print clothes"，确认无误后按Enter键（图3-1-72至图3-1-74）。

图3-1-72

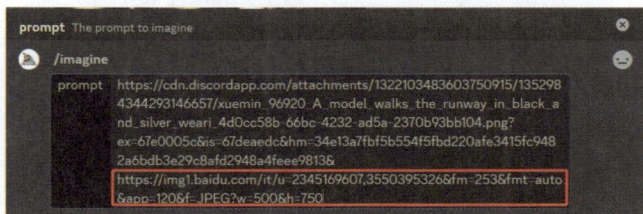

图3-1-73

图3-1-74

③ 查看结果：稍等片刻，即可收到Midjourney根据提示词生成的4张图片（图3-1-75）。可以看出，软件融合了两张图片的风格，并且参考了输入的提示词，生成了兼具各方特色的图片。但是因为这里的图片和提示词引导倾向比较明显，所以生成的衣服款式以豹纹为主。对第二张参考图的参考在右下角的图片4中比较明显，由此可以看出，软件其实参考了第二张参考图的背景、视角范围及一部分衣

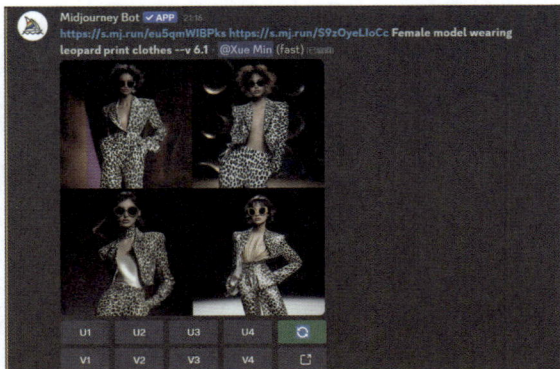

图3-1-75

服结构。如果不想让生成的图片出现太多的偏差，就需要注意在写提示词的时候兼顾各参考图的内容。

（9）高清增强（Upscale）

提升图像分辨率，优化细节表现，可以使画面更清晰精致。高清增强是Midjourney用于提升图像分辨率的一种生成方式，用户可以在放大单张图片时找到这个功能按钮，这个功能分为Upscale（Subtle）（原图高清增强）和Upscale（Creative）（创意高清增强）两种，它们的不同之处在于，原图高清增强是将原图进行高清化，增强后的图片内容与原图一致；而创意高清增强是基于原图及其提示词进行重绘的画质增强，画面的内容可能会改变。这个功能很简单，接下来看一下怎么操作。

① 在单张放大图片对话界面中（注意：这个功能只有在单张放大图片后才会出现），单击Upscale（Subtle）按钮来进行原图高清增强（图3-1-76）。

图3-1-76

② 等待生成：等待软件生成图片后，可以看到，增强前后的画面内容并没有改变，但是当将两张图片下载下来对比，就会发现，增强后图像的分辨率提升了，文件也变得更大了（图3-1-77和图3-1-78）。

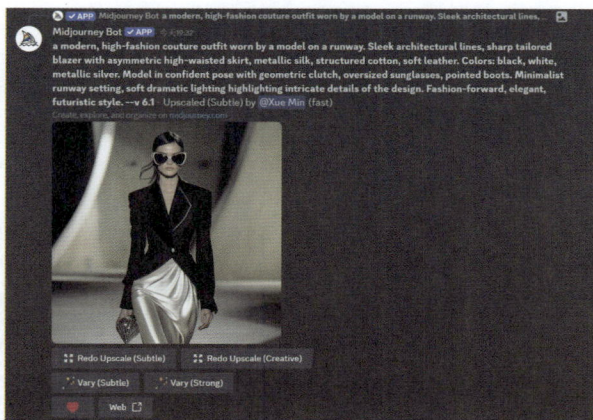

图3-1-77

图3-1-78

（10）Upscale（Creative）（创意高清增强）

　　和前面的操作差不多，在单张放大图片对话界面中，单击第一排第二个按钮Upscale（Creative），来进行创意高清增强（图3-1-79）。

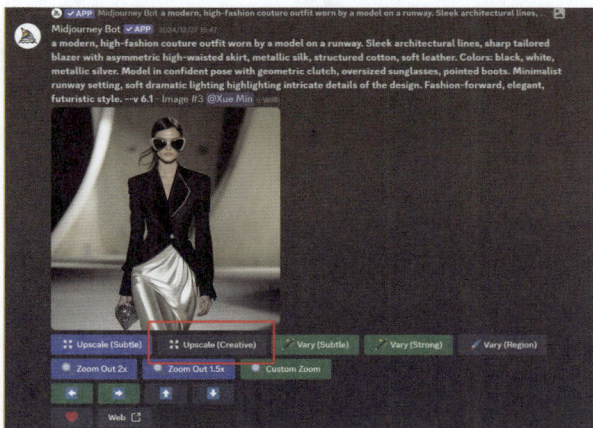

图3-1-79

等待图片生成完毕后，仍然可以将增强前后的图片放在一起进行对比，增强后图像的分辨率提升了，文件也变得更大了，但是不同的是，增强后的画面与原来的图片相比会有变化，例如人物右侧的黑点消失，地上的影子有变化，包括领子、裙子、包包的细节都有变化。这张图片的前后变化比较小，但是对于不同的图片，变化的幅度都是不一样的，所以大家可以尽情去尝试（图3-1-80和图3-1-81）。

图3-1-80

图3-1-81

3.2 Stable Diffusion

3.2.1 安装部署与基础介绍

（1）基本部署

在开始安装Stable Diffusion之前，我们需要先了解两个关键概念，它们构成了本地部署流程的核心。

WebUI（开发者：AUTOMATIC1111）指的是由GitHub用户AUTOMATIC1111开发的Stable Diffusion图形化用户界面。这是目前使用最广泛的本地部署界面，功能强大、插件丰富、社区活跃。用户可以通过GitHub获取源代码，自行配置环境、模型与依赖后运行。

秋葉aaaki发布的Stable Diffusion整合包（绘世启动器），指的是国内开发者秋葉aaaki基于WebUI开发的第三方打包版本Stable Diffusion。秋葉aaaki对WebUI项目进行了封装，预设好基础环境与常用插件，集成了一键启动脚本，免去了用户手动配置Python、Git、依赖库的烦琐过程，更适合初学者快速上手使用。

秋葉整合包=已配置好的WebUI+模型+插件+启动工具。本质上，秋葉整合包内部运行的依然是AUTOMATIC1111的WebUI，只是通过封装降低了技术门槛，所有适用于WebUI的模型、插件与参数设置，也都适用于秋葉整合包，只是在操作上更简单。

（2）在本地部署Stable Diffusion的硬件门槛

由于Stable Diffusion是一个部署在本地电脑的图像生成应用程序，它不依赖云端服务器进行计算。在下载并配置好之后，在使用过程中不需要联网，所有图像生成的处理过程都完全基于电脑的硬件能力。因此，电脑的处理性能，特别是显卡的运算能力，将直接影响Stable Diffusion的运行速度、生成质量及能否顺利启动。

在本地部署Stable Diffusion之前，了解并评估电脑是否符合最低硬件要求非常重要。Stable Diffusion属于AI图像生成模型，运算强度较高，尤其是在生成大尺寸图像或使用高精度模型（如SDXL、LoRA、ControlNet等）时，对显卡性能要求显著。

配置建议如表3-2-1所示，建议至少使用推荐配置及以上，保证使用体验。

表3-2-1

项　　目	最低配置	推荐配置	舒适使用配置
操作系统	Windows 10、Linux、macOS	Windows 10、Windows 11 64位系统	Windows 11专业版64位
CPU	任意现代CPU	Intel i5、Ryzen 5及以上	Intel i7、Ryzen 7及以上，多核心性能更优
内存	至少8GB	16GB或更高	32GB DDR4、DDR5，运行大型模型不卡顿
硬盘	20GB可用空间	SSD，预留30~50GB	NVMeSSD（500GB以上），高速缓存图像与模型
显卡（GPU）	NVIDIA显卡，支持CUDA（如GTX10606GB）	RTX3060（12GB）或更高	RTX4070、RTX4080、RTX4090，支持高分辨率与加速插件
显存（VRAM）	最少4GB（限制大）	6GB以上，生成效率更佳	12~24GB，适配SDXL+ControlNet组合流程

①显卡的重要性：Stable Diffusion是基于深度学习的图像生成模型，依赖显卡进行并行计算。如果没有支持CUDA的NVIDIA显卡，即便可以强行使用CPU运算，也会非常缓慢，几乎无法满足实际使用需求，需要特别注意以下几点。

> RTX系列显卡（如RTX3060、RTX3070、RTX4060等）在运行速度和显存容量上性价比较高，属于甜品卡，是目前部署较为推荐的选择。

> AMD显卡暂没有官方支持，部署过程较为复杂，不建议新手尝试。

> 集成显卡（如笔记本自带的IntelUHD或Iris）无法运行Stable Diffusion。

② 使用以下3种方法可以对自己是否符合条件进行简单自检。

> 打开任务管理器，依次选择"性能"→GPU，查看是否为NVIDIA显卡及显存容量。

> 在命令行中输入：nvidia-smi（需安装NVIDIA驱动），确认显卡型号与可用资源。

> 使用网站工具查询当前设备性能。

③ 设备配置不足时的替代方案：如果电脑设备不具备推荐的硬件条件，特别是没有NVIDIA显卡或显存不足时，依然可以通过第三方平台或服务器算力租用的方式使用Stable Diffusion。这些方案不需要本地部署，只要具备基础网络环境即可操作，适合刚入门或暂时不考虑升级设备的用户。

（3）下载秋葉aaaki发布的Stable Diffusion整合包（推荐使用）

相比直接从 GitHub 下载原始的 WebUI 项目并手动配置环境，秋葉 aaaki 发布的 Stable Diffusion 整合包为用户省去了烦琐的安装过程，尤其适合初学者使用。这一整合包已经将 WebUI 及其运行环境进行了打包配置，用户只需下载、解压并启动即可运行，无须手动配置 Python、依赖库或模型路径。

① 访问整合包发布网站：秋葉aaaki是哔哩哔哩（B站）平台的一个UP主，大家可以打开整合包所在网址，顺便关注一下这个UP主。值得注意的是，因为秋葉aaaki整合包的热度很高，会有很多名字相似的冒牌货，请注意甄别（图3-2-1）。

② 资源分享云盘链接：在视频网页向下滚动到评论区，置顶评论里有下载链接，还有很多其他详细介绍和教程，大家可以按需查看。在这里复制网址并打开下载链接（图3-2-2）。

图3-2-1

图3-2-2

③ 下载整合包压缩文件：在分享的文件里找到sd-webui-aki-v4.10.7z压缩包文件，名字中的版本号可能会随着更新而变动，只需把这个压缩包下载到电脑中就可以了。值得注意的是，要用网盘官方客户端下载，否则压缩包极有可能损坏而无法解压（图3-2-3）。

④ 解压压缩包到合适的位置：下载完毕一定要先测试压缩包是否完好再解压。建议把文件解压到固态硬盘的存储路径中，会比存在机械硬盘里的运行速度更高。最重要的是确保解压后下次还可以找到这个文件夹。将文件夹解压后打开这个文件夹，在后面的绘世启动器界面简介中介绍如何运行它（图3-2-4）。

图3-2-3

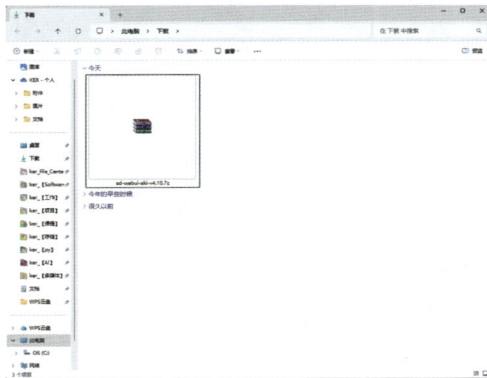

图3-2-4

（4）从 GitHub 直接下载 Stable Diffusion WebUI（具备技术基础）

如果具备一定的编程基础，也可以选择从官方GitHub仓库中下载并部署最原始的WebUI界面。该项目由GitHub用户AUTOMATIC1111开发，是目前功能最强大、使用最广泛的Stable Diffusion本地界面，具备插件扩展、LoRA支持、图像增强等丰富功能。其官方Github仓库界面如图3-2-5所示。

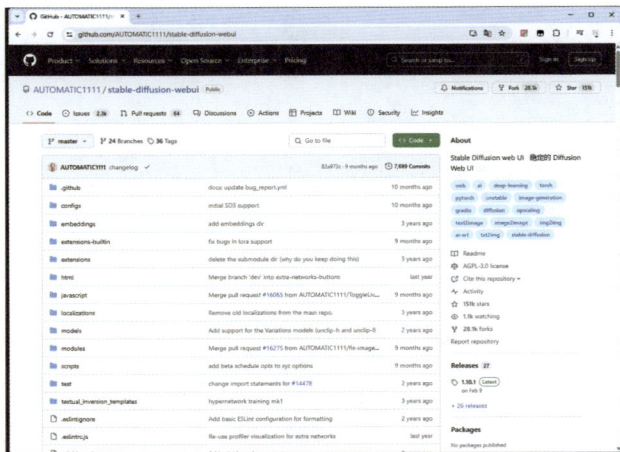

图3-2-5

① 要使用该方式部署，需要具备以下条件。

➤ 能够使用Git克隆仓库。

➤ 理解Python环境配置、依赖库安装。

➢ 熟悉命令行操作和显卡驱动设置。

② 能解决本地部署过程中出现的技术问题，如果具备技术基础，那么部署步骤通常包括以下几点。

➢ 安装 Git 与 Python（推荐版本为 Python 3.10）。

➢ 使用Git克隆项目至本地。

➢ 配置虚拟环境并安装依赖。

➢ 下载模型文件并放置至到正确路径。

③ 运行启动脚本（如Windows下的webui-user.bat）：虽然这种方式最为灵活，但整个部署过程对新手来说门槛较高，容易遇到各种报错与环境冲突问题，不建议没有开发经验的用户尝试。在本书中将不展开讲解该方式的详细部署流程，而是推荐使用由国内开发者秋葉aaaki整合发布的Stable Diffusion一键安装包，它基于上述WebUI项目进行了打包封装，更适合新手学习与使用。

（5）绘世启动器与WebUI的界面介绍

秋葉整合包内置的专属Stable Diffusion启动工具，名为绘世启动器，它用于一键启动Stable DiffusionWebUI，并提供可视化控制面板，方便管理模型、扩展插件与界面语言设置。接下来请跟随本书的操作，一步步地了解界面吧。

① 绘世启动器界面介绍。

➢ 打开启动器：首先打开解压好的整合包，找到其中的"A绘世启动器.exe"，双击将其打开（图3-2-6）。

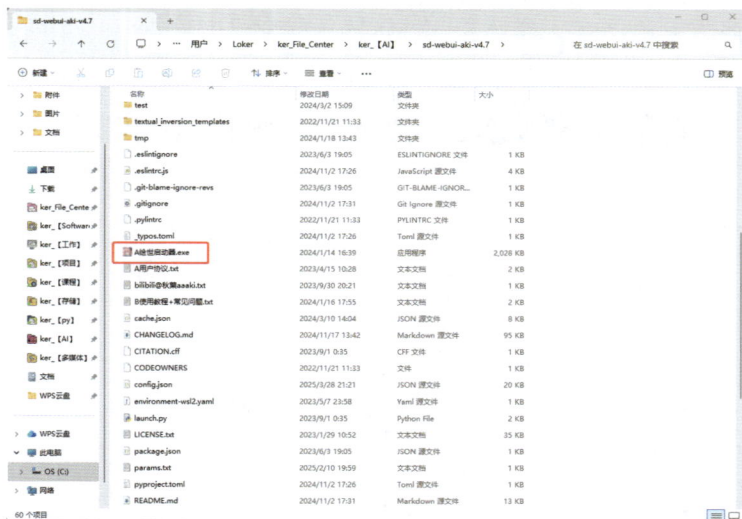

图3-2-6

➢ 等待启动器更新：双击启动后，启动器会先检查更新，请耐心等待（图3-2-7）。

➢ 启动器打开：当启动器界面出现时，代表打开了启动器，接下来简单介绍一下启动器的界面（图3-2-8）。

图3-2-7   图3-2-8

➢ 主页介绍：在左侧的导航栏中有着各种各样的功能和设置，下面会简单介绍几个常用的功能。

  • 高级选项：提供额外的参数和配置，适合有经验的用户进行调整。

  • 疑难解答：汇总常见问题与解决方案，帮助用户排查启动和使用中的错误。

  • 版本管理：用于切换、安装或更新WebUI与扩展组件的版本。

  • 模型管理：集中管理基础模型、VAE、LoRA等资源，一站式查看与下载（图3-2-9）。

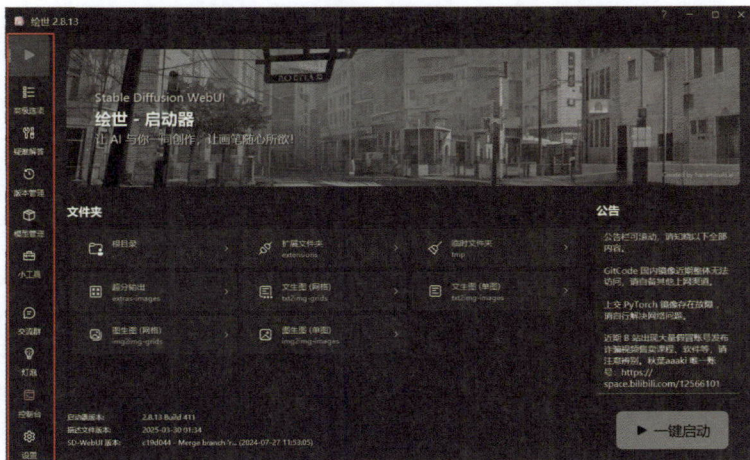

图3-2-9

  • 小工具：集成了一些实用辅助功能、网站、链接等工具。

  • 交流群：提供加入官方交流群的方式，便于交流与求助。

  • 灯泡：切换浅色界面和深色界面。

  • 控制台：显示WebUI的启动日志和实时运行信息，便于调试和监控。

  • 设置：配置启动器本身的行为与界面，包括网络、偏好设置等。

➤ 快捷访问文件夹区域：这个区域的选项卡有助于用户双击直接打开对应的文件夹，比较常用的是文生图、图生图几个文件夹，其中存放着用户在Stable Diffusion中生成的所有结果（图3-2-10）。

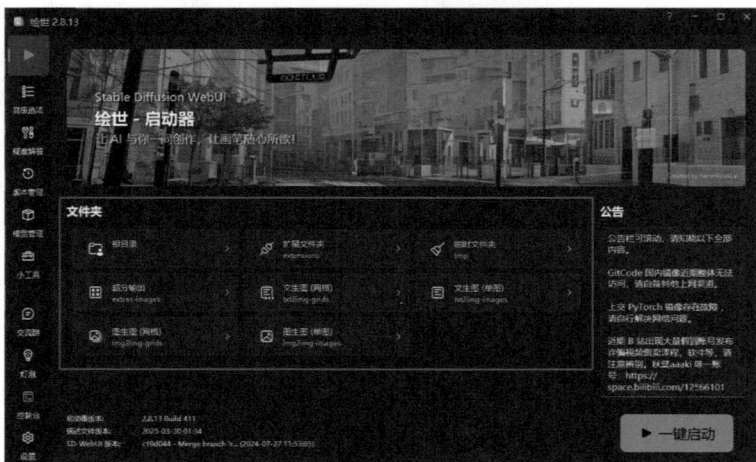

图3-2-10

➤ 启动器信息区域：这个区域显示了启动器及WebUI版本的一些基础信息，用于环境控制，一般不用理会（图3-2-11）。

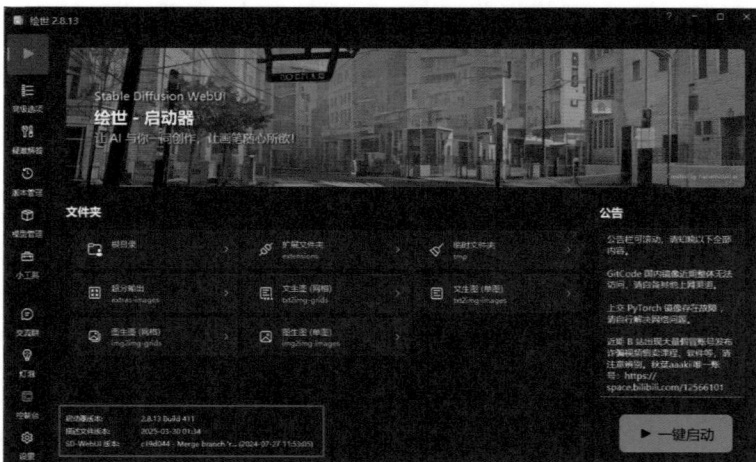

图3-2-11

➤ 公告栏：这部分会发布关于启动器的公告，可以滚动查看（图3-2-12）。

➤ 启动按钮：对新手来说，这是唯一常用的部分，供用户启动 Stable Diffusion WebUI（图 3-2-13）。

➤ 高级选项：单击"高级选项"按钮，可以完成关于图像生成的性能设置或其他一些设置，不过一般都会保持默认设置，只推荐有经验的人进行调试或更改（图3-2-14）。

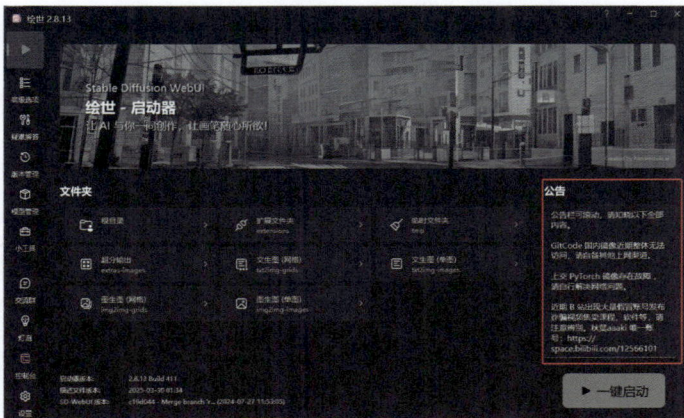

图3-2-12

图3-2-13

图3-2-14

➤ 版本管理：单击"版本管理"按钮，在这个在打开的界面中可以管理Stable Diffusion WebUI的版本，一般使用稳定版中的最新版本，但当WebUI运行出现不稳定或者不兼容的问题时，可以在未启动时在此处进行版本的回退，勾选想要的版本（图3-2-15）。

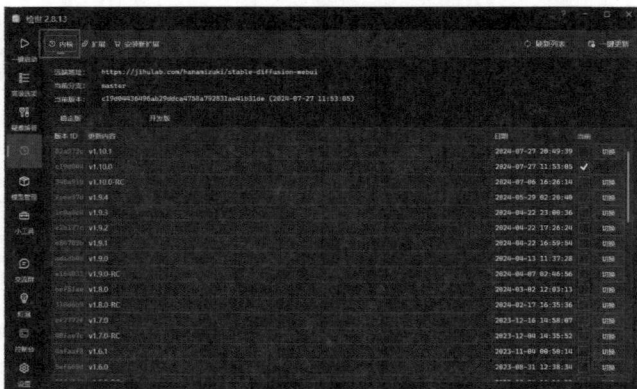

图3-2-15

➤ 扩展管理：这是人们常说的插件，如一些著名的扩展ControlNet、Adetailer都是属于此列，在这里，用户可以通过勾选左侧的复选框来确定是否启用插件。

值得一提的是，整合包已经预先安装了一些插件，一般情况下这些插件足够使用，不需要进行额外设置。开启的插件越多，软件的启动速度就越慢，而且插件之间可能存在兼容性问题。

界面右侧版本ID那一列是有颜色的，一般有3种颜色。白色代表着插件版本正常。黄色代表着有潜在风险，但是仍可以使用，有可能是没有更新到最新版本，或者插件与某些程序有潜在冲突。如果能够正常使用软件，就不用理会这些黄色标记，但是如果软件运行中出现异常，则可以尝试更新或关闭对应插件。还有一种是红色的标记，一般代表版本过旧，或者无法正常地运行，需要进行更新，或者关闭插件。不用的插件可以卸载，以节省空间，单击右上角的按钮可以对列表进行刷新或一键更新（图3-2-16）。

图3-2-16

➤ 模型管理：单击"模型管理"按钮，可以查看并管理模型，选择红框中的标签页就可以查看对应的模型，在选择了标签页后，用户还可以单击右上角的"打开文件夹"按钮，这样可以方便进行模型的增减或者替换（图3-2-17）。

图3-2-17

➤ 小工具：单击"小工具"按钮，在打开的界面中集成了一些小工具和连接（图3-2-18），用户可以自行打开探索，本书不做展开讲解。

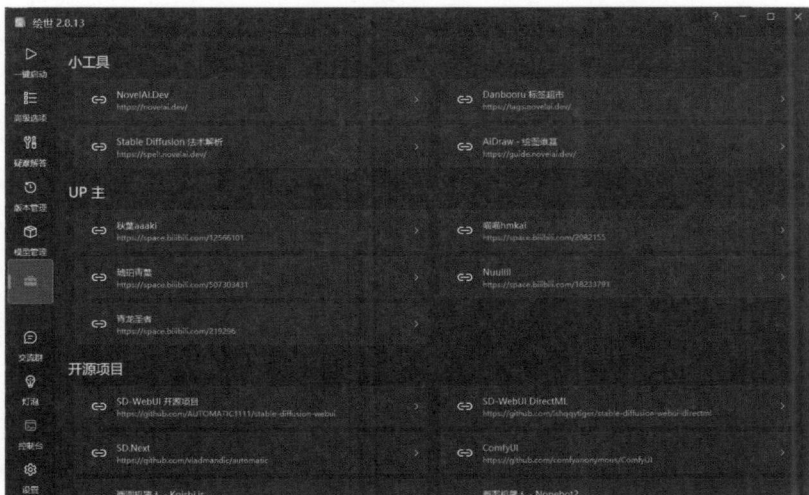

图3-2-18

② WebUI界面布局介绍。

➤ 使用绘世启动器启动WebUI：启动绘世启动器，如果不需要进行设置，可以直接单击右下角的"一键启动"按钮，启动WebUI（图3-2-19）。

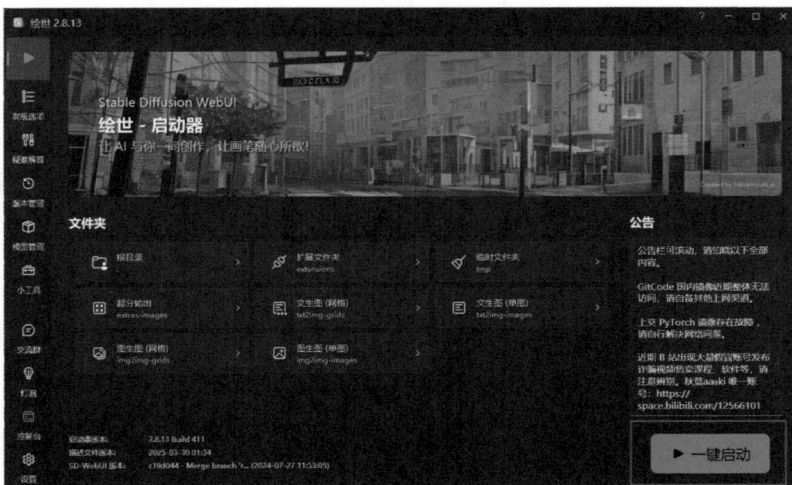

图3-2-19

➢ 等待启动：在单击按钮之后，启动器会自动跳转到控制台。值得注意的是，程序是依赖启动器进行运行的，用户在使用的过程中不能关闭启动器，也不能单击控制台中的终止进程按钮。用户可以看到代码行中首先会检测运行环境，然后加载一些依赖的插件。整个启动过程取决于电脑硬件性能及启用的插件数量。一般来说，在看到类似Modelloadedin17.3s的信息时，代表模型加载完毕，启动完成（图3-2-20）。此时启动器会在默认浏览器中打开一个网页。

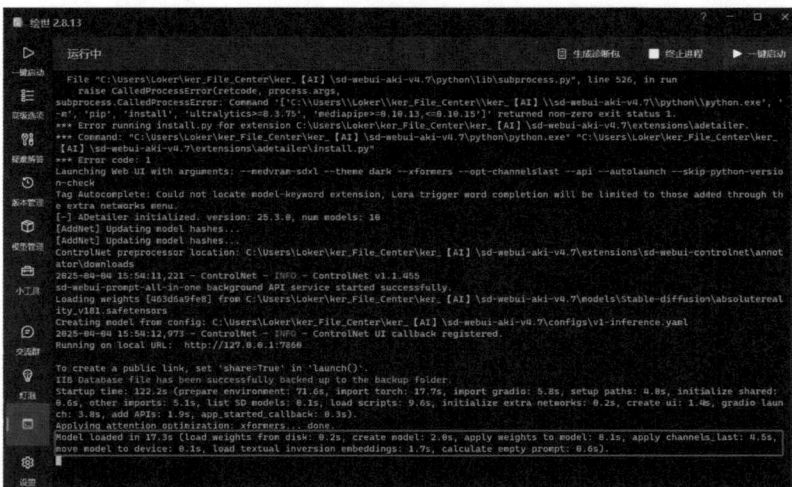

图3-2-20

➢ 启动完成：当看到这个页面时，就说明启动完成了，这个界面就是传说中的Stable Diffusion WebUI，是由开发者AUTOMATIC1111维护和发布的最广为人知的前端界面。接下来对这个界面进行一些基本的介绍（图3-2-21）。

图3-2-21

> 快捷设置列表：位于网页左上角的是快捷设置列表，用户可以对基础参数进行快捷设置，可以在设置中进行更改。默认有3个设置，从左至右依次如下（图3-2-22）。

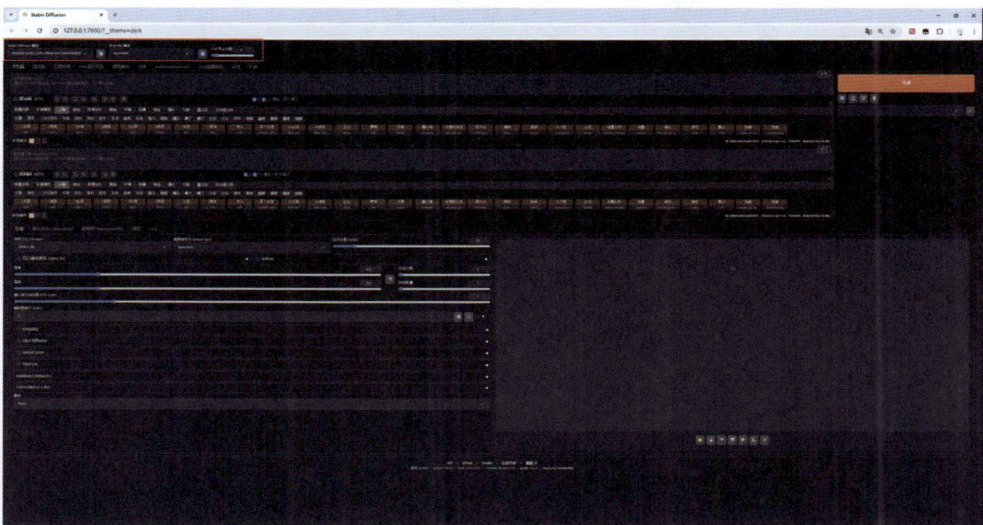

图3-2-22

- Stable Diffusion模型：Stable Diffusion模型又称图像生成大模型，简称大模型，这项设置用于设置用户用于生成图像的模型，不同的模型有不同的风格和参数要求，更换时需要等待，等待时长取决于电脑的硬件能力。
- 外挂VAE模型：VAE模型全称变分自编码器，用户可以简单地将它理解为图片着色器，它会影响生成图像的内容与色调。一般来说，Stable Diffusion模型包含VAE，在这项设置中选择Automatic（自动）时，图像生成会采用Stable Diffusion模型内置的VAE，可以得到稳定的效果。但是当把这项设置为其他的VAE时，将会禁用Stable Diffusion模型内置的VAE，而使用用户选择的VAE进行生成，这种做法有可能产生出人意料的效果，用户可以使用一些Stable Diffusion大模型作者推荐的VAE。但一般推荐选择Automatic（自动）。

- CLIP终止层数：这是一个和模型训练有关的参数，常见为1或2，具体按照大模型作者推荐的设置，一般来说对生成影响不大，只在一些特殊情况下会用到。

➤ 标签栏：在快捷设置列表的下方是标签栏，用于切换不同的功能，标签会受到一些插件的影响，默认打开的这个页面是文生图的页面，用户可以在这行标签栏进行页面的切换（图3-2-23）。下面对标签栏的各个标签进行简要介绍。

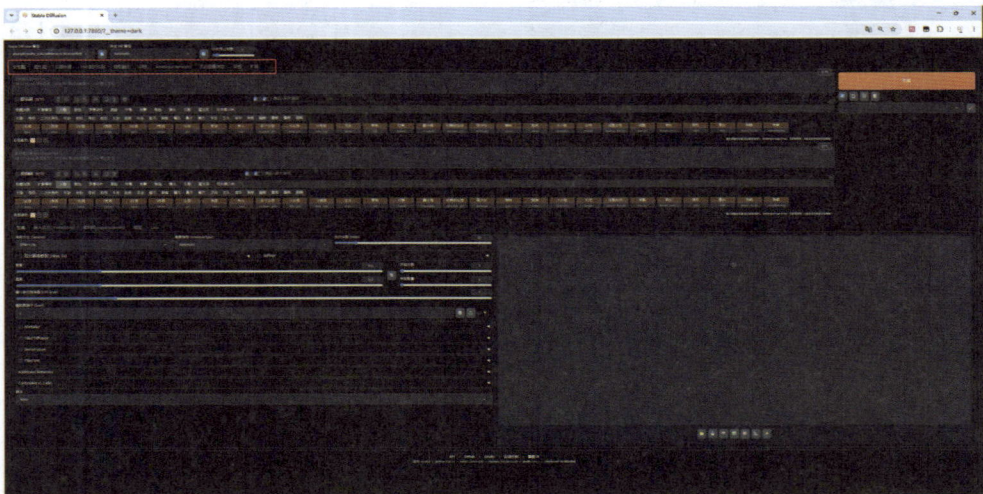

图3-2-23

- 文生图：通过输入文本提示词生成全新的图像，是最基础也是最常用的功能模块。
- 图生图：基于已有图片进行再创作，可控制重绘幅度，在保留构图的同时实现风格变换或细节修改。
- 后期处理：对生成的图像进行如去噪、锐化、放大等额外处理，以提升最终画面质量。
- PNG图片信息：查看或导出图像嵌入的生成参数、提示词和模型信息，方便复现或记录。
- 模型融合：将多个模型按比例融合，创造风格混合的新模型以丰富创作的可能性（不常用）。
- 训练：提供训练接口，用于微调LoRA、DreamBooth等个性化模型（不常用）。
- Additional Networks：加载并管理LoRA、LyCORIS等轻量化网络结构，拓展模型能力。（不常用）
- 无边图像浏览：整合包预装的插件，提供类似图库的浏览体验，方便用户查看、管理历史生成图像。

- 设置：配置WebUI的功能参数、默认路径、界面样式等个性化选项。
- 扩展：安装与管理第三方插件，拓展WebUI功能，如ControlNet等。

➤ 提示词输入区：Stable Diffusion模型的提示词分为正向提示词和负向提示词两个部分，原本的WebUI这个区域只有两个输入框，但是整合包中预装了prompt-all-in-one插件，方便用户根据分类进行填充输入等操作，后面会进行详细的介绍（图3-2-24）。

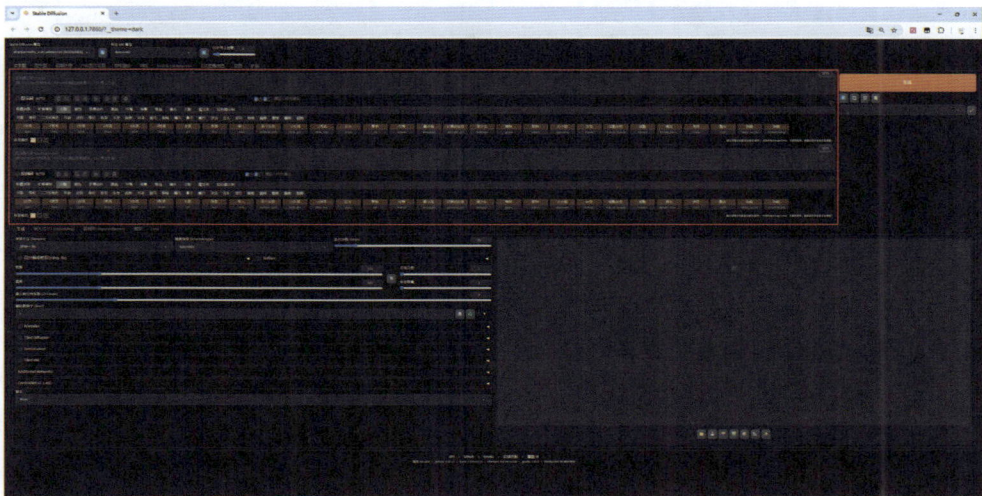

图3-2-24

➤ 生成参数设置区：这一区域是WebUI的另一个核心部分，用于在生成前进行生成设置，包含采样器、调度器、步数、分辨率等设置，后面会详细介绍（图3-2-25）。

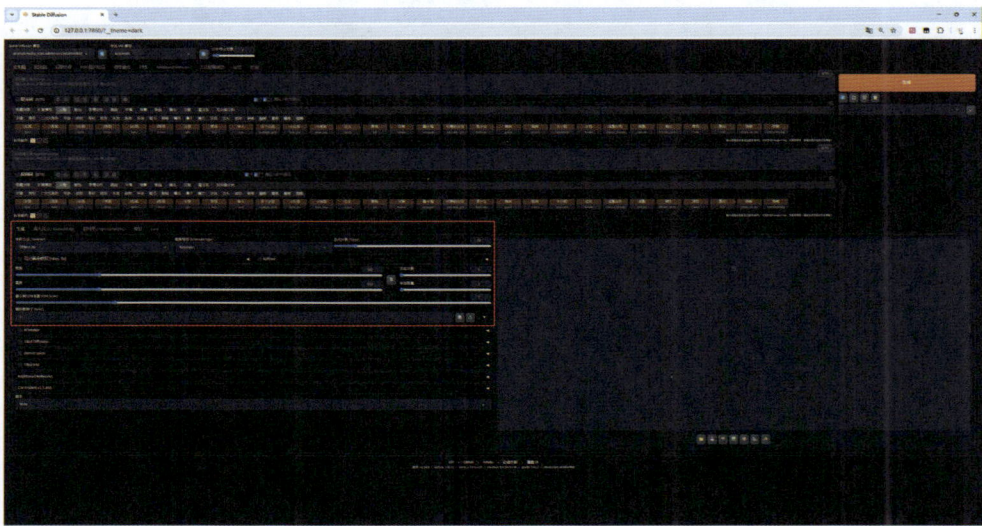

图3-2-25

➢ 插件与脚本区域：这一区域显示的是用户安装并启用的插件与脚本，如Additional Networks、ControlNet这样的插件就可以在这里使用（图3-2-26）。

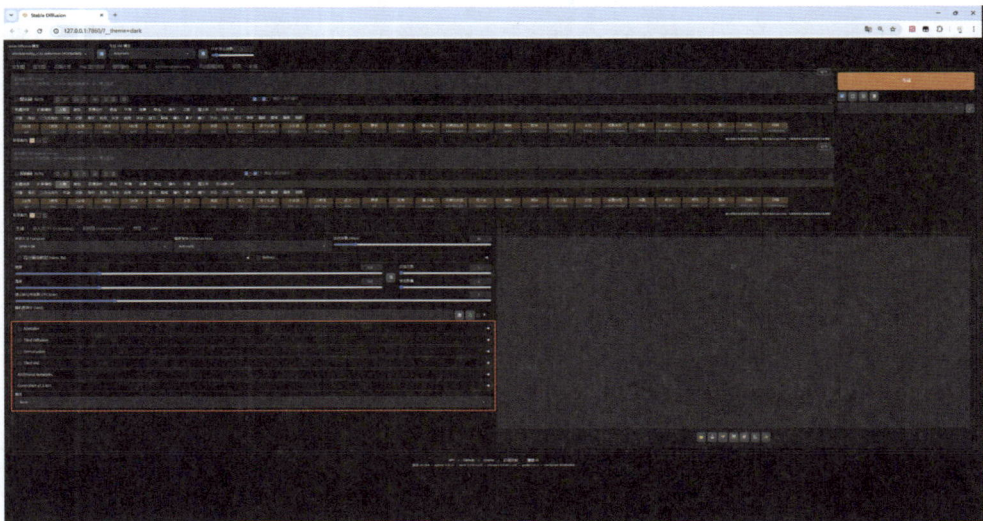

图3-2-26

➢ 开始生成区：这里有一个开始生成按钮，以及一些附加功能（图3-2-27），后面会提及。

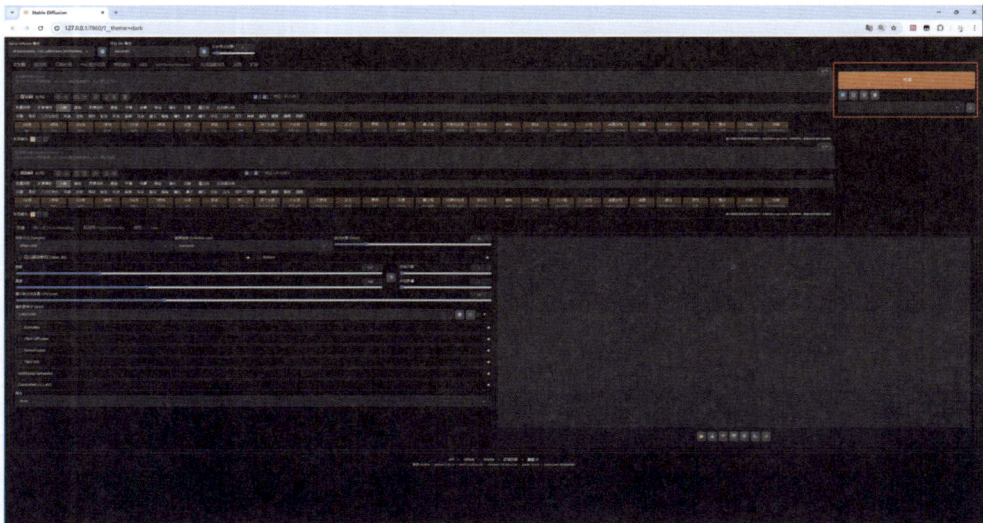

图3-2-27

➢ 图像生成显示区：当用户进行了图像生成后，生成的过程、进度和结果将会显示在这个区域（图3-2-28），下面的图标是一些快捷的功能，后面会详细介绍。

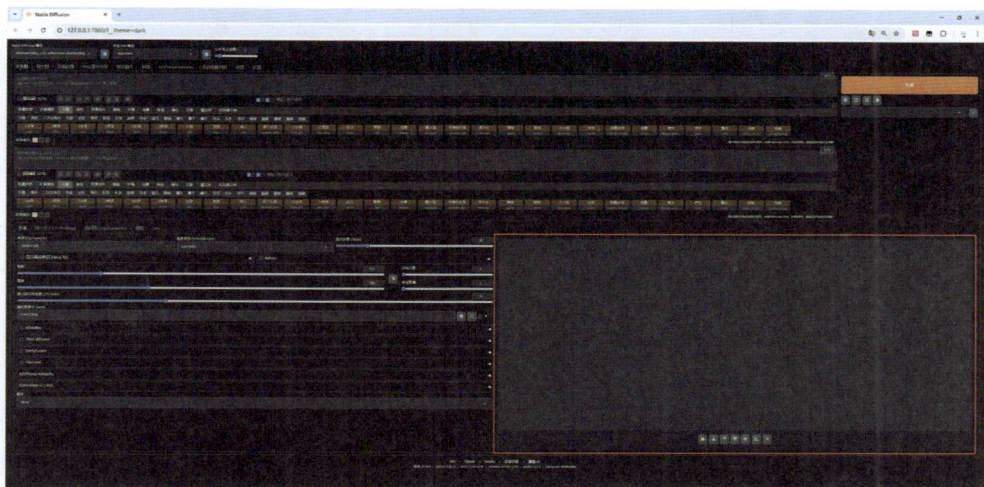

图3-2-28

➢ 网页尾部信息区域：在页面的最下方是信息区域，其中包含一些快捷的跳转，以及程序
运行的环境信息（图3-2-29），这里不展开讲解。

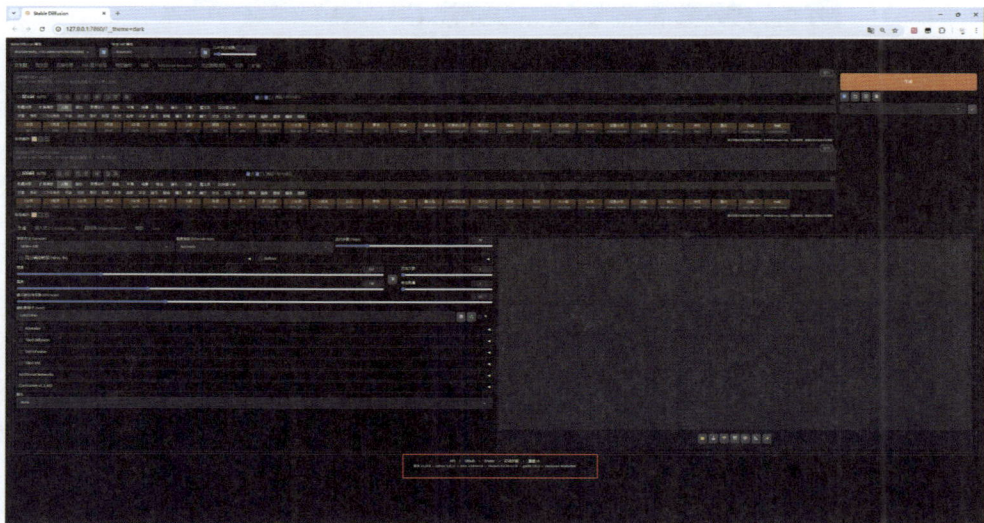

图3-2-29

（6）Stable Diffusion中各类模型的简介与部署方式

从前面的界面介绍中可以看出，Stable Diffusion的运行依赖各种各样的预训练模型，下面
介绍一些常见的模型，以免大家在寻找更多模型时苦于没有思路。最后会以大模型的部署为
例教大家如何部署模型，希望大家可以融会贯通。

① Stable Diffusion大模型（.ckpt、.safetensors）：它是整个图像生成过程的"核心引擎"，
承担将文本提示词转化为图像的主要计算任务。它就像一个接受文字描述后进行"想象"的

大脑，所有生成图像的能力、理解能力、美术风格偏好等，几乎都集中在这部分模型中，不同的主模型在训练数据、模型架构与生成偏好上会有所差异（图3-2-30）。

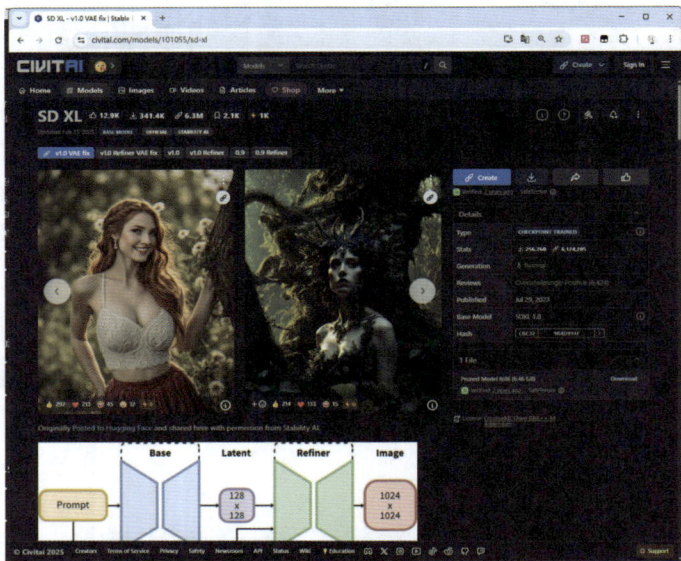

图3-2-30

➤ 文件格式与大小：Stable Diffusion大模型文件通常有两种格式，两种格式的辨析如表3-2-2所示。

表3-2-2

扩展名	简　介
.ckpt	传统的模型格式，由初期版本广泛使用
.safetensors	更新的、安全性更高的格式，避免了潜在的代码执行风险，训练建议优先使用

无论是哪种格式，单个大模型的体积通常在2～7GB，存储了数以亿计的模型参数。

➤ 版本差异：Stable Diffusion大模型拥有官方发行的不同版本，其中使用广泛的有Stable Diffusionv1.5（简称SD1.5）和SDXL1.0（简称XL），由于大模型的训练耗费巨大，许多模型的创造者在训练模型时，都是基于这两个模型的版本进行训练或融合而成的，因此有了底模（以某个模型为基础进行训练）这个概念，不同的版本在各方面有些差异，如表3-2-3所示为不同版本间的差异。

表3-2-3

版　　本	简称	参数量	训练图像分辨率	硬件配置要求	语义理解	特　　点
Stable Diffusionv 1.5	SD1.5	约9.83亿	512×512px	低	较差，仅短语式语言	最早流行的版本，因为对配置的低要求和特色能力而使用率高
SDXL1.0	XL	约66亿	1024×1024px	较高	较好，可以用自然语言	2023年发布的模型，在解析度、细节还原和语义表达上大幅提升，但是配置需求更高

随着模型版本的提升，参数量和计算需求也相应增加。例如，SDXL1.0模型参数量约为66亿，对显存和计算能力的要求较高。在选择模型时，需要考虑自身硬件配置是否满足要求。

➢ 风格类型分类：除了版本差异，大模型还常根据"训练数据风格"划分为不同的类型，这直接决定了模型擅长生成哪一类图像，同一个底模的主模型也可能因训练数据差异而风格迥异（图3-2-31至图3-2-33）。例如，同为v1.5架构，AnythingV5偏向日漫，而RealisticVision则偏向真实人像。而风格往往是用户选择模型的重要考虑因素，如表3-2-4所示，为不同风格类型间的辨析。

图3-2-31 图3-2-32 图3-2-33

表3-2-4

风格类型	特　　点	代表模型
真实系模型（Realistic）	生成结果接近真实照片，适合写实风、人像摄影、场景复原等任务	RealisticVision（safetensors格式，广泛使用）Deliberate（风格自然、细节丰富）EpicRealism（擅长自然光影和逼真皮肤）
动漫模型（Anime）	生成结果为纯二次元风格，线条清晰、配色鲜明，适合角色绘图、ACG风格创作	Anything、AnythingV5（早期动漫模型代表）Counterfeit（日系插画风）AbyssOrangeMix（风格鲜明，少女角色表现力强）
2.5D模型（插画风）	介于真实与动漫之间，具有插画感的立体表现力，风格柔和，适合游戏立绘或轻小说封面创作	DreamShaper（风格混合，适合广泛创作）RevAnimated（动漫风混合真实光影）RealCartoon3D（偏3D立体渲染风格）

➢ 作用与比喻：Stable Diffusion大模型可以比喻为一个"会画画的AI画家本体"，它如同AI图像生成系统中的画师，而VAE、LoRA、超网络、Embedding这些其他的模型，更像是辅助工具或者风格指南，帮助这位"画家"画得更好、更细致，或更符合用户的特定要求。换句话说，没有大模型，AI根本无法完成绘画，而加上了其他辅助模型，它可以画得更精细、更有创意。

② VAE变分自编码器模型（.vae、.pt）：在Stable Diffusion中，VAE（变分自编码器，Variational Auto Encoder）模型用于将图像在潜空间（Latent Space）和像素空间之间进行高效转换。它就像一座桥梁，连接着大模型生成的"潜在图像"和人们最终看到的"真实图像"。

Stable Diffusion的生成过程其实并不是直接生成清晰的图像，而是在一种被压缩的"潜在空间"中完成。VAE就是将这个"潜图"进行解码，还原成人们能看懂的图像画面。它影响的是图像的清晰度、颜色还原度、细节还原效果等关键因素。

➢ 模型自带VAE与VAE的区别：一般来说，上面介绍的Stable Diffusion大模型会自带VAE，在生成图像时将VAE参数设置为自动，会调用这个自带的VAE。但是也会出现用户更喜欢的VAE或者大模型本身不带VAE的情况。一般来说，当生成的图像偏灰或者不正常时，用户可以尝试更换与大模型对应的正确VAE。如表3-2-5所示为自带VAE与VAE的区别。

表3-2-5

类　　型	特　　点	优　　点	缺　　点
大模型自带VAE	模型本体已经整合了VAE（常见于.safetensors文件中）	使用方便，无须单独加载	清晰度和色彩表现可能一般
VAE模型	单独的文件，扩展名通常为.vae或.pt	可以替换默认VAE，获得更清晰或更还原色彩的效果	需要手动下载并在WebUI设置中选择加载

使用VAE的场景有以下几个。
- 模型本体未集成VAE（如部分小众模型）。
- 对图像颜色不满意、图像模糊时尝试切换VAE。
- 在动漫模型中追求更干净、锐利的线条时。

➢ 文件格式与大小：文件的格式一般为.vae或.pt（早期也有.ckpt），典型的文件大小在300～400MB。

➢ 作用与比喻：如果将AI生成图像的过程比喻成绘画，那么可以将VAE理解为一个"画作修复师"，Stable Diffusion生成的"潜空间图像"就像是一幅结构完整但色彩模糊的画，VAE的任务就是将它修复、上色、还原细节，让画面更加真实或符合审美需求。如表3-2-6所示为常见VAE的介绍。

表3-2-6

名　　称	适配模型	风格表现	补　　充
vae-ft-mse-840000.pt	SD官方发布的VAE	中性、通用、略模糊，常用于真实系模型	SD官方发布，兼容v1系列
clearVAE.pt	动漫模型	线条锐利、颜色饱和	常配合动漫模型使用
orangemix.pt	Abyss Orange Mix深渊橘系列作者发布的配套VAE，用于其他动漫模型也有很好效果	明亮柔和	动漫风格出图优选

③ Embedding嵌入式模型（.pt）：Embedding模型，也称为"文本嵌入"或"关键词嵌入模型"，是一类用于补充和优化提示词理解能力的小型模型。在Stable Diffusion中，它能增强提示词对模型生成结果的影响，起到"微调词义""定向控制"的作用。大家可以将它理解为给模型添加一个"关键词字典"或"语义扩展插件"。

这些模型通常针对特定问题、概念或风格进行训练，使用时不需要改动原始提示词，只需在提示词中添加某个特定的词或标记，模型就能识别并生成更准确的效果。

➢ 修复图像中手部等问题的常见应用：Embedding模型的一个常见应用是修复图像中生成不佳的细节，特别是手部。Stable Diffusion对手指的识别与生成存在缺陷，容易出现"多指""畸形""重叠"等问题。通过加载专门训练的手部Embedding模型（如 EasyNegative、badhandv4、bad_prompt 等），可以有效地优化手部结构，让手指数量正确、结构自然（图3-2-34）。

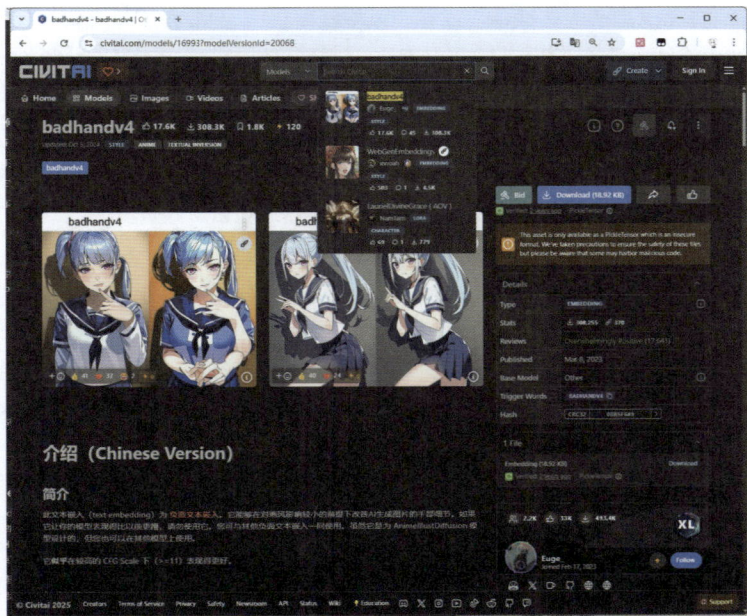

图3-2-34

➢ 文件格式与大小：常见的文件格式为.pt，文件大小一般在5～500KB。

➢ 作用与比喻：从作用上来看，可以把Embedding模型理解为给SD加装的"专业词典"或"语义扩展包"。比如，模型原本只认识基本词汇（如"hand"，但并不知道手有5根手指，或如何摆放），Embedding就像一本"进阶字典"，告诉模型这个词在特定语境下更准确的表现，从而影响生成效果。如表3-2-7所示为常见的Embedding模型介绍。

表3-2-7

模型名称	用　　途	调用方式	说　　明
EasyNegative	控制画面质量，降低违和感	EasyNegative	多模型通用，基本必装
badhandv4	修复手部细节，减少畸形	badhandv4	动漫风图像推荐使用
bad_prompt、bad_prompt_version2	减少构图错误、姿势扭曲等问题	bad_prompt	搭配EasyNegative效果更佳
ng_deepnegative_v1_75t	提高面部、五官、肢体自然度	ng_deepnegative_v1_75t	有时与LoRA配合使用效果更好

➢ 使用注意事项：Embedding需要与主模型兼容，不是所有模型都支持嵌入式关键词（尤其是部分风格模型）。部分嵌入模型在调用时需要加上<>，具体以模型发布者的说明为准。当一次使用多个Embedding时，注意不要堆叠太多，否则会影响生成的稳定性。

④ LoRA模型（.safetensors、.pt）：LoRA（Low-RankAdaptation，低秩适配）是一种轻量化微调技术，允许用户在不修改原始大模型的前提下，为其挂载风格、角色或特定能力模块，从而实现图像风格、元素结构、语义理解等方向的定向优化。它是目前Stable Diffusion社区中最主流的风格引导方式之一。

大家可以将LoRA理解为"插件"或者"风格导向仪"，只要搭配基础模型使用，就可以迅速改变图像生成的风格或添加新的能力，而不必重新训练整个大模型。

➢ 引导风格的独特优势：LoRA最擅长的是"风格迁移"与"角色复现"。用户可以通过在大模型的基础上加载LoRA实现"二次元赛博朋克风"的生成；动漫人物、艺术家风格、服装造型的生成；"油画质感""水墨风""工笔风"甚至是"写实风照片感"的生成。相较于直接使用风格化的大模型，LoRA的灵活性体现在以下几点。

  • 可以组合加载多个LoRA模型，自由叠加风格；

  • 可以控制LoRA的强度（通过weight设置），微调图像生成效果；

  • 不需要重新训练整套模型，大大节省了硬件资源和时间成本。

➢ 自行训练的可行性与便利性：LoRA模型的训练门槛相对较低，适合有一定基础的用户进行个性化训练。它只需少量图像（通常是10～200张），配合工具如Kohya_ssLoRA训练脚本或者秋叶aaaki的SD-Tainer训练脚本，即可在本地完成训练。

适合训练的场景包括自定义人物或角色（Vtuber、自画像等）、品牌风格（如品牌的服装）、特定物品或图案（椅子、发饰、吉他等），这使得LoRA成为创作者打造专属视觉语言的重要工具。

➢ 文件格式与大小：LoRA的文件格式一般为.safetensors或.pt，大小根据训练集图像的数量和训练的参数而定，一般为3～200MB。

➢ 作用与比喻：前面将大模型比作画师，那么LoRA就是单独提取出来的不同画师的画风，就如同"风格模块"或"角色皮肤系统"，可以直接用在不同但是适配的大模型上。

在绘画社区经常可以看到一些讨论，指出部分AI生成的图像似乎"模仿"了某些特定画师的风格。这种情况极有可能是模型训练者在训练过程中采用了LoRA（Low-RankAdaptation）技术，将特定艺术家的作品纳入了训练数据集。

➢ 使用注意事项如下。

  • 在使用LoRA时必须依附基础大模型运行，不能单独使用；

  • 不同的基础模型对LoRA的支持程度不同，动漫风LoRA通常需要与anime系模型搭配。

  • 用户可通过WebUI的Addition Network插件来更灵活地使用多个LoRA并调整它们的权重。

  • 建议初学者从单个LoRA开始尝试，再逐步探索复合式风格控制。

⑤ 以Stable Diffusion大模型为例的通用部署教程：无论是什么模型，它们的下载方式和部署方式都是类似的，下面以Stable Diffusion大模型的下载和部署为例，展示整个流程，其他模型的下载与此类似。

➢ 模型部署流程：登录模型资源站Civitai（简称"C站"）：Civitai是当前最大、最活跃的模型分享平台之一。建议大家注册一个账户，可以收藏和评分模型，跟踪模型更新。部分功能（如历史模型版本下载）需要登录后使用（图3-2-35）。

➢ 搜索与筛选模型：用户以直接在搜索栏中搜索熟知的模型，或者单击网页上方的Models标签浏览查看。在此过程中，用户可以通过筛选器筛选一些如底模版本之类的条件。不同类型的模型，如Embedding、LoRA也可以在筛选器中筛选出（图3-2-36和图3-2-37）。

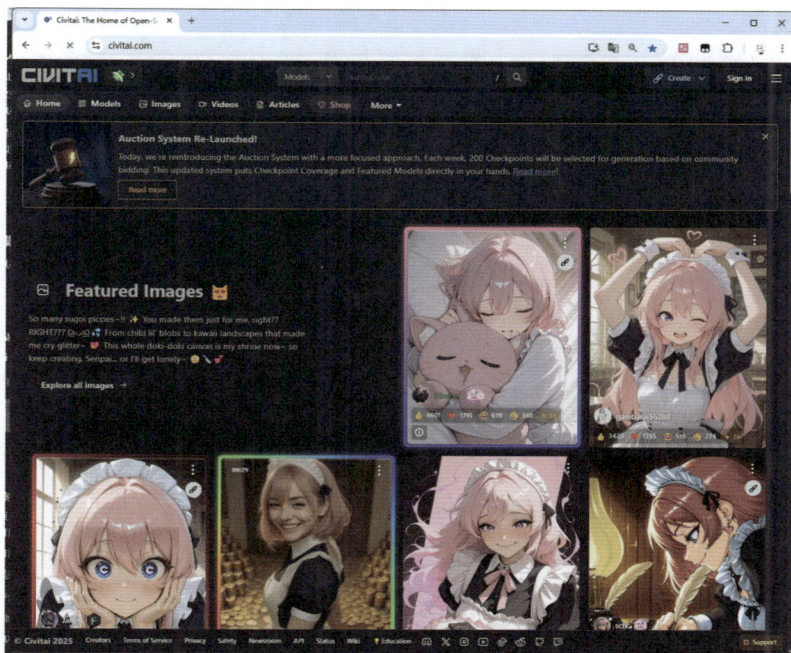

图3-2-35

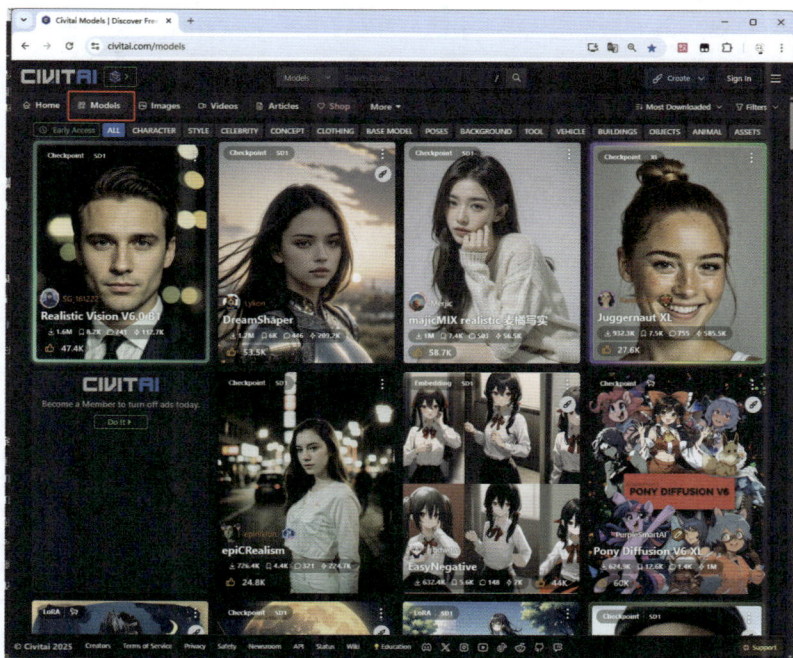

图3-2-36

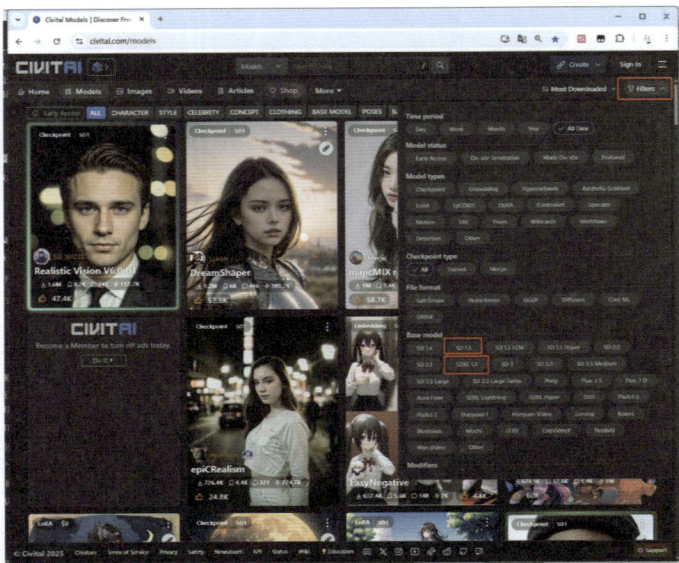

图3-2-37

➢ 查看模型详情与下载：单击感兴趣的模型进入详情页，可以通过模型名称下方的按钮切换模型版本。值得注意的是，右侧的信息栏中包含模型底模的信息（本例底模是BaseModel：SD1.5）。用户可以通过作者展示的图片查看这个模型的大概风格，也可以复制这些模型的生成参数信息。向下滚动，一般可以看到模型作者对使用这个模型的参数建议，建议大家参考这些建议。最后，可以单击右边蓝色的Download按钮下载模型，但是下载到自己找得到的地方（图3-2-38）。

图3-2-38

➤ 打开绘世启动器，进入"模型管理"界面添加模型：参考前面启动器界面的介绍，打开绘世启动器并进入"模型管理"界面，因为下载的是大模型，所以单击"Stable Diffusion模型"选项，如果下载的是其他模型就选择对应的模型，如果下载的是LoRA模型，则选择"LoRA模型（原生）"选项标签，然后单击右上角的"添加模型"按钮（图3-2-39）。

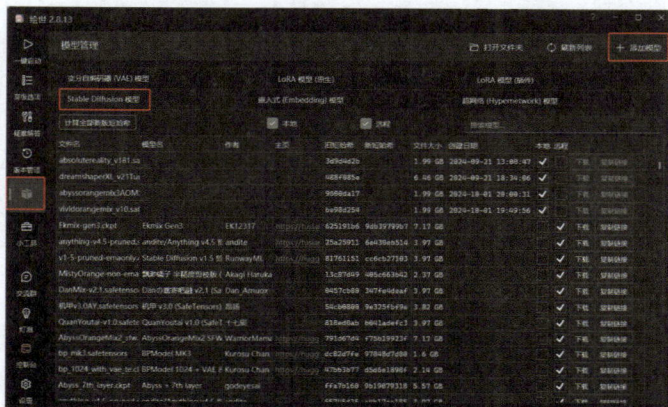

图3-2-39

➤ 在文件浏览器中找到模型：接着在弹出的文件浏览器窗口中找到下载的模型，选中模型，然后单击右下角的"打开"按钮，这里使用深渊橘AOM3模型作为示范（图3-2-40）。

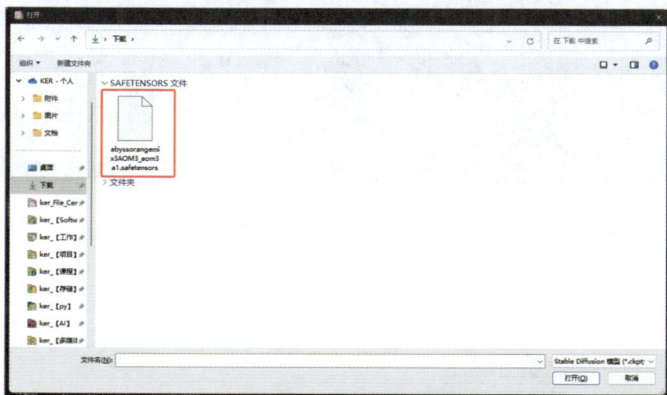

图3-2-40

➤ 确认模型添加到位：如果操作正确，那么稍后列表中会出现刚刚添加的模型（如果没有的话单右上角的"刷新列表"按钮）。但是，如果误操作了或者想复制这个模型文件，可以单击右上角的"打开文件夹"按钮，打开存放模型的文件夹，就可以看到添加的所有模型。添加模型的本质是将模型文件存放到整合包文件夹中指定的路径下，方便软件读取，不同类型的模型有不同的存放路径，大家可以自己尝试一下（图3-2-41至图3-2-43）。

➤ 启动WebUI，切换大模型使用：确保模型放入了正确的文件夹，就可以回到启动器主界面一键启动了。值得注意的是，不同的模型有不同的适合的参数（图3-2-44）。

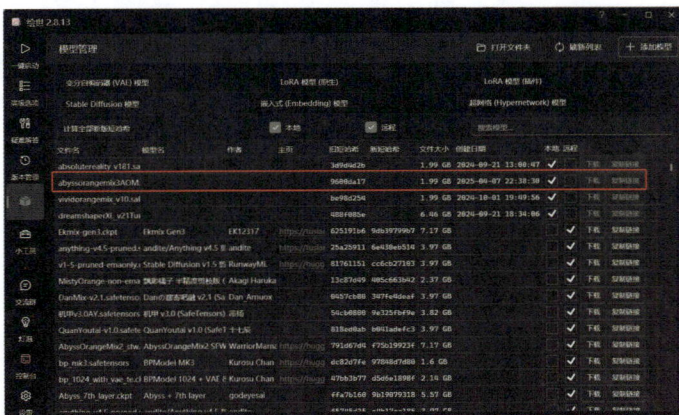

图3-2-41

图3-2-42

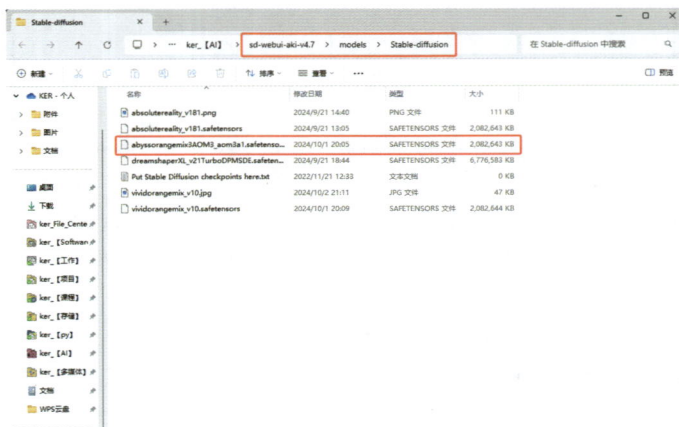

图3-2-43

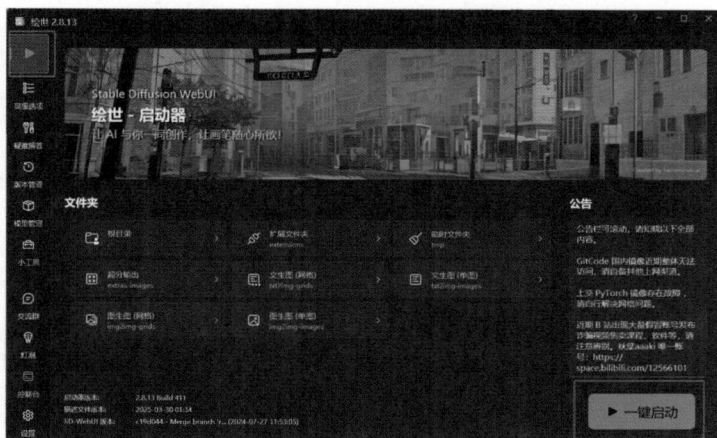

图3-2-44

➤ 模型下载网站推荐：Civitai是当前全球最大的，社区最好、最活跃的主流模型网站，但是它属于外国网站。当大家在访问中出现问题时，可以尝试哩布哩布或者模型共和这两个国内网站。当然，这两个网站社区的质量相比于C站可能要差一些，具体对比如表3-2-8所示。

表3-2-8

名　　称	使用方式	说　　明
Civitai（C站）	网站使用	国际主流资源站，模型最全
哩布哩布（Liblib）	网站使用	中文界面，资源同步Civitai
HuggingFace（抱脸）	网站使用	AI模型分享平台，部分作者在此发布原始模型
模型共和	网站使用	阿里出品，适合搜索国内科研、通用类模型资源

3.2.2　软件操作详细解析：文生图

文生图（Text-to-Image）是Stable Diffusion的核心功能之一，允许用户通过输入自然语言提示词生成对应的图像。这一机制基于模型对大规模图文数据的学习与理解，能够将抽象的语言描述转化为具象的视觉表达。在服装设计领域，文生图技术为创意构思与款式视觉化提供了高效的工具。设计师无须绘图经验，仅通过关键词控制图像风格、款式、色彩、材质等核心要素，即可快速获得概念草图或风格参考，大幅提升了设计效率与创作自由度。

（1）提示词的构造：如何组织语言

在文生图任务中，提示词的编写质量直接决定了图像生成的效果与风格。对于服装设计应用，提示词应涵盖设计主题、服装类型、风格取向、材质、色彩、姿态、背景等关键信息。通过合理地组织语言结构，可以更准确地引导模型输出符合设计意图的图像。

① SD中关于提示词的注意事项。

➤ 书写规范：提示词一定用英文书写，提示词之间用英文逗号间隔。如果对英文不熟悉，可以使用辅助插件。

➢ 语言风格：在Stable Diffusion中，由于模型之间的语言模块有差异，用户需要根据自己选
用的模型来进行不同的构造。现在社区常见的模型包括Stable Diffusionv 1.5和SDXL1.0模
型两种，对于基于Stable Diffusionv 1.5版本的模型来说，用户需要用词组进行描绘，用中
文来说就是"一个模特，连衣裙，高跟鞋，金色头发"这种感觉的语言；而对于SDXL1.0
模型来说，由于其版本更高，除了用词组进行描绘，还可以使用自然语言来进行描绘，
用中文来表达类似于"一个穿着连衣裙的金发模特，模特穿着高跟鞋"。

➢ 提示词长度限制：由于Stable Diffusion的文本编码依赖CLIP模型，其对提示词长度存在最
大token限制，超出部分将被自动截断而不参与图像生成。SD1.5模型的最大提示词长度为
约75个token，SDXL1.0模型的最大提示词长度扩展至约225个token。值得注意的是，"token"
并不等同于字符，一个英文单词可能被拆成多个token，尤其是长词或不常见的词汇。因
此，即使提示词在文本中看起来不多，实际token数可能已超出限制。因此，在构造提示
词的时候，要根据模型来注意token数，WebUI中会在文本框的右上角显示（图3-2-45）。

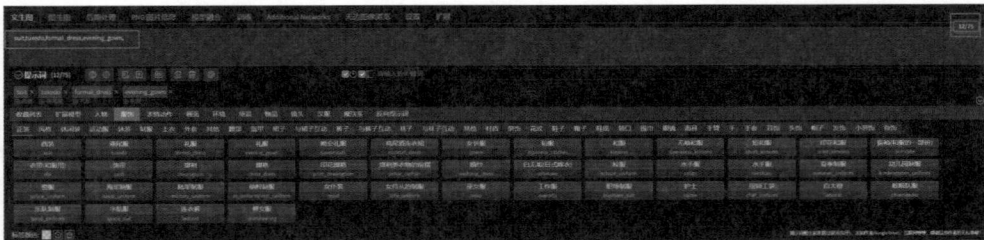

图3-2-45

② 下面以生成一款"时尚秀场礼服"为例，说明构造提示词的基本思路，目标是生成一
张高定礼服在秀场展示中的形象图。基础提示词构成为"high fashion，couture gown, runway
model, elegant silhouette, floor-length dress, intricate embroidery, sheer fabric, metallic gold accents,
dramatic lighting, fashion week stage"。

对于这些基础提示词，可以进行要素的拆解。

•服装类型：couture gown, floor-length dress ——明确图像主角的类别与结构。

•场景设定：runway model, fashion week stage ——设置服装所处的展示环境。

•风格特征：elegant silhouette, high fashion ——强调礼服的造型风格与时尚定位。

•细节描述：intricate embroidery, sheer fabric, metallic gold accents——提供材质与装饰信息，
引导细节表现。

•光影效果：dramatic lighting——控制画面氛围，强化秀场感。

也就是说，大家可以考虑自己想生成的图片内容的方方面面，为了让结构清晰，可以在
输入时用回车符区分不同组别的提示词。

③ prompt-all-in-one插件——编写提示词的最佳帮手：在使用Stable Diffusion进行图像生成
时，提示词的编写往往是最花时间也最关键的一步。为了帮助用户更高效地管理和优化提示词，
prompt-all-in-one插件应运而生。它集成了提示词填充、保存、分类、翻译、管理等多种功能，
大大提升了提示词的编辑体验，尤其适用于有系统性提示词需求的设计师与内容创作者。

（2）插件基础介绍

prompt-all-in-one是一款集成提示词管理与编辑功能的WebUI插件，安装后会在文生图与图生图界面中显示一个独立的提示词扩展面板。通过该面板，可以实现提示词的模块化管理、历史记录回溯、快捷复制粘贴、实时翻译等功能，为提示词的构建与调用提供强大支持。图3-2-46的红框中的内容就是插件提供的面板。

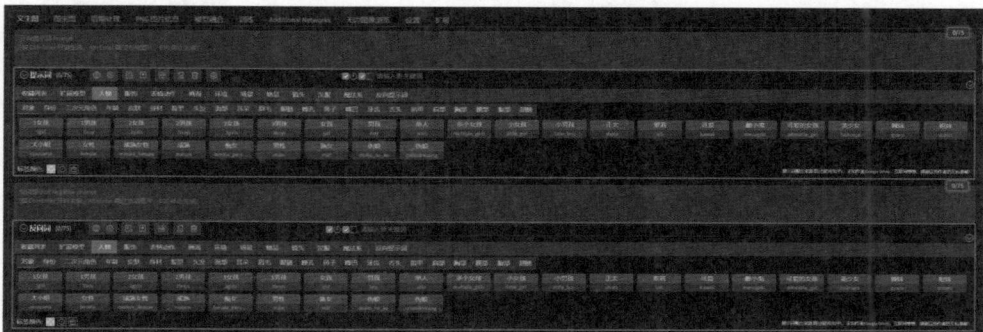

图3-2-46

当用户在文本框中输入提示词后，插件会自动识别和提取每个提示词到面板中，并支持用户对每个提示词进行独立的设置。用户可以对插件面板中的提示词进行位置调换、权重设置、换行、翻译、复制、收藏、拉黑、暂时禁用等操作，功能十分强大且便捷（图3-2-47）。

图3-2-47

（3）插件的设置

在插件面板的上方，这两个按钮分别可以对插件进行语言设置和其他更多设置（图3-2-48）。

图3-2-48

（4）语言设置

单击这个按钮即可进入语言设置页面（图3-2-49）。

图3-2-49

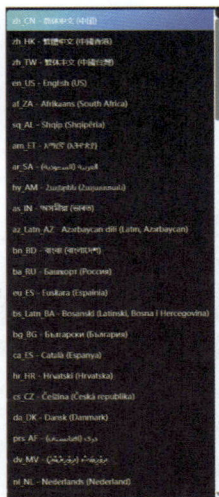

图3-2-50

插件由多国开发者联合开发，支持的语言种类也很广泛，用户可以在图3-2-50所示的列表框中设置想使用的语言。

（5）其他设置

将鼠标指针悬停在这个按钮上，会出现插件的其他设置项（图3-2-51）。

图3-2-52的红框中就是设置菜单，以下是简单介绍。

① 翻译接口设置：设置菜单中的第一个按钮是翻译接口，插件的所有翻译功能都依赖这个设置，用户在使用插件的翻译功能前，需要先在这里设置好（图3-2-53）。

图3-2-51

图3-2-52

需要在"翻译接口"下拉列表中选择想要的接口（图3-2-54）。插件提供了一些免费接口和需要API的接口，大家可以自己选择和尝试，但是一般免费的接口会有不稳定的问题，需要自己测试。

在选好了翻译接口后，单击下面蓝色的"测试"按钮来测试功能是否正常（图3-2-55）。如果下面的图片中显示无法连接，就说明这个接口无法使用，需要更换接口。当测试接口正常后，可以单击右下角的"保存"按钮。如果所有的接口都使用不了也没关系，只是无法在插件中使用翻译功能而已，大家可以自行使用其他翻译软件。

② 提示词相关设置：设置菜单中第二个像扫把一样的图标是关于提示词的设置按钮，用户可以根据需要自行选择启用，一般来说保持默认设置就好（图3-2-56）。

③ 提示词黑名单设置：设置菜单中的第三个按钮用于设置提示词黑名单。根据用户的填写，如果出现了黑名单中的提示词，插件会自动过滤（图3-2-57）。

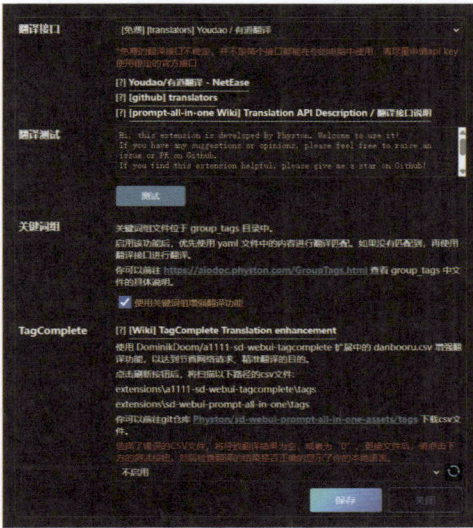

图3-2-53

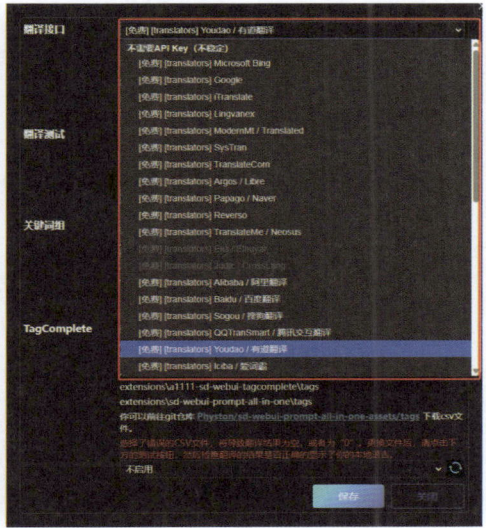

图3-2-54

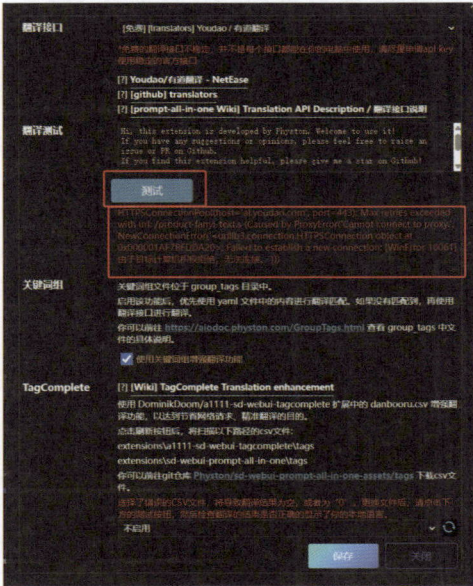

图3-2-55

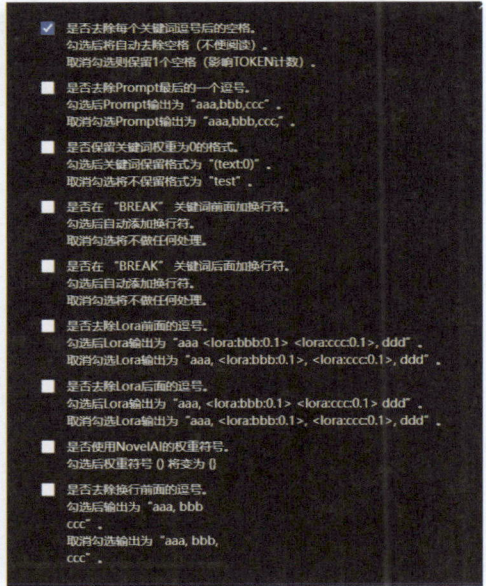

图3-2-56

④ 插件快捷键设置：设置菜单中的第四个按钮设置用于快捷键，这里的快捷键针对的是插件面板中读取出的提示词，就是红框中的这些，快捷键会对这些提示词起作用，一般不需要更改（图3-2-58和图3-2-59）。

图3-2-57

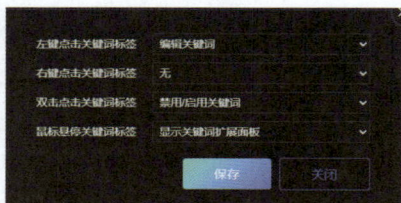

图3-2-58

图3-2-59

⑤ 插件主题样式设置：第五个按钮用于设置插件主题样式，用户可以根据自己的喜好进行更改（图3-2-60）。

⑥ WebUI深浅主题样式切换：设置菜单中的第六个按钮用于对WebUI界面进行深浅主题的切换，用户同样可以根据喜好来设置，不过要注意，切换的时候提示词会被清空，所以你在切换前要注意保存以免造成损失（图3-2-61）。

⑦ 质量词与起手式的使用技巧。

➢ 起手式和质量词可以优先写在提示词的最前段，以确保模型优先读取，从而更好地生成图像。

➢ 大家可以尝试使用模型作者推荐的Prompt结构，快速建立适配度高的基础模板，实现更好地生成图像。

➢ 善于观察社区中优秀作品的提示词，学习其构词逻辑，将共同的优秀提示词拿来使用。

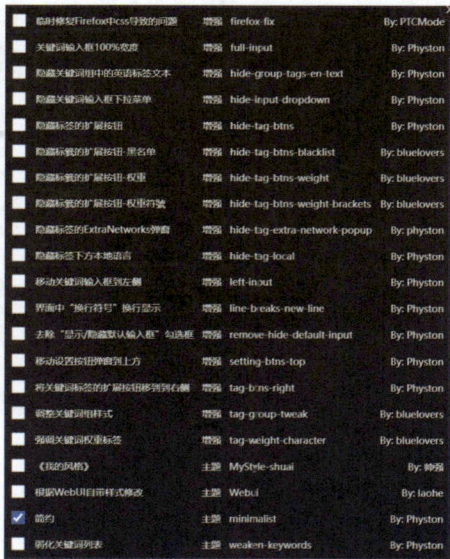

图3-2-60

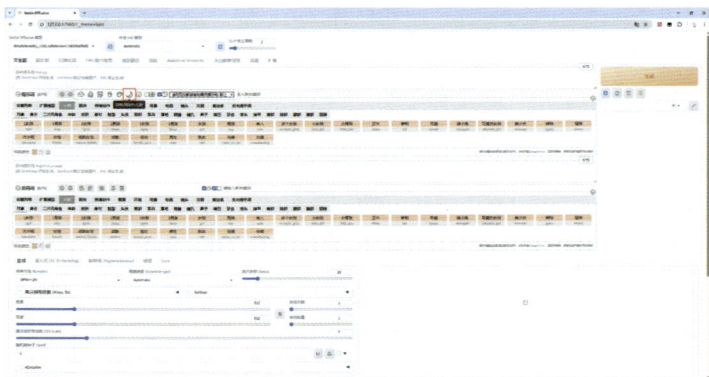

图3-2-61

➤ 针对不同的模型版本，应测试是否需要添加质量词，以避免冗余或风格冲突。

（6）提示词的权重：告诉模型你的偏好

在Stable Diffusion中，权重调整是通过对提示词添加不同的符号来实现的，如圆括号"()"和方括号"[]"，目的是控制模型对不同设计元素的关注度。权重可以帮助用户精确调整生成结果，使其更符合设计目标。

① 权重调整的作用：权重调整的核心作用是引导模型生成更加符合预期的图像。用户通过控制某些提示词的权重，可以影响模型在生成过程中的关注焦点，从而突出图像中的特定元素、风格或细节。例如，在服装设计中，可以通过提高"复古风格"或"波希米亚元素"的权重，让这些元素在生成的服装或礼服图像中更为显眼。

② 权重的应用方法：在Stable Diffusion中，权重的调整通常通过使用圆括号"()"和方括号"[]"来进行。每对括号都会影响模型对提示词的关注程度，具体方式如下。

➤ 圆括号"()"：增加提示词权重。在使用圆括号时，可以增加提示词的权重，使得模型在生成图像时更加关注该提示词。每对圆括号增加大约5%的权重。如：（elegant gown）的权重为1.05；（（elegant gown））的权重为1.1025。

➤ 方括号"[]"：减少提示词权重，使用方括号时，可以减少提示词的权重，降低模型对该提示词的关注度。每对方括号减少大约5%的权重。如：[cluttered background]的权重为0.952；[[cluttered background]]的权重为0.907。

➤ 括号的嵌套使用：圆括号和方括号可以嵌套使用，进一步精细化权重设置。每增加一层括号，权重会进一步增加或减少。如（（（elegantgown）））的权重为 $1.05 \times 1.05 \times 1.05 = 1.157625$。

➤ 在括号内添加数值以精确控制权重：除了括号的嵌套，还可以通过在圆括号或方括号中直接添加数值来精确控制权重。如：（masterpiece：1.5），此时masterpiece的权重为1.5，形式为（提示词：数值）。值得一提的是，数值的填写可以产生相反的作用，如（masterpiece：0.8），虽然圆括号是表示增加提示词权重的，但是数值表示的是乘积关系，在使用圆括号时，大于1的数值为增加权重，小于1的数值为减小权重；反之，在使用方括号时，大于1的数值为减小权重，小于1的数值为增加权重。

➢ 同时对多个提示词添加权重：在使用括号时，可以同时增加多个提示词的权重，格式为括号内同时填写多个提示词，提示词之间用英文逗号间隔（提示词1，提示词2，提示词3……：权重值），可以结合嵌套或者数值控制，如（elegant gown, flowing fabric：1.2），[soft lighting, pastel colors]，此时elegant gown和flowing fabric的权重都为1.2，soft lighting和pastel colors的权重都为0.95。

➢ 一般的权重设定范围：在实际使用中，建议将权重设置在以下范围内。
  • 增加权重（圆括号）：权重通常设置在1.05～1.5。当将权重设置为1.05时，模型将对提示词的关注度稍微增加，而当将权重设置为1.5时，则能大幅增加该提示词的权重。
  • 减少权重（方括号）：权重通常设置在0.5～1。当将权重设置为0.5时，模型对该提示词的关注度将减半，当将权重设置为1时，则是默认权重。

总的来说，增加权重时，一般不建议超过1.5，以避免生成结果过于偏向某个元素。减小权重时，建议控制在0.5～0.8，过低的权重值可能导致某些重要的设计元素被忽视。

③ 提示词的顺序与权重的关系：除了通过括号或数值的方式手动调整提示词的权重，提示词在输入中的顺序本身也隐含着一定的权重机制。这种机制来源于Stable Diffusion模型的训练原理，其使用文本编码器（如CLIP）对提示词进行处理时，是按照顺序逐词解析的。

因此，越靠前的提示词，其对最终图像生成的影响通常越显著；越靠后的提示词，则可能因注意力衰减或token截断等问题，被忽略或影响减弱。

以下两个提示词组合为例。
  • 提示词组A：elegant gown, runway, intricate embroidery, cinematic lighting。
  • 提示词组 B：cinematic lighting, intricate embroidery, runway, elegant gown。

即便4个关键词相同，但由于顺序不同，模型可能更倾向于强调靠前的元素，提示词组A生成的内容更可能突出elegant gown，而提示词组B更倾向于cinematic lighting。

④ 利用prompt-all-in-one插件进行快捷的权重设置：在整合包中，预装的prompt-all-in-one插件为人们带来了便捷的权重调整方式，有了这个插件，人们就不需要自己输入括号和数值。首先，需要输入一些提示词（图3-2-62）。

当将鼠标指针悬停在识别出的提示词上时，会出现图3-2-63所示的工具栏。

图3-2-62

图3-2-63

当用户通过工具栏的加减号调节左侧的数值时，插件会自动在文本框中调整提示词的权重（图3-2-64）。

单击工具栏的圆括号和加号图标，插件会将文本框中的提示词嵌套在括号中（图3-2-65）。

图3-2-64

图3-2-65

（7）引用LoRA模型：指导大模型生成风格

① LoRA模型的作用前面已经介绍过，这里再次强调一下。LoRA（Low-Rank Adaptation）模型是一种轻量化的训练方法，它不需要对原始大模型进行重训练，而是以外挂的形式加载特定风格或角色的微调权重，在不改变大模型结构的前提下，显著提升风格控制能力与细节表现能力。

大家可以将LoRA模型理解为一种"风格滤镜"或者"生成向导"，当大模型面对开放的提示词时，LoRA通过加入定制训练的信息，引导生成结果更加贴合某种风格、人物形象或特定构图偏好。但是，LoRA不能单独使用，必须"附着"在大模型上运行，因此在调用时，必须已经成功加载大模型，LoRA文件则作为附加模块加载。

值得一提的是，LoRA模型是Stable Diffusion中一个很重要的部分，可以说是一部分灵魂。但是LoRA模型的操作本身较为复杂，所以在本书中只做最基础的介绍与使用。另外，在秋葉aaaki的整合包中似乎没有预装LoRA，如果想体验LoRA的奥妙，可以参考前面模型部署的部分，通过网络下载并部署LoRA模型来使用。

② 在提示词中引用LoRA的方法与格式：引用LoRA模型的方法根据人们使用的WebUI版本和插件配置会有所不同，但是这种是最常见的调用方式。

➢ 引用格式为：<lora：LoRA模型名称：权重值>。与前面讲解的提示词的权重类似，LoRA模型名称是指模型文件的名称（不带扩展名）。权重值默认为1，取值范围通常为0～2，表示调用强度，建议设置为0.8。

下面是一个在提示词中引用LoRA的示例：<lora：Wuyang-000020：0.8>。在下方prompt-all-in-one插件的界面中会检测是否存在LoRA模型，如果插件解析为蓝色字样，则表示LoRA模型可以被正确读取；如果字样呈现为粉色背景且闪烁，则代表没有读取到LoRA模型，可能需要检查模型放置的位置，或检查引用格式和模型名称是否正确。用户可以去对应的文件夹核对，方法参考前面模型的简介与部署部分（图3-2-66和图3-2-67）。

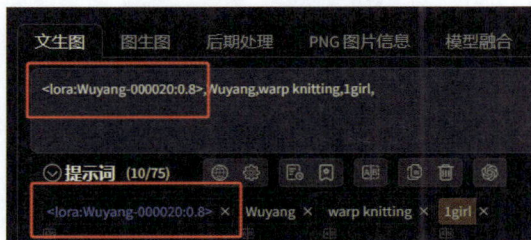

图3-2-66

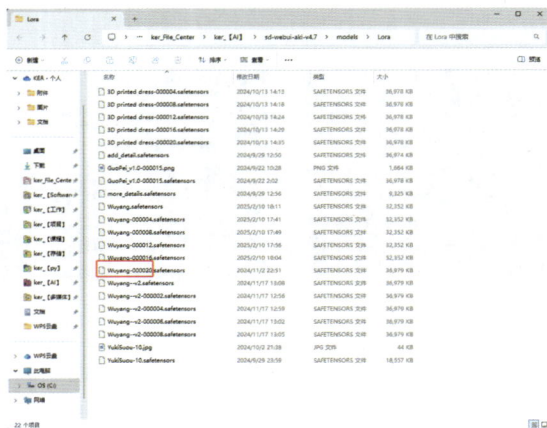

图3-2-67

③ 自主训练的LoRA使用案例：刚刚的Wuyang-000020就是针对一家经编企业的需求自主训练的LoRA模型。由于大模型使用的图像训练集中缺乏经编款式，所以使用普通的大模型进行经编款式生成可能会出现模型无法理解的情况，但是使用经过精编图像训练的LoRA模型进行引导，可以大大提高模型对于经编款式的理解。

图片展示的例子只是LoRA模型的其中一个应用，LoRA模型还能用于指导特定人物形象的生成（例如某个明星）、指导生成特定的画面风格（如水彩画、梵高的画）等。关于LoRA的训练和使用是一个很深的学问，如果有兴趣的话，大家可以在网络上收集相关资料深入学习（图3-2-68和图3-2-69）。

图3-2-68

图3-2-69

3.3 蝶讯D.SD

3.3.1 安装与基础操作

（1）下载渠道

访问蝶讯D.SD官方网站或授权的软件分发平台（图3-3-1）。

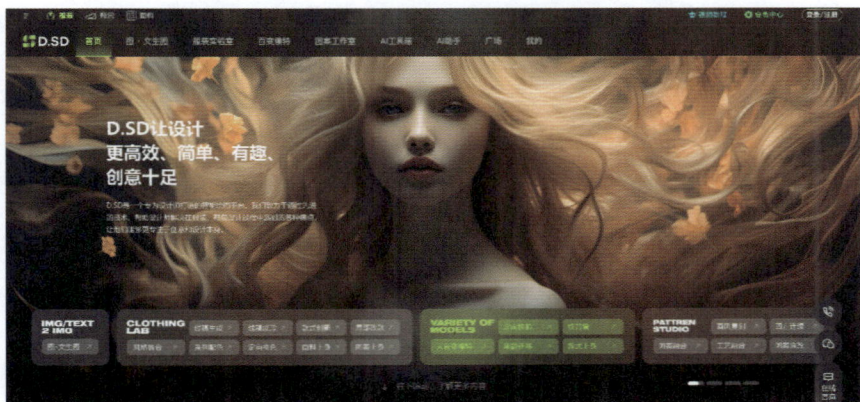

图3-3-1

（2）账号注册

单击右上方的"登录"与"注册"按钮，首次启动需要注册账号（支持手机号、邮箱注册及第三方登录），登录后即可激活软件使用权限（图3-3-2）。

图3-3-2

3.3.2 软件操作详细解析

（1）文生图：文字驱动的创意可视化

① 基础操作步骤。

➢ 进入模块：单击主页面顶部导航栏中的"文生图"按钮，进入创意生成界面。

➢ 输入描述：在"画面描述"文本框中输入设计需求，支持多维度描述。

　　•主体：明确设计对象（如"韩国气质美女""童装风衣""女士西装"）。

　　•款式：细化服装特征（如"长袖""收腰""不对称剪裁""金色纽扣"等）。

　　•色彩：指定颜色或色系（如"珊瑚橙色""美拉德色系""黑白撞色"）。

• 工艺：添加材质与工艺细节（如"褶皱领口""刺绣花纹""渐变面料""色丁布料"）。

• 背景：设置场景氛围（如"白色背景""户外森林""时尚秀场""复古店铺"等）。

• 风格、设计师：指定设计风格或参考对象（如"Gucci风格""极简主义""ZahaHadid未来感"）。

➢ 参数设置。

• 图片参考：可通过"上传参考图"（导入灵感图片，软件将结合图片元素生成设计）或"使用预设模型"（调用内置风格模型）两种方式上传图片。

• 参考强度：拖动滑动条调节参考图对生成结果的影响（0.5为弱参考，1.0为强参考），例如强参考下生成的图像将更贴近上传图片的配色与构图。

• 生成与调整：单击"生成图片"按钮，等待10～30s后查看结果。若不满意，可修改描述词或调整参数重新生成，支持最多同时生成4张变体图供用户对比选择。

② 进阶技巧。

➢ 关键词组合：采用"主体+款式+色彩+工艺+背景+风格"的分层描述，例如"年轻女性，穿着oversize牛仔外套，做旧水洗工艺，搭配黑色紧身裤，站在城市街道背景中，美式街头风格，设计参考Supreme"。

➢ 多语言支持：支持中英文关键词混合输入，如"极简风连衣裙，long sleeve，color blocked design，white background"，系统自动识别并生成对应的风格。

（2）服装实验室：全流程设计工具集

① 线稿生成与成款。

➢ 图生线稿（图3-3-3）。

图3-3-3

• 上传图片：单击"图生线稿"按钮，选择本地服装图片（支持JPG、PNG格式），可批量上传多图。

• 智能识别：软件自动检测图片中的服装轮廓，生成清晰的线稿图，区分外轮廓、内部结构线（如省道、口袋、拉链）与装饰线（如刺绣花纹、褶皱线条）。

• 编辑导出：在线稿编辑界面调整线条粗细、颜色，删除多余线条或补充细节，支持导出为AI、PSD格式，便于后续在专业设计软件中进一步修改。

➤ 线稿成款（图3-3-4）。

图3-3-4

· **导入线稿**：开启"线稿成款"功能，导入已生成的线稿文件或上传手绘线稿图片。

· **参数设置**：选择服装品类（上衣、裤子、裙子）、版型（修身、宽松、廓形）、面料类型（棉质、丝绸、牛仔布），软件自动为线稿填充基础色彩与质感。

· **细节调整**：通过右侧属性栏修改领口、袖口、下摆样式，添加口袋、腰带等部件，支持实时预览效果，最终生成完整的服装款式图。

② 款式创新：从单品到系列的快速拓展。

➤ 简洁模式（快速生成变体）。

· **选择原图**：在"我的作品"中选择需要创新的基础款式图，单击"款式创新-简洁模式"按钮。

· **设置参数**：滑动"变化幅度"调节杆（范围0.5～0.8，数值越高变化越大），例如0.5为轻微调整（如袖长变化），0.8为显著创新（如廓形重构）。

· **生成系列**：单击"生成系列"按钮，软件自动输出3～5款变体设计，涵盖袖型、领型、口袋位置等细节变化，设计师可一键对比并选择最优方案。

➤ 专业模式（深度创意开发）（图3-3-5）。

图3-3-5

- 参考图：上传灵感图片（如大牌秀场图、复古海报），设定"参考强度"（影响生成图与参考图相似度的参数）。
- 提示词：输入创意方向（如"2024春夏流行色应用""运动风与优雅风的融合"）。
- 增效模型：选择对应场景的模型（如"单品爆改""系列延伸""爆款升级"），例如"系列延伸"模型可基于基础款生成同系列的不同单品（如上衣+裙子+配饰）。
- 分层编辑：在生成的初稿基础上，使用"局部改款"工具调整细节（如删除冗余装饰、添加新部件），通过"面料上身"更换材质，最终形成完整的系列设计方案。

③ 局部改款：细节优化的精准控制。

➤ 删除部件：单击"局部改款-删除部件"按钮，使用画笔工具圈选设计图中需要删除的部分（如口袋、装饰边等）。软件自动修复删除区域，生成简洁化设计，支持多次撤销、重做直至用户满意。

➤ 添加部件：在"部件库"中选择预设元素（如领口、袖口、腰带、徽章等），将其拖至设计图的对应位置。调节部件大小、角度、位置，支持自定义上传部件图片（如品牌Logo、特殊花纹），实现个性化设计（图3-3-6）。

图3-3-6

④ 面料上身：材质效果的可视化预览。

➤ 上传面料：单击"面料上身"按钮，选择本地面料图片（支持JPG、PNG及面料纹理文件），或从内置面料库（200多种预设材质，如雪纺、皮革、针织）中选择。

➤ 参数调节。

- 透明度：拖动滑动条调节面料透明度（0%～100%），适配雪纺、蕾丝等半透明材质的呈现效果。
- 花型大小：通过"+""-"按钮调整印花图案的缩放比例，确保花型与服装版型协调（如大花型适合宽松版型，小花型适合修身款）。

➤ 多角度预览。

支持正面、侧面、背面多角度预览，单击"生成面料上身图"按钮保存结果，方便与客户或生产部门沟通材质效果（图3-3-7）。

图3-3-7

⑤ 系列配色与图案设计。

➢ 系列配色。

- 选择已设计的单品图，单击"系列配色"按钮，软件自动提取主色调并生成5～8种配色方案（如互补色、同色系深浅变化）。
- 支持手动调整RGB数值或选择潘通（Pantone）色卡，实时预览不同的配色效果，快速确定系列产品的色彩搭配方案。

➢ 图案工作室。

- 画风复刻：输入参考风格（如"二次元""复古油画""街头涂鸦"），软件自动将现有图案转换为对应的画风，如将简约线条图案复刻为Gucci式花卉纹样（图3-3-8）。

图3-3-8

- 花型融合：上传两种不同的图案，选择"融合模式"（如叠加、拼接、渐变），生成全新的混合图案，适用于面料设计与印花开发（图3-3-9）。

图3-3-9

• 风格融合：把设计好的图与任意画风融合（图3-3-10和图3-3-11）。

图3-3-10

图3-3-11

• 图文生图：根据找到的灵感图片，设计出千变万化的服装款式（图3-3-12）。

图3-3-12

（3）百变模特：多场景视觉展示解决方案

① 人台变模特（图3-3-13）。

➤　上传人台图：在"人台变模特"界面，上传服装人台展示图（正面、侧面视角），支持JPG、PNG格式。

➤　模特生成：选择模特类型（女性、男性、童装模特，不同体型、肤色、发型），单击"生成模特图"按钮，软件自动将人台服装匹配至真实的模特，呈现穿着效果。

➤　细节调整：拖动模特姿势调节杆（站立、坐姿、行走），修改模特表情（微笑、冷峻、自然），确保服装动态展示符合设计场景。

②款式上身。

款式上身功能可以让用户通过上传模特图和服装图，实现上衣或裤子穿在模特身上的效果，直观地展示设计，帮助设计师快速验证和调整创意（图3-3-14）。

图3-3-13

图3-3-14

③换背景（图3-3-15）。

➤　上传模特图：选择需更换背景的模特图片，支持单图或批量处理。

➤　背景选择：从内置背景库（包含时尚秀场、户外场景、室内陈列、纯色背景等200多种预设模板）中选择，或上传自定义的背景图片。

➤　智能融合：软件自动识别模特轮廓，去除原背景并与新背景融合，支持调节光影效果（如阴影强度、环境光色温），确保背景与模特的视觉一致性。

④平铺图上身。

一件款式，多角度模特图呈现（图3-3-16）。

图3-3-15

图3-3-16

（4）橱窗设计：快速生成大师级陈列方案

①关键词输入：在橱窗设计模块，输入场景化关键词，支持以下维度。

➤ 功能定位：如"服装陈列橱窗""鞋包展示橱窗""品牌快闪店橱窗"等。

➤ 风格参考：如"Dior风格""Zahahadid设计风格""极简主义""复古工业风"。

➤ 细节描述：如"巨大的玻璃窗""金属框架""绿植装饰""LED灯光效果"等。

②模型选择：根据需求选择橱窗模型或品牌模型，例如选择Dior模型将自动应用其经典的优雅线条与高定元素。

③方案生成：单击"生成橱窗设计"按钮，软件即输出3D效果图，展示橱窗的整体布局、服装陈列方式、灯光效果等，支持下载高清图用于提案或落地执行（图3-3-17和图3-3-18）。

图3-3-17

图3-3-18

3.3.3 案例展示

（1）案例一：Laurèl品牌单品模型应用

①案例背景：Laurèl作为高端女装品牌，需要在季度新品开发中快速产出符合品牌调性的单品设计，采用传统手绘方式设计周期长，且难以精准匹配品牌的优雅、简约风格。

②功能运用。

图文生图效果如图3-3-19所示。

图3-3-19

单品模型效果如图3-3-20所示。

图3-3-20

（2）案例二：Septwolves男装款式创新

① 案例背景：Septwolves作为国产男装领军品牌，面临年轻消费者对潮流款式的高频需求，需要快速推出具有街头感与功能性的新品系列。

② 功能运用。

一是款式创新；二是专业模式（图3-3-21）。

图3-3-21

3.4 潮际主设

3.4.1 安装流程

打开潮际主设首页进行注册与登录。新用户注册后可免费试用潮际主设。潮际主设支持用户自主注册账号，单击登录窗口下方的"去注册"按钮，填写账号信息，即可完成基础版账号注册（图3-4-1和图3-4-2）。

图3-4-1

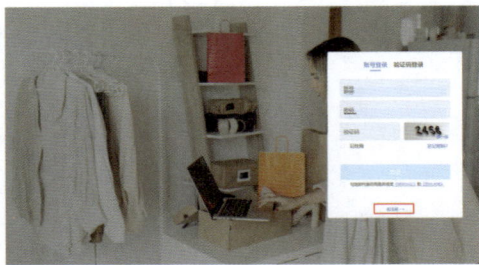

图3-4-2

3.4.2 操作详解

潮际主设包括6大功能模块，分别是"款式"模块、"局部"模块、"图案"模块、"颜色"模块、"面料"模块、"工具"模块，6个模块中又有不同的子功能，下面依次介绍6个模块中不同子功能的使用。

（1）"款式"模块

① 款式创新。

➢ 简介：款式创新功能采用先进的人工智能技术，根据用户上传的现有产品设计图，自动生成多样化、创新性的设计款式。用户只需上传原始产品图片，选择相应的品类、材质、风格等标签，AI系统就能根据这些信息智能推导并创作出符合用户需求的全新款式。

➢ 使用步骤：上传原始产品图片，选择清晰、准确反映待创新款式的产品图片，支持JPG、PNG等常见图片格式，图片大小不超过5MB，后续上传原始产品图片的要求与之保持一致。

➢ 选择标签：根据预先选择的大类目（如女装、男装、鞋靴等），系统将提供相应的品类、材质、风格等标签。

女装类目的大幅创新模型下，"极简""韩系""新中式""甜美"风格有相应的元素、工艺、版型标签。

请从系统提供的标签选项中，选择最能准确反映上传图片实际属性和设计特色的标签组合，精准的标签选择有助于AI系统更好地理解设计特点和融合方向。

➢ 开始创作：单击"立即生成"按钮，AI系统将根据上传的原始图片和选定的标签进行款式创新。创作过程一般需要10～30s，请耐心等待。

➢ 查看并保存生成结果：创作完成后，新生成的款式图片将显示在结果页面上。用户可以预览生成的图片，并选择满意的款式设计图保存至内部资源仓库中，方便后续查阅和使用。如需下载生成的图片，单击下载按钮即可，设计图为PNG或JPG等常见格式（图3-4-3和图3-4-4）。

图3-4-3

图3-4-4

> 使用建议：上传图片时，建议选择主体明确、背景简洁的产品图片，避免过多细节干扰AI创作。在选择标签时，建议结合原始图片的实际特点，选择最准确、最详细的标签组合。品类、材质、风格等标签越精准，AI生成的新款式越符合预期。

女装类目选择大幅创新模型时，使用推荐风格生成效果更佳，推荐风格"极简""韩系""新中式""甜美"。创新过程中，建议尝试不同的标签组合，以获得更多元化的创新灵感。如果对生成结果不满意，可以尝试更换原始图片或调整标签，多次创作直至获得心仪的新款式。将满意的生成图片保存至内部资源仓库，方便后续查阅和使用。优秀案例如图3-4-5所示。

图3-4-5

② 灵感实验。

> 简介：灵感实验室功能利用创新的人工智能技术，根据用户上传的产品图片和灵感图片，自动生成融合两者设计元素的全新产品设计方案。用户只需提供清晰的产品图片和包含期望设计元素的灵感图片，并选择相应的模型、品类、材质、风格等，AI系统即可通过智能分析和创意融合，生成独特、新颖的产品设计图。

> 使用步骤。

  • 上传图片：上传清晰展示待改进产品的图片，以及包含希望融入新设计元素的灵感图片。产品图片和灵感图片可以是JPG、PNG等常见格式，每张图片大小不超过5MB。

- 选择标签：根据预先选择的大类目（如女装、男装、鞋靴等），系统将提供相应的品类、材质、风格等标签选项。请从系统提供的标签选项中，选择最能准确反映上传图片实际属性和设计特色的标签组合。
- 开始创作：单击"立即生成"按钮，AI系统将根据上传的图片和选定的标签进行设计元素分析和创意融合。创作过程一般需要30~90s，请耐心等待。

➤ 查看并保存生成结果：创作完成后，融合了产品和灵感特点的新设计图将显示在结果页面。用户可以预览生成的设计图，并选择满意的设计图保存至内部资源库中，方便后续查阅和使用。如需下载生成的设计图，单击下载按钮即可将设计图以PNG或JPG等常见格式下载下来（图3-4-6）。

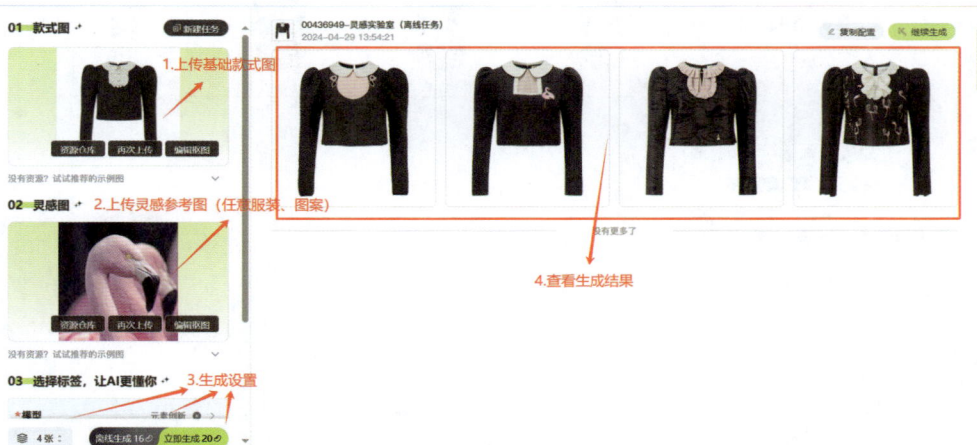

图3-4-6

➤ 优秀案例如图3-4-7所示。

图3-4-7

③ 替换融合。

➢ 简介：替换融合功能采用先进的人工智能技术，将用户提供的两张产品图片中的设计特性进行智能融合，生成一个集两者优点于一身的全新产品设计方案。用户只需上传具有一定设计差异的两个产品图片，并选择相应的品类、材质、风格等标签，AI系统即可通过智能分析和创意融合，生成兼具两个产品特色的创新设计图。

➢ 使用步骤如图3-4-8所示。

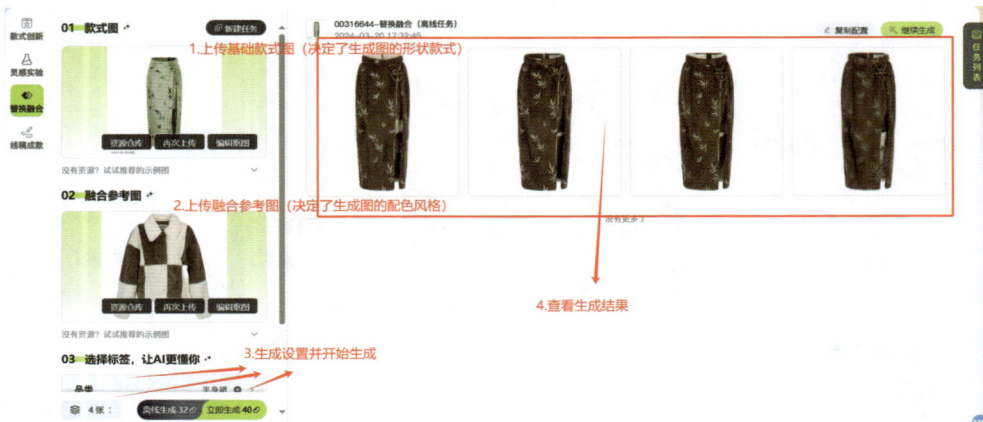

图3-4-8

• 上传图片：上传两张具有明显设计差异的产品图片，以便AI系统识别并进行有效的设计融合。产品图片可以是JPG、PNG等常见格式，每张图片大小不超过5MB。

• 选择标签：为上传的两张产品图片分别选择对应的品类、材质、风格标签。

• 品类标签包括鞋类、包类、服装类、配饰类等；材质标签包括帆布、牛皮、尼龙、棉、丝等。风格标签包括简约、复古、运动、商务等。请准确选择能反映产品图片中设计元素的标签，以帮助AI系统更好地理解设计特点和融合方向。

• 开始创作：单击"立即生成"按钮，AI系统将根据上传的图片和选定的标签进行设计特性分析和创意融合。创作过程一般需要30~60s，请耐心等待。

• 查看并保存生成结果：创作完成后，融合了两个产品设计特点的新设计图将显示在结果页面。用户可以预览生成的设计图，并选择将满意的设计图保存至内部资源库中，方便后续查阅和使用。如需下载生成的设计图，单击下载按钮即可，设计图为PNG或JPG等常见格式。

➢ 优秀案例如图3-4-9所示。

④ 线稿成款。

➢ 简介：线稿成款功能利用尖端的人工智能技术，将用户上传的线稿设计图自动转化为栩栩如生、富有质感的产品图像。用户只需上传清晰的线稿设计图，并选择相应的品类、材质、风格等标签，AI系统即可根据这些信息生成与线稿设计相匹配的、具有真实感和立体感的产品图。

图3-4-9

> 使用步骤（图3-4-10）。

- 上传设计图：请上传能够清晰展现设计意图的线稿图片，支持JPG、PNG等常见图片格式，图片大小不超过5MB。
- 选择标签：根据用户预先选择的大类目（如女装、男装、鞋靴等），系统将提供相应的品类、材质、风格等标签。请从系统提供的标签中，选择最能准确反映上传图片实际属性和设计特色的标签组合。精准的标签选择有助于AI系统更好地理解设计特点和融合方向。
- 开始创作：单击"立即生成"按钮，AI系统将根据上传的线稿图和选定的标签生成产品图像。生成过程一般需要20~60s，请耐心等待。
- 查看并保存生成结果：创作完成后，生成的产品图像将显示在结果页面。用户可以预览生成的图像，并选择将满意的产品图保存至内部资源仓库中，方便后续查阅和使用。如需下载生成的图像，单击下载按钮即可，设计图为PNG或JPG等常见格式。

图3-4-10

➤ 使用建议。

　　• 在上传线稿图时，建议选择线条清晰、主体明确的设计稿，避免过多繁杂细节干扰AI生成图像。

　　• 在选择标签时，建议结合线稿设计的实际风格特点，选择最契合设计理念的标签组合。品类、材质、风格标签越贴合设计意图，AI生成的产品图像就越符合预期。

　　• 在生成过程中，建议尝试不同的标签组合，以获得多样化的产品图像。

　　• 如果对生成结果不满意，可以尝试调整线稿图或优化标签选择，多次创作直至获得理想的产品图像。

　　• 将满意的图像保存至内部资源仓库，方便后续查阅和使用。

➤ 优秀案例如图3-4-11所示。

　⑤ 快捷线稿（仅限鞋靴）。

图3-4-11

➤ 简介：快捷线稿功能采用先进的人工智能图像识别技术，能够根据用户上传的鞋靴图片快速生成相应的黑白线稿图。用户只需提供清晰的鞋靴款式图，AI系统即可自动识别并提取关键线条，生成可用于设计参考和二次创作的线稿图，大大简化了鞋靴设计的前期准备工作。

➤ 使用步骤如图3-4-12所示。

图3-4-12

　　• 上传图片：清晰、准确地反映鞋靴款式的原始产品图片。产品图片可以是JPG、PNG等常见格式，大小不超过5MB。

- 开始创作：单击"立即生成"按钮，AI系统将根据上传的鞋靴款式图片自动生成相应的黑白线稿图。创作过程一般需要10～30s，请耐心等待。
- 查看并保存生成结果：创作完成后，根据原始鞋靴图片生成的黑白线稿图将显示在结果页面上。用户可以预览生成的线稿图，并选择将满意的线稿保存至内部资源库中，方便后续查阅和使用。如需下载生成的线稿图，单击下载按钮即可，设计图为PNG或JPG等常见格式。

➤ 优秀案例如图3-4-13所示。
  ⑥ 鞋面创作（仅限鞋靴）。

➤ 简介：鞋面创作功能采用人工智能技术，允许用户在创作过程中只针对鞋面部分进行款式创新设计，而保留原有鞋靴的鞋底部分。用户只需上传清晰的鞋靴产品图片，选择相应的品类、材质、风格等标签，AI系统即可自动生成鞋面部分的创新设计方案，大大提高了鞋面创作的效率。

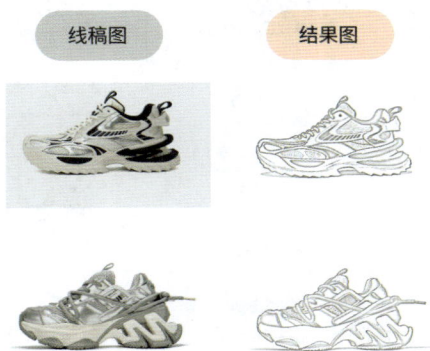

图3-4-13

➤ 使用步骤。

- 上传图片：上传清晰、准确地反映待创新款式的原始鞋靴产品图片。产品图片可以是JPG、PNG等常见格式，图片大小不超过5MB。
- 选择标签：根据上传的鞋靴产品图片，在系统提供的选项中选择相应的品类、材质、风格等标签。品类标签可能包括运动鞋、休闲鞋、商务正装鞋、靴子等；材质标签可能包括皮革、织物、合成革等；风格标签可能包括千禧、轮胎、溶解、科技等。请尽可能选择详细、准确的标签组合，以帮助AI系统更好地理解设计需求和风格偏好。
- 开始创作：单击"立即生成"按钮，AI系统将根据上传的原始产品图片和选定的标签，自动生成鞋面部分的创新设计方案。创作过程一般需要30～60s，请耐心等待。
- 查看并保存生成结果：创作完成后，经过创新设计的鞋面部分新款式图将显示在结果页面，同时保留原有的鞋底部分。用户可以预览生成的新款式设计图，并选择满意的设计图保存至内部资源库中，方便后续查阅和使用。如需下载生成的设计图，单击下载按钮即可，设计图为PNG或JPG等常见图片格式。

➤ 使用建议（图3-4-14）。

- 在上传图片时，建议选择背景简洁、鞋面细节清晰可见的原始产品图片，以便AI系统准确识别并进行创新设计。
- 在选择标签时，建议根据原始鞋靴产品的实际品类、材质、风格特点，在系统提供的选项中选择最精准、最全面的标签组合，以引导AI生成符合需求的鞋面创新方案。
- 在创作过程中，建议尝试选择不同风格、材质的标签组合，以探索更多样化的鞋面创新可能。
- 如果对生成的鞋面创新设计方案不满意，可以尝试更换原始产品图片、调整标签组合，多次创作直至获得心仪的新款式。

•将满意的设计图保存至内部资源仓库，方便后续的二次设计和使用。

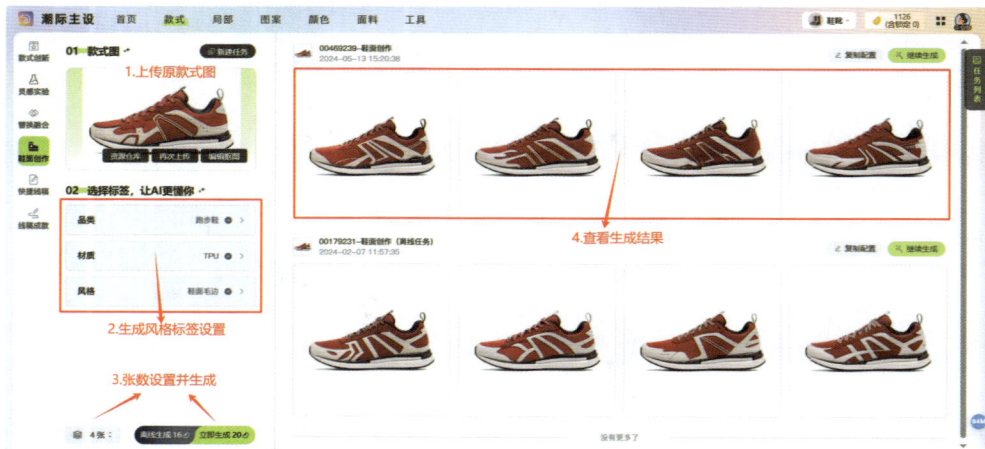

图3-4-14

➤　优秀案例如图3-4-15所示。

图3-4-15

（2）局部模块

① 重绘改款。

➤　功能简介：重绘改款功能采用先进的人工智能技术，允许用户通过绘制或上传线稿部件图，对已有设计图中的特定区域进行修改，实现局部创新设计。用户只需上传原始产品图片，通过绘制或上传线稿标记出希望替换的区域，AI系统即可根据标注信息进行创新设计，并将修改部分与原始设计无缝融合，生成完整的新设计图。

➤　使用步骤。

•上传图片：上传清晰、准确反映原始设计的产品图片。图片清晰度越高，AI系统越能准确理解待替换区域。产品图片可以是JPG、PNG等常见格式，大小不超过5MB。

•绘制替换设计：在上传的原始设计图上，通过绘制、上传线稿部件图、从系统部件库中选择，标记出希望进行替换的特定设计。绘制工具支持涂抹、描边等多种标注方式。在上传线稿部件图或从系统部件库中选择时，请确保与原始设计图的尺寸、比例一致。如绘制或添加的部件图设计超过了原有图片尺寸，可果通过拖拽边框的形式，对画布进行扩展。请确保替换的设计图尽可能清晰、明确，以便AI系统准确理解替换需求。

- 框定修改区域：完成标注后，请在修改区域周围绘制框线，明确指定需要进行创新设计的范围。请确保框线紧贴修改区域边缘，不遗漏任何需要替换的部分。
- 开始创作：单击"立即生成"按钮，AI系统将根据标注的替换区域进行局部创新设计。创作过程一般需要30～60s，请耐心等待。
- 查看并保存生成结果：创作完成后，局部经过创新设计并与原始图无缝融合的新设计图将显示在结果页面。用户可以预览生成的新设计图，并选择将满意的设计图保存至内部资源仓库中，方便后续查阅和使用。如需下载生成的设计图，单击下载按钮即可，设计图为PNG或JPG等常见格式。

➢ 主要步骤如图3-4-16所示。

图3-4-16

- 详细步骤1：绘制替换图——AI消除（图3-4-17）。

图3-4-17

- 详细步骤2：绘制替换图——绘制或添加部件（图3-4-18）。

图3-4-18

• 详细步骤3：绘制替换区域（图3-4-19）。

图3-4-19

➤ 优秀案例如图3-4-20所示。

图3-4-20

② 随机替换。

➤ 功能简介：随机替换功能采用先进的人工智能技术，允许用户在已有设计图中标注需要修改的特定部分，实现局部创新设计。用户只需上传原始产品图片，通过绘制标记出希望替换的区域，AI系统即可在标注区域自动进行创新设计，随机生成不同款式的部件替换方案，为原始设计注入新的创意灵感。

➢ 使用步骤（图3-4-21）。

- 上传图片：上传清晰、准确反映原始设计的产品图片。图片清晰度越高，AI系统越能精确地理解待替换区域。产品图片可以是JPG、PNG等常见格式，图片大小不超过5MB。

- 标注替换区域：在上传的原始设计图上，通过绘制标记的方式标注出希望进行替换的特定区域。请确保标记区域尽可能清晰、明确，以便AI系统准确地理解替换需求。绘制工具支持涂抹、多边形选区、框选等多种选取方式，请根据实际需求选择合适的选取方式。

- 开始创作：单击"立即生成"按钮，AI系统将根据标注的替换区域自动进行创新设计，随机生成多个不同款式的部件替换方案。创作过程一般需要30～60s，请耐心等待。

- 查看并选择替换方案：创作完成后，AI系统将在结果页面展示多个随机生成的部件替换方案，每个方案都针对标注区域进行了创新设计。用户可以预览不同的替换方案，对比评估它们的创意性、实用性和美观度。

- 保存生成结果：生成新设计图后，用户可以选择将其保存至内部资源库中，方便后续查阅和使用。

- 如需下载生成的设计图，单击下载按钮即可，设计图为PNG或JPG等常见格式。

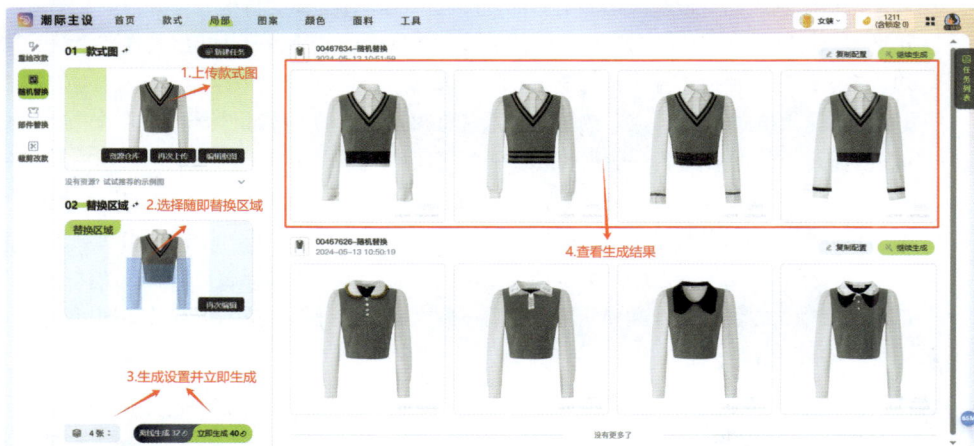

图3-4-21

➢ 优秀案例如图3-4-22所示。

图3-4-22

③ 部件替换。

➢ 功能简介：部件替换功能采用先进的人工智能技术，允许用户在已有设计图中标注并修改特定部分，通过上传或选择实体部件图，实现局部创新设计。用户只需上传原始产品图片，将想要替换的实体部件图置于原图之上，调整到合适的替换位置，并选择相应的拼接、缝合区域，AI系统即可将新部件与原始设计进行无缝融合，生成完整的新设计图，并且基于该图继续进行款式衍生，以提供更多的设计创意。

➢ 使用步骤（图3-4-23）。

· 上传原始产品图片。上传清晰、准确地反映原始设计的产品图片。图片清晰度越高，AI系统越能精确地理解待替换区域。产品图片可以是JPG、PNG等常见格式，图片大小不超过5MB。

· 添加实体部件图：上传或从系统部件库中选择希望用于替换的实体部件图。将实体部件图置于原始产品图片之上，通过拖拽、缩放、复制、裁剪、翻转等操作调整部件图的位置和大小，使其与原设计中希望替换的区域吻合。请确保实体部件图清晰、完整，与原始设计图的风格、比例协调。

· 选择拼接区域：在部件与产品图片拼接的图片上，通过选择工具标注希望进行拼接的区域。拼接区域应完整覆盖添加的实体部件图与产品图片交界的拼接处，并根据需要适当扩展，以保证新部件能够与原设计自然过渡、无缝融合。绘制或选择工具支持涂抹、描边、多边形等多种标注方式，请根据实际需求选择合适的标注工具。

· 开始创作：单击"立即生成"按钮，AI系统将根据添加的实体部件图和选定的重绘区域进行创新设计。创作过程一般需要30～60s，请耐心等待。

· 查看并保存生成结果：创作完成后，以添加的实体部件图为基础，并与原始图无缝融合的新设计图将显示在结果页面。此外，软件还会根据融合后的设计图衍生出的更多设计图，一并展示在结果中。用户可以预览生成的新设计图，并选择满意的设计图保存至内部资源库中，方便后续查阅和使用。如需下载生成的设计图，单击下载按钮即可，设计图为PNG或JPG等常见格式。

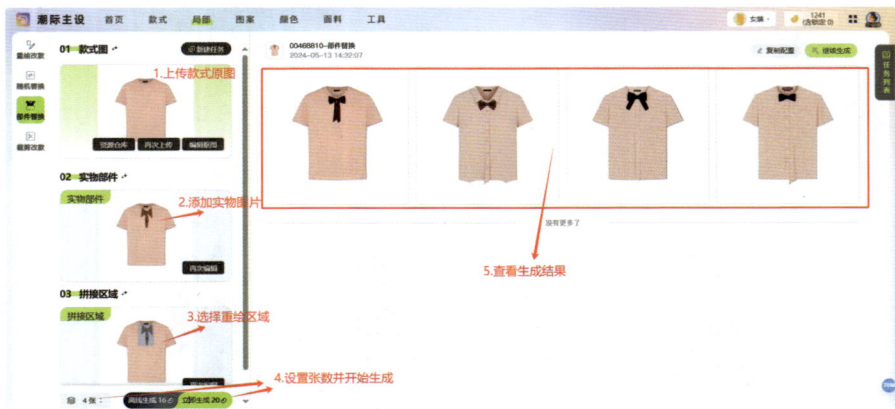

图3-4-23

➤ 优秀案例如图3-4-24所示。

图3-4-24

④ 裁剪改款（鞋靴类目除外）。

➤ 功能简介：裁剪改款功能采用先进的人工智能技术，允许用户对服装图片的任意部分进行裁剪改款，并对裁剪区域进行AI生成，从而改变服装的整体款式或局部细节。用户只需上传原始服装图片，标出希望裁剪去除的区域，并选择合适的重绘区域，AI系统即可自动完成裁剪操作，并对裁剪边缘进行平滑过渡处理，生成完整的新款式图片。该功能适用于长短款转换、袖长调整等多种服装设计场景。

➤ 使用步骤如图3-4-25所示。

图3-4-25

• 上传原始服装图片：上传清晰、准确地反映原始服装设计的图片。图片清晰度越高，AI系统越能精确地识别裁剪区域和重绘边缘。服装图片可以是JPG、PNG等常见格式，大小不超过5MB。

• 标注裁剪区域：在上传的原始服装图片上，通过绘制工具标出希望裁剪去除的部分。请确保标记区域尽可能清晰、明确，以便AI系统准确地理解裁剪需求。绘制工具支持涂抹、多边形选区、框选等多种裁剪区域选择方式，请根据实际需求选择合适的裁剪工具。

- 选择缝合区域：在原始服装图片上，通过绘制或选择工具标注希望进行缝合的区域。缝合区域应完整覆盖裁剪边缘，并需要对边缘区域进行适当扩展，以保证裁剪部分与原设计自然过渡、无缝融合。绘制或选择工具支持涂抹、多边形选区、框选等多种区域标注方式，请根据实际需求选择合适的标注工具。
- 开始创作：单击"立即生成"按钮，AI将根据标注的裁剪区域和选定的缝合区域进行图像处理。生成过程一般需要30～60s，请耐心等待。
- 查看并保存生成结果：生成完成后，可以看到系统按照标注裁剪区域对图片进行了裁剪，并在指定缝合区域内进行了合理处理，在原始图片的基础上进行裁剪改款后的新款式图片将显示在结果页面。用户可以预览生成的新款式图片，并选择满意的设计图保存至内部资源库中，方便后续查阅和使用。如需下载生成的设计图片，单击下载按钮即可，设计图为PNG或JPG等常见格式。

➤ 优秀案例如图3-4-26所示。

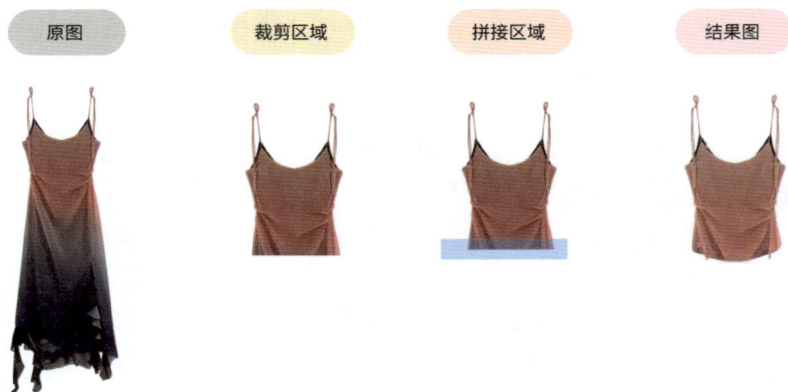

原图　　裁剪区域　　拼接区域　　结果图

图3-4-26

⑤ 图案模块

➤ 功能简介：图案创新是一款智能设计工具，支持用户上传图片，并由系统自动识别图片风格，衍生出类似风格的新颖图案。用户可以利用衍生的图案进行创作，为设计注入新的灵感和创意。该功能旨在帮助用户快速获取与特定风格匹配的图案素材，提升设计效率。

➤ 使用步骤（图3-4-27）。

- 上传图片：准备需要用于图案衍生的图片，支持常见的图片格式，如JPG、PNG等。单击"上传图片"按钮，选择本地图片文件，等待上传完成。图片可以是JPG、PNG等常见格式，大小不超过5MB。
- 系统识别与图案衍生：图片上传完成后，系统会自动分析图片的视觉特征和风格要素。根据识别结果，系统将衍生出一系列与原图风格相似的创新图案。图案生成一般需要20～50s，请耐心等待。
- 查看与下载图案：图案衍生完成后，用户可以在结果页面浏览系统生成的图案，并比较不同设计的创意表现、视觉冲击力和风格匹配度，从而选择最满意的设计。用户可以选择将满意的设计图保存至内部资源库，方便后续查阅和使用。如需下载生成的设计图片，单击下载按钮即可，设计图为PNG或JPG等常见格式。

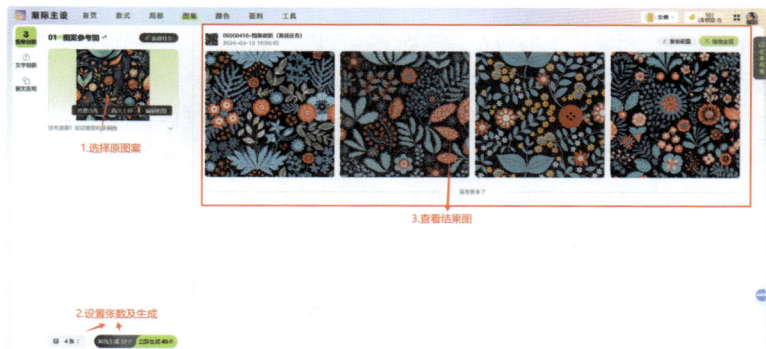

图3-4-27

➢ 使用建议：在上传图片时，建议选择设计风格明确、视觉特征突出的图片，便于系统准确识别和衍生。鼓励用户多次上传不同风格的图片进行尝试，探索图案创新的多种可能性。如果生成的图案不够理想，可以尝试更换上传图片，或稍后再次使用该功能。对于下载的图案，用户可以在图文应用中进行编辑、调整和应用，以满足具体的设计需求。

➢ 优秀案例如图3-4-28所示。

图3-4-28

3.4.3　设计应用

（1）某头部快时尚跨境电商公司

① 客户诉求、目标：利用AI能力降本增效，同时提高商品的点击率及购买率；快速改款出款、提高爆款率、降低商拍成本、实现快速上架。

② 定制化设计及营销服务。

➢ 定制功能——设计相关：成衣改款、面料替换、尺码修改、局部改款、跨品类改款、颜色替换、图案融合。

➢ 定制功能——营销相关：虚拟试衣、模特图换背景、静物商品图换背景。

③ 业务价值。

➢ 定制的服装复色、面料替换、局部改款等功能，目前每周设计师使用量达到十万量级，其中一个系列线两个设计师周出款从30多种提高至150多种，出款率提高3倍；夏季爆款率提升了4倍（图3-4-29至图3-4-33）。

图3-4-29

图3-4-30

图3-4-31

图3-4-32

图3-4-33

➤ 定制的换背景、虚拟试衣、换模特等功能，显著降低模特拍摄成本（图3-4-34）。

基于大量SKU的高昂商拍成本：在潮际汇的助力下每年节省数千万元成本，并大幅缩短了上架周期。

图3-4-34

解决了以下两个问题。

- 问题1：某小单快反的跨境电商公司，每月的SKU多达近万个，每月商拍成本高达约500万；上架消耗人力、财力。
- 问题2：因为是跨境电商，需要跨人种模特、跨国拍摄，时间周期长。

➤ 定制风格化背景：潮际汇实现指定风格背景替换，实现背景与人像色调更契合，助力大幅缩短上架周期（图3-4-35）。

图3-4-35

（2）某大型品牌鞋服公司案例分享

① 客户诉求、目标：对设计的品牌调性要求高；降低成本，提高出款率和爆款率；降低市场营销成本。

② 定制化设计及营销服务。

➢ 定制模型：鞋靴基础模型、品牌鞋靴模型、品牌服饰模型、虚拟试鞋模型、营销图生成模型。

➢ 定制功能：图案设计——文字、图案设计——花型、线稿渲染、款式配色、款式配料、转线稿定制服务。

③ 业务价值：80%集团内部设计师使用定制模型，生成具有品牌风格的款式图，集团出款率提升10倍，平台每日出图量达万张，其中被选中款式约1000个。定制时尚模型，将旗下爆款品类与最新流行元素结合，使集团的爆款率提高了5倍。为集团提供"标注—模型训练—模型推理"整套服务，用户可在一周内完成旗下其他品牌的模型自训练。品牌模型出款更稳定高效，虚拟试鞋降低商品成本：潮际汇助力每年节约商拍成本数千万元（图3-4-36和图3-4-37）。潮际汇实现室内模拍一秒替换室外效果，助力每年节省外拍成本数千万元（图3-4-38）。

输入图片：

图3-4-36

图3-4-37

图3-4-38

3.5 深度思考Deep Thinking

3.5.1 安装与基础操作

（1）在Android系统中，将链接复制到浏览器中打开，单击页面下方的"下载"按钮（图3-5-1）。在iOS系统中，在App Store中打开搜索界面（图3-5-2）。

图3-5-1

图3-5-2

（2）在 Android 系统中，勾选相应的选项后单击"继续安装"按钮（图 3-5-3）。在 iOS 系统中，在搜索框中输入"deep thinking"（图 3-5-4）。

图3-5-3

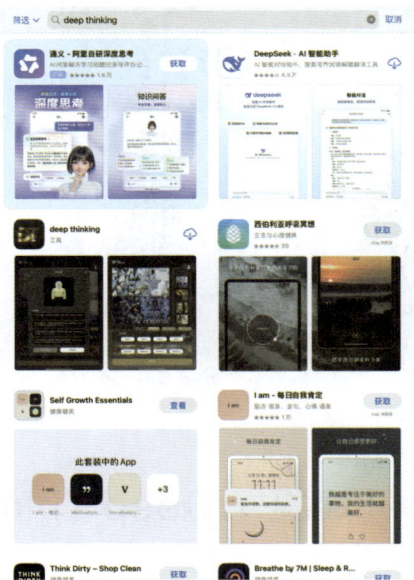

图3-5-4

（3）在Android系统中，跳转到账号登录界面，输入账号的密码登录后即可单击"完成"按钮（图3-5-5）。在iOS系统中，打开软件页面，单击"下载"图标（图3-5-6）。

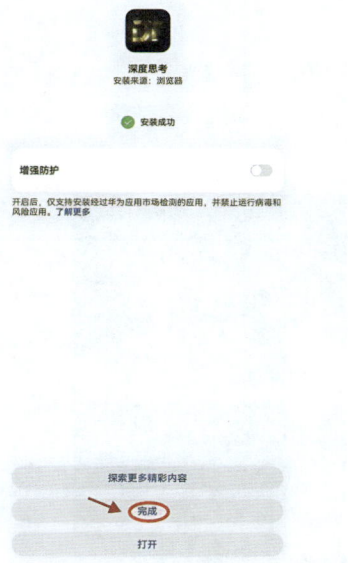

图3-5-5

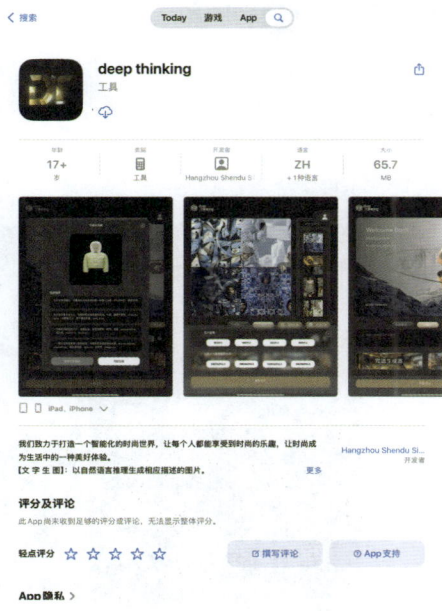

图3-5-6

（4）进入系统单击右上角的登录图标（图3-5-7）。

（5）输入登录账号密码，仅受邀用户能免费使用App中的所有功能（图3-5-8）。

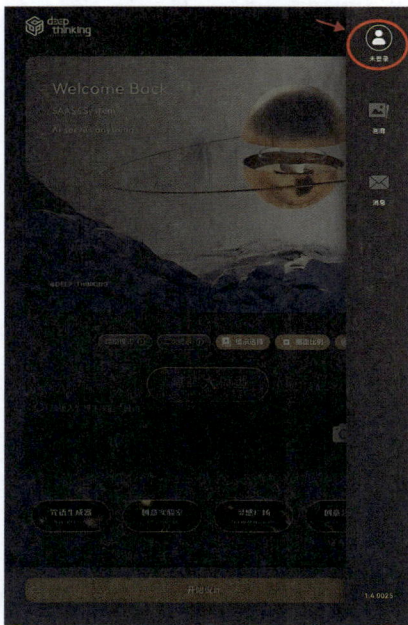

图3-5-7

图3-5-8

3.5.2 软件操作详细解析

（1）AI图像生成

① 文字生图：此功能依托自然语言处理技术，能够根据用户输入的文字描述智能生成相应的图片。在文本框中输入关键词，单击"开始设计"按钮，系统会自动生成4张高清图片，精准匹配关键词（图3-5-9）。

图3-5-9

② 图片生图：此功能采用灵感图片推理技术，能够根据上传的种子图片和关键词，智能生成风格相似的高清图片。由于是基于底图生成的，结果会更加贴近原始图片的风格，但生成的效果会略微受到上传图片清晰度的影响。在文本框中输入关键词，单击右侧的"相机"图标，上传种子图，单击"开始设计"按钮，系统会自动生成4张高清图片（图3-5-10）。

图3-5-10

③ 图像权重：此功能作为图片生图的一项附加功能，用户可以通过调整权重滑块来控制生成的图片与原图的相似度。权重左端表示弱参考，右端表示强参考。权重越高，生成的图片越接近原图；权重越低，生成图片的创意自由度越高，与原图的差异也越大（图3-5-11）。

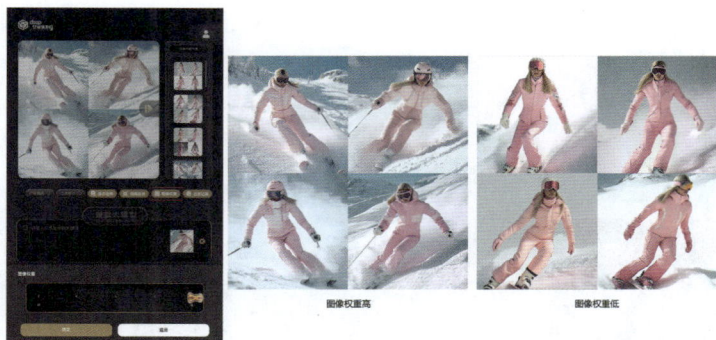

图3-5-11

④ DEEP模式：即放大图片，此功能针对已生成的图像进行精准像素提升与细节微调。在图片列表中，从上至下、从左至右分别标记为DEEP-1、DEEP-2、DEEP-3、DEEP-4，单击"DEEP-1"按钮，即生成第1张图片的高清放大版本（图3-5-12）。

图3-5-12

⑤ THINKING模式：即裂变图片，此功能针对已生成的图片，无限扩展生成类似的图片。图片从上至下、从左至右分别为THINKING-1、THINKING-2、THINKING-3、THINKING-4，单击"THINKING-1"按钮，即可生成与第1张图片风格类似的4张裂变图（图3-5-13）。

图3-5-13

⑥ DEEP模式中的图像补全+裂变强度：DEEP模式中提供了"裂变"和"远景"两个子功能。"裂变"功能基于所选图片生成4张相似的图片，并可调节裂变强度，"STRONG"模式生成高相似度图片，"SUBTLE"模式生成中等相似度的图片；"远景"功能可拉远图片摄像机镜头，由特写图转换为全景图，使用"VISION-1.5×"和"VISION-2×"可分别生成4张1.5倍和2倍远景的图片（图3-5-14和图3-5-15）。

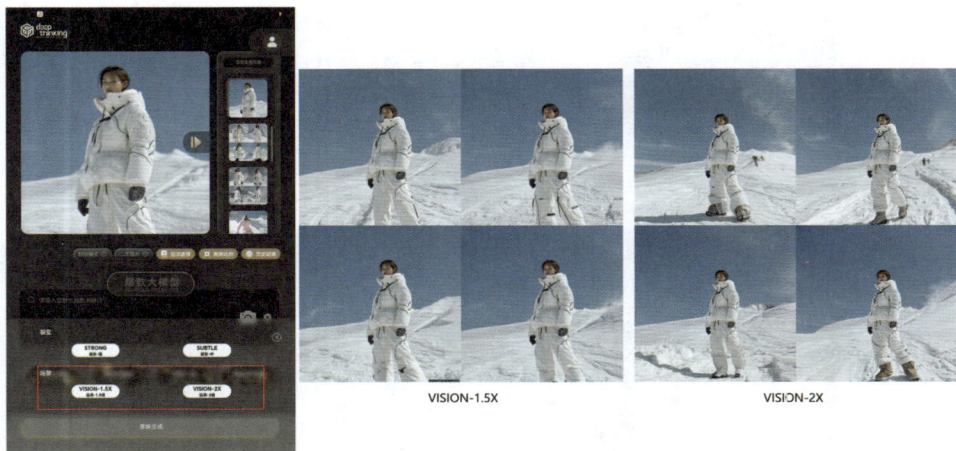

图3-5-14

图3-5-15

⑦ 印刷模式：此功能采用自然语言处理技术，能够直接推理生成无缝四方连续图案。单击"印刷模式"按钮，上传图片或文字描述，生成的结果都会转换成可重复使用的四方连续图。在文本框中输入关键词，单击右侧的"相机"图标，上传平整的印花底图作为参考，单击"开始设计"按钮，系统会自动生成4张高清图片，选取单张图片可实现无限循环拼接的效果（图3-5-16）。

图3-5-16

⑧ 提示选择：此功能是一款便捷的生成提示或指导性文本的工具，包含"服装类型""品牌""颜色""面料""质感""人物""风格""版型""视角""工艺""场景"等11大类目，每个类目下都设有详细的关键词。用户可以在每个类目中选取最多6个关键词作为文本参考。在不同类目中选取关键词，单击"复制到输入框"按钮，即可一键生成完整的提示词词条，助力图片生成精确度的提升（图3-5-17）。

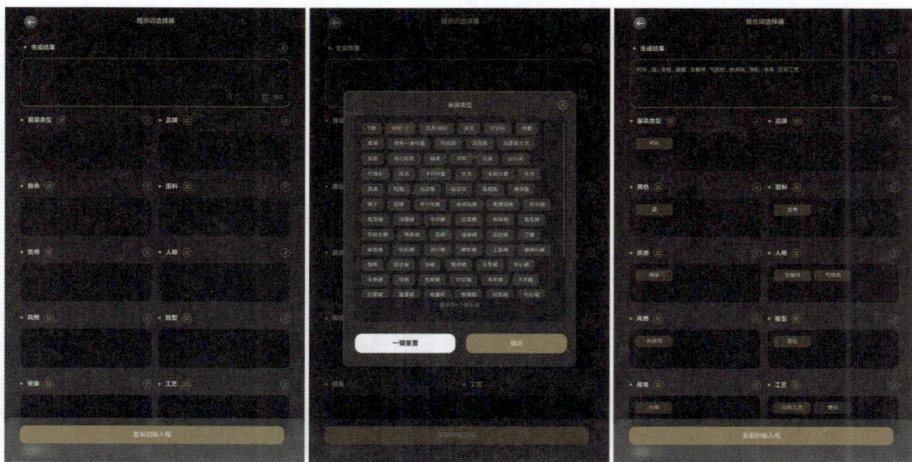

图3-5-17

⑨ 画面比例：此功能可以调整生成图片的比例，包含"1：1""3：2""4：3""3：4""16：9""9：16"等6种常用模式。根据需求选择合适的比例，单击"确定"按钮后，系统将按照所选比例生成固定图片（图3-5-18）。

⑩ 爆款大模型：在激活状态下，此功能能够产出更为逼真的图片效果，大幅消除AI生成的痕迹。在生成图片前，单击"爆款大模型"按钮，系统便会自动呈现出具有高度真实感的图片（图3-5-19）。

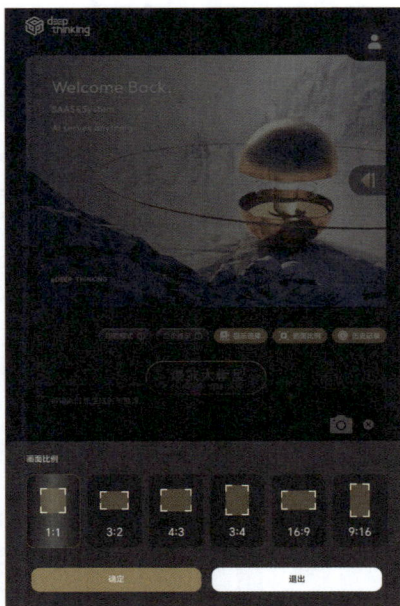

图3-5-18

图3-5-19

（2）咒语生成器

此功能可精准识别图片信息，将视觉内容转换为人类语言描述。在界面上方图片上传区域，单击"拍摄"或"从相册中选择"按钮上传参考图片，单击"开始生成"按钮，系统将根据图片内容生成4组详尽的关键词描述。浏览并选择最满意的描述，单击"使用文字描述"按钮，所选文本将自动填充至主页的文字描述框中，方便用户进行下一步操作（图3-5-20）。

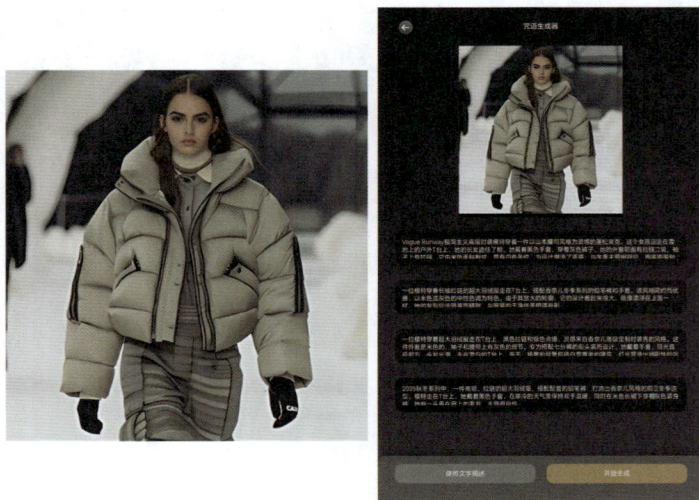

图3-5-20

（3）创意实验室

① AI放大镜：此功能用于无损高清修复，将图片从1K提升至8K分辨率，不改变任何结构细节。上传图片至"目标图"区域，单击"开始设计"按钮，即可呈现高清细腻的图像，文件大小同步升级（图3-5-21）。

② 产品AI大片：此功能用于服装的模特场景更换，基于一张带有服装的图像进行智能抠像，通过选取模特、改变除服装以外的图像内容。在"基本款式图"区域上传含有模特的图片，并在"抠像内容"中输入关键词以指定需保留的服装或配饰。完成输入后，单击"一键抠像"按钮，即可生成3张智能抠图后的透明底图，从中选择最满意的一张，单击"确定"按钮。在下方的"模特选择"和"场景选择"区域挑选合适的选项，系统提供了23个模特和20种场景，单击"开始设计"按钮，即可定制专属时尚大片（图3-5-22）。

③ 文案创作：此功能利用机器学习和自然语言处理技术，自动创建出高质量、具有针对性的营销或商业文案，包含"平台文案""商品文案""行业推广""视频文案""电商文案""市场文案""社媒文案""出海文案"8大类别，每个类别下均有详细的子分类。用户根据需求填写关键词，选择文案篇幅长短，即可轻松生成专业的文案（图3-5-23）。

图3-5-21

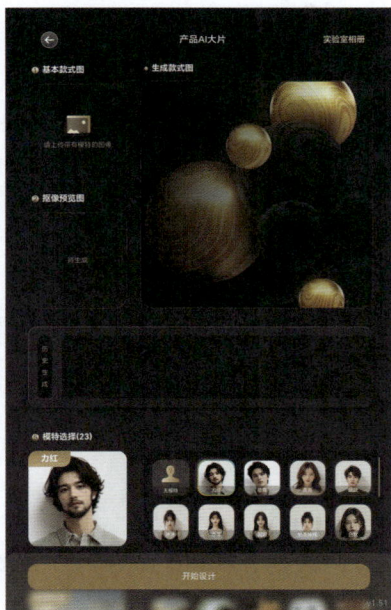

图3-5-22

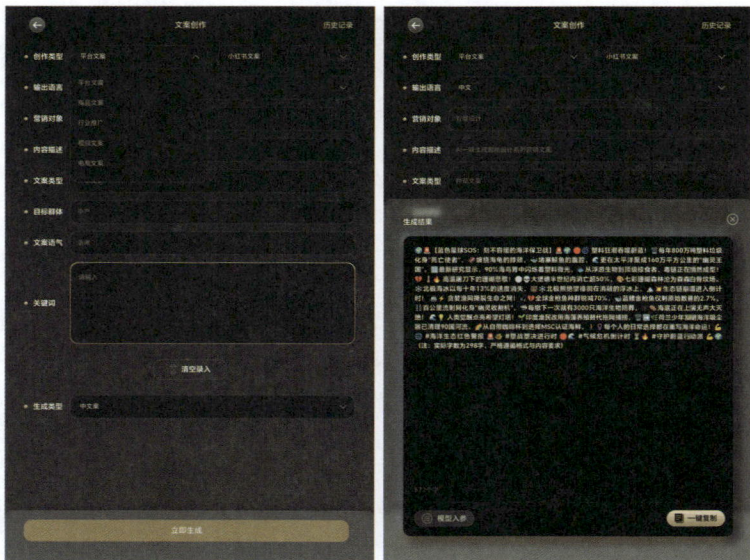

图3-5-23

④ 机器人：此功能打造了一个能够理解并回应用户信息的智能聊天机器人。在文本框中输入问题，AI将根据上下文提供自然语言的回复。左侧提供常用提问快捷入口，方便AI与用户快速交流与解答（图3-5-24）。

⑤ AI橡皮擦：此功能可以通过画笔工具精准地移除图像中的细节。在"基本款式图"区域上传需要修改的图片，选择合适的画笔大小，并通过左侧的"撤销操作""重做操作""清空涂抹"进行精细调整。单击"开始设计"，轻松获得修正后的图像（图3-5-25）。

图3-5-24

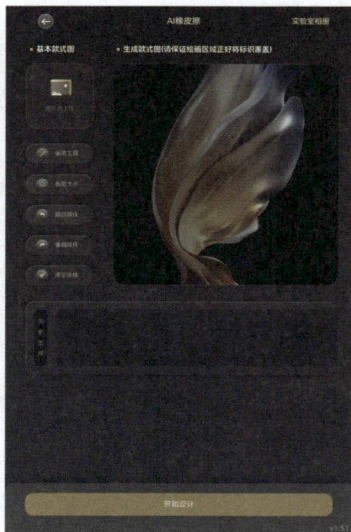

图3-5-25

⑥ 矢量图生成器：此功能可将目标图像智能转换成矢量图形。在"目标图"区域上传需要转换的参考图像，"去除背景"选项用于决定是否保留原图背景，通过精细调整"整体分割密度"和"颜色识别精度"，可以自定义生成设置以达到理想的效果，单击"开始设计"按钮，系统将迅速呈现高质量的矢量图（图3-5-26）。

（4）灵感广场

此功能用于展示深度思考AI设计系统覆盖的多元设计领域，包含"时尚"（服饰、鞋履、箱包、珠宝、配饰、图案）、"空间"（室内设计、建筑设计、商业空间、橱窗陈列）、"工业"（电器、包材、汽车、家居、日常用品、商业用品）、"摄影"（人像、自然、瞬间、人文）这4大类别。单击"图片详情"按钮，可进行"收藏""查看文字描述""下载""设计同款"等操作，轻松汲取灵感，激活创意潜能（图3-5-27）。

图3-5-26

图3-5-27

（5）创意艺术家

此功能为图片改款设计工具。在左侧图片区域上传需要改款的图片，根据需求选择"局部重绘"或"整体重塑"进行个性化修改，在上方的文本框中可输入改款关键词，在右侧的"艺术家相册"中展示所有生成的图片，支持批量操作，每次生成的4款结果均记录在"历史记录"中（图3-5-28）。

图3-5-28

① 局部重绘：此功能用于服装局部细节的修改。选择"局部重绘"选项，通过"画笔工具"和"橡皮工具"对需要重绘的部分进行涂抹和修改，滑动"画笔工具"下方的滑块可调整画笔大小，在上方的文本框中输入关键词后单击"开始设计"按钮，即可获得4张局部调整的图像（图3-5-29）。

图3-5-29

② 整体重塑中的线稿生成款式：此功能可将黑白线稿转化为色彩丰富的服装图像。上传单张线稿图片至左侧区域，选择"整体重塑"选项卡，在文本框中输入款式和颜色描述，单击"开始设计"按钮，系统将呈现4张上色后的真实服装款式图像（图3-5-30）。

图3-5-30

③ 整体重塑中的线稿+图像生成款式：此功能可将线稿与参考图结合，创造出与参考图风格一致的服装款式。上传单张线稿图片至左侧区域，选择"整体重塑"选项卡，单击上方文本框内的"图片"图标上传参考图，系统将自动识别画面信息并生成可修改的关键词，单击"开始设计"按钮，即可获得4张与参考图风格相近的款式图像（图3-5-31至图3-5-33）。

图3-5-31

图3-5-32

图3-5-33

3.6 POP · AI智绘

3.6.1 安装与基础操作

（1）POP · AI智绘账号的注册与登录

使用微软、谷歌、联想浏览器访问POP · AI智绘官方网站，单击"登录"或"注册"按钮（图3-6-1）。

图3-6-1

（2）填写个人信息

填写手机号进行注册，设置用户名和登录密码，选择主营业务，单击"立即注册"按钮（图3-6-2）。

图3-6-2

（3）完成注册

单击"立即体验"按钮，即可开启AI智绘之旅（图3-6-3）。

图3-6-3

3.6.2　软件操作详细解析

（1）款式创新

①新款创作。

➢　文生款：是POP·AI智绘的核心功能之一，将自研模型与服装设计专业知识完美融合，精准地理解设计语言，将抽象的概念转化为具体视觉元素，涵盖风格、剪裁、材质、色彩、工艺等多个维度。设计师只需输入简单的文字描述，系统即可进行智能扩写，生成符合要求的款式（图3-6-4），以下为使用建议。

- 自动扩写：将输入的短语如"韩系羽绒服"，按照"风格—配色—设计元素—工艺细节"等维度进行对应扩写，降低写关键词的难度。扩写后的关键词，支持手动更改，更贴近预期的结果。
- 用户初始输入的短语，推荐"试一试"中的"风格+款式主体物"，如"户外冲锋衣""通勤风大衣"，这样会比"冲锋衣""大衣"更精准。

韩国时尚风格，裁剪式羽绒服，浅蓝色，羽绒服面料，横向衍缝，高领，拉链开合，侧袋，可调节抽绳下摆，极简设计，加绒质地，简洁现代的美感。

图3-6-4

- 风格引擎：是一款颠覆传统服装开发模式的智能工具，通过算法解构趋势、解构爆款基因，实现高效精准的款式设计。引擎基于5320个设计元素进行模型训练，智能重组当季潮流公式，精准解析市场趋势。系统摒弃传统AI生图的黑箱模式，实现0.1s快速切换商业化设计，同时结合热销数据优化模型权重，生成爆款预判雷达图，助力设计师精准决策。设计师无须盲目追流行，简单操作即可生成符合商业需求的落地款式（图3-6-5）。

➤ 相似款衍生：相似款衍生模块运用先进的图像识别和生成技术，是为设计师提供快速款式衍生的强大工具。只需上传一张原始款式图，并填入提示词，POP·AI智绘就能结合二者，生成多个相似但独特的款式，加速设计的迭代过程，使设计师能够快速构建丰富多样的系列作品（图3-6-6），以下为使用建议。

- "原图相似度"默认为0.5，想要改变款式的地方越多，对应相似度数值就越低；相反，如果想与原款保持高相似度，则相似度数值越高越好。
- 对于关键词描述，推荐使用以图生文得到初始关键词，根据自身改款需求，修改对应部分的关键词。
- 相似图衍生建议"同类衍生"，即款衍生款、look衍生look等。跨越类别的衍生，如模特图生成款式图，不可控的概率会增大。

图3-6-5

图3-6-6

> 款式融合：是POP·AI智绘的尖端功能，为设计师开启了全新的创意视角。用户上传两张不同的款式图，系统运用复杂的算法，智能分析并融合两者的特征元素，生成独具匠心的全新设计。这一功能打破了传统设计的界限，让设计师能够轻松探索跨风格、跨品类的创意可能（图3-6-7），以下为使用建议。

- 当前版本的款式融合原理：将上传的两张款式图中的所有设计元素提取出来，而后随机组合生成新的款式，所以具备一定的随机性。
- 如果追求一定的稳定性，则推荐上传同类单品款式图进行款式融合。

图3-6-7

➤ **AI拆款**：AI拆款功能可以将秀场Look一键生成服装款式，支持手机拍照自动生成清晰的图像。通过上传一张秀场商拍图，AI利用智能算法进行解析并转化为平铺款式，为快时尚行业带来极致的响应速度，实现从秀场、网图到设计生产的极速转化（图3-6-8）。

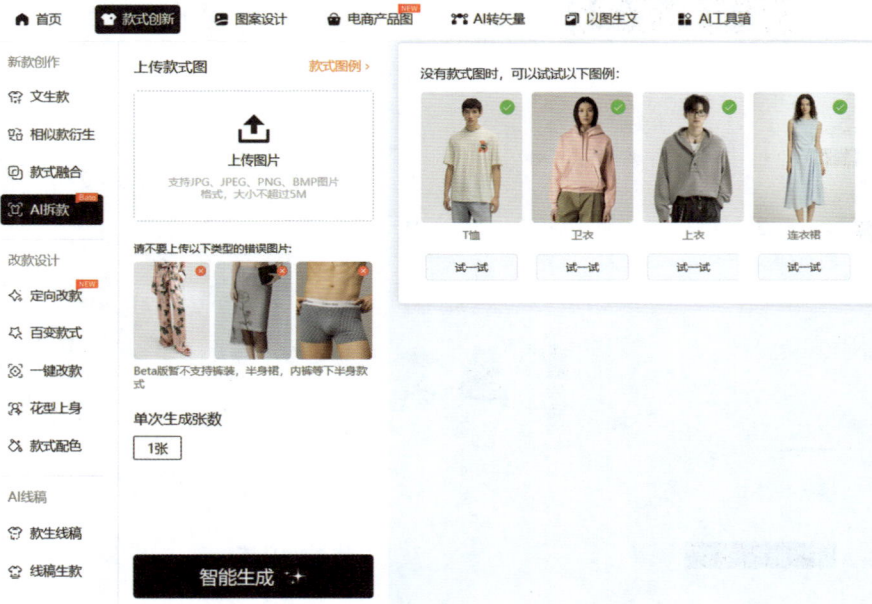

图3-6-8

② 改款设计。

➤ **定向改款中的添加部件**：该功能以一张原始款式图片为基础，通过智能抠图精确提取所需部件，并保存在"我的部件"中，用户可以随时调用。用户还可通过自定义提示词控制颜色和面料，尝试不同风格的部件，快速生成符合流行趋势的设计，从而保持走在时尚前沿，降低设计测试成本，提升工作效率（图3-6-9），以下为使用建议。

•精准的款式描述内容可以提升生图质量，可参考公式：颜色+面料+部件名称+修饰词。

• 在使用部件创新时，输入的关键词中的颜色深浅应与上传的部件图相似。

• 上传部件使用图片时请确保可以看到清晰的线条轮廓。

• 选择生成区域时尽量优先使用自动选区，涂抹区域只包括需要重绘的区域。

图3-6-9

➤ 定向改款—手绘部件：该功能打破了素材库的限制，用户可以随时绘制所需的部件，创造出独特、有趣、高级的款式。通过智能生成，用户能通过简单的线条绘制迅速尝试自己的创意或全新系列，直接预览款式效果，避免烦琐的手动操作和重复工作。此外，用户可以控制颜色和材料，若初步设计不尽如人意，可轻松通过调整关键词，快速优化，提升设计的灵活性和效率（图3-6-10），以下为使用建议。

图3-6-10

• 选择的画笔颜色尽量与想要生成的颜色相似，重绘的区域需要用色块涂满。

• 关键词颜色与绘制时选用的画笔颜色不要相差太大。

• 在绘制的颜色与原款差距较大时，尽量不要选择适配原款作为生成方向。

➤ 百变款式：基于原款式廓形和结构，系统通过智能算法，综合参考另一款式的面料质感、配色方案及设计细节，对原款进行创新性改造与优化。最终生成的全新款式图不仅保留了原款式的核心结构与风格特征，还融合了参考款式的独特设计元素，实现了创意与实用性的完美结合。此功能为设计师提供了高效的设计迭代工具，大幅缩短了开发周期，助力打造符合潮流与市场需求的独特款式（图3-6-11），以下为使用建议。

• 建议使用背景简单的款式图。

• 原图的分辨率建议不要低于800×800px。

• 当原图与参考款式图风格相差过大时，建议填写关键词来辅助AI生成。

图3-6-11

➤ 一键改款：通过结合深度学习算法与图像处理技术，系统能够在保持原设计核心风格的基础上，快速对款式的细节、配色、面料等元素进行智能调整与优化。设计师仅需简单的操作，即可生成多种改款方案，实现创意的高效迭代和设计成本的显著降低（图3-6-12），以下为使用建议。

• 建议使用背景简单、像素高的款式图。

• "原图相似度"数值越高，表示越接近原设计款式图。

• 根据需求选择出图张数，单批次出图张数越少，出图速度越快。

图3-6-12

➤ 花型上身：该功能提供高度的灵活性和自由度，用户可以选择特定的局部区域进行花型替换，并且支持将任意花型应用至任意款式设计中，从而实现精准的设计调整。花型上身效果支持在线参数预览调整，调整无误后再进行下载，免去因为花型密度、透明度等问题反复生成的麻烦，更加省时省力。此功能适用于多种设计场景，为快速迭代和创新提供了强有力的技术支持（图3-6-13），以下为使用建议。

•花型上身支持上传任意款式，上传款式图后需要编辑想要花型上身的区域。

•为了呈现更好的生成效果，上传款式图时尽量不要有其他图案，纯色最佳。

•花型大小：数值越高图案密度越低，数值越低密度越高。

•花型透明度数值越大，图案的透视效果越低，数值越小透视效果越高。

•在进行精细微调时，选择"仅保存"选项，则生成的图片会保存在历史记录中，不会被下载到本地。如果需要下载，请选择"保存并下载"。

图3-6-13

➤ 精准改色：系统将自动识别选择的颜色，并通过智能算法为原款式生成一个整体协调的配色方案。该方案基于流行趋势与色彩搭配原则，对原款进行重新着色处理，最终生成具有全新配色的款式图，为用户提供前沿的设计选择和更具吸引力的视觉效果（图3-6-14），以下为使用建议。

•建议上传背景干净的纯色单品图、印花单品图，以及搭配图。

•由于原款式服装底色不同，根据底色深浅适当调整选取的颜色，以便达到更好的换色效果。

图3-6-14

➤ 款式配色中的参考配色：系统将自动识别参考款中的潘通色号，并通过智能算法为原款式生成一个整体协调的配色方案。该方案基于流行趋势与色彩搭配原则，对原款进行重新着色处理，最终生成具有全新配色的款式图（图3-6-15）。

图3-6-15

③ AI线稿。

➤ 款生线稿：款生线稿功能能够精准地提取原款图片的线条结构，利用高精度图像处理技术，将复杂的设计图案转化为清晰的黑白线稿图，该功能可实现原款设计细节的高度还原，为企业在设计迭代、款式调整及生产制版过程中提供直观而高效的视觉参考（图3-6-16），以下为使用建议。

•建议使用背景简单、结构清晰的款式图。

•原图的分辨率建议不要低于800×800px。

图3-6-16

➤ 线稿生款：通过深度学习算法和图像生成技术，系统能够基于设计师提供的黑白线稿，自动生成完整的服装款式图，包括面料纹理、配色方案及细节装饰等设计要素。该技术在保留线稿核心结构与创意的同时，快速生成多样化的设计方案，显著提升了款式开发的效率与准确性（图3-6-17），以下为使用建议。

•建议使用线条清晰的图片，以便完整地提取线稿。

•用户可以上传黑白线稿图、彩色效果图，根据自己的需求填写生成款式的关键词。

图3-6-17

（2）图案设计

① AI描稿：AI描稿是一个高效的图像优化功能，能够将模糊画稿、款式或面料实物印花，转化成超高清花型且支持一键四方连续。依托先进的AI算法，系统可智能识别图像中的线条、细节和色彩信息，对模糊或低分辨率内容进行精准优化与重构，确保放大后的图像清晰流畅，无失真、不模糊。AI描稿适用于服装设计、产品展示、印刷制图等多个领域，可以极大地提升工作效率和输出质量（图3-6-18），以下为使用建议。

- AI描稿可以智能识别图像中的线条、细节、色彩信息，因此用户尽量上传平整的花型图或面料图。
- 生成的画稿越大，耗时会越长，用户应根据需求合理选择生成尺寸。

图3-6-18

② 文生图：文生图功能可根据输入的文字描述自动生成图案设计。该技术可将语言中的描述信息转化为可视化的艺术元素，依据AI智绘图案大模型，生成具有创意性和独特风格的图案。这一过程能够快速实现从概念到图形的转变，为设计师提供了灵活的创作工具，提高设计效率（图3-6-19），以下为使用建议。

- 自动扩写会将输入的短语如"粉色花朵"，按照"元素—风格—配色—适用场景"等维度进行对应扩写，降低写关键词的难度。扩写后的关键词支持手动更改，更贴近预想的结果。

•生成满印图案需要在标签中选择"满印"选项，对于图片的尺寸，根据需求选择即可。

图3-6-19

③ 相似款衍生：根据用户上传的原图及输入的关键词，系统智能生成与原图相似的图案。该功能结合了原图的视觉特征和用户指定的描述，支持生成多样化的图案。用户还可以通过调整"原图相似度"参数来灵活控制生成图案与原图的相似度。此外，系统提供了多种风格选项，允许用户选择特定的图案风格或参考指定艺术家的创作风格，以满足不同的设计需求和创意表达，大幅提升了创作效率和灵活性（图3-6-20），以下为使用建议。

•在操作过程中，若想要在保持原始设计风格的基础上让图案更加多样化，建议将"原图相似度"参数调整为0.8～1.0范围内的值。

•在"请输入关键词描述"文本框中，推荐使用以图生文得到初始关键词，根据改款需求，更改对应部分关键词后单击生成。

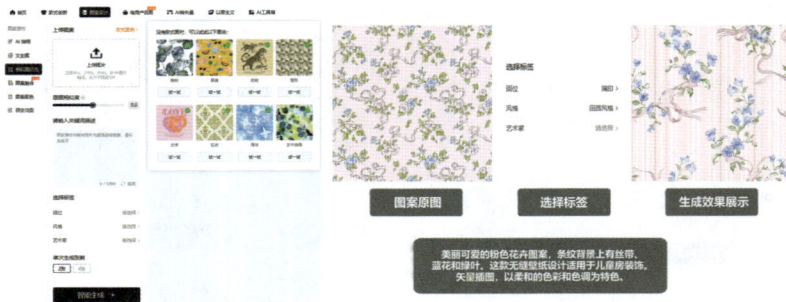

图3-6-20

④ 图案融合：利用深度学习算法和图像生成模型，将原图与参照图的设计风格进行智能分析与提取，包括色彩、纹理、构图等核心元素。通过对两者风格特性的自由融合，生成具有原创性和视觉冲击力的全新图案花型。此功能显著提升了设计的多样性与效率，为品牌提供了更多独特的设计方案（图3-6-21），以下为使用建议。

•建议上传元素简洁、像素高清的图片，并尽量确保图片尺寸与生成比例相匹配。

•"原图相似度"数值越高，越接近图案B款，数值越低越接近图案A款。

图3-6-21

⑤ 图案配色中的推荐配色：只需上传一张原始图，即可通过智能系统生成无限多样化的配色方案，从而获得全新风格的图案设计。系统不仅能够自动生成符合美学和趋势的配色方案，还支持根据用户指定的颜色进行精准的改色操作，确保生成的图案满足特定设计需求。该功能为设计师提供了极大的创作灵活性，通过多样化的色彩组合提升设计的视觉冲击力与增强市场适应性（图3-6-22）。建议上传高清图片，分辨率不低于1024×1024px。

图3-6-22

⑥ 图案配色中的参考配色：以现有的配色方案为基础，通过分析和借鉴其色彩搭配关系、比例分布及色调特点，将其应用到新的设计中，以达到优化视觉效果、提升设计效率或满足特定需求的目的。参考配色既可以直接沿用成熟的方案，也可以在其基础上进行调整和再创作，可用于服装设计、平面设计、产品包装和品牌建设等领域（图3-6-23），以下为使用建议。

• 建议上传高清图片，分辨率不低于1024×1024px。

• 上传的参考图最好为相似的图片，尽量避免上传色卡类参考图，色块数量和原图案越一致，生成的效果越好。

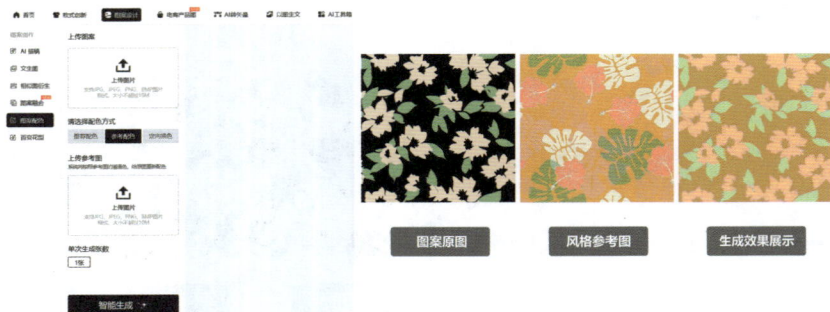

图3-6-23

⑦ 图案配色—推荐配色：运用智能工具与技术，根据色彩匹配规则和设计需求，针对特定区域、元素或图案，按照预设的要求或目标色彩方案，对原有颜色进行精准替换。在确保新颜色与整体风格协调统一的同时，保留原有设计的结构和细节。该技术可用于服装设计、图案优化、产品定制等领域，满足个性化和多样化的色彩表达需求（图3-6-24），以下为使用建议。

- 定向换色适用于特定区域、元素或图案的颜色调整，建议在色彩对比明显且设计细节清晰的情况下使用，以确保替换效果精准且不影响原有结构。
- 在换色过程中，应根据预设的色彩方案和整体风格进行匹配，避免色彩不协调或偏差过大，影响最终设计的视觉统一性和美观度。

图3-6-24

⑧ 百变花型：基于一张基础图案，结合参考图案的设计风格和色彩元素，智能生成千变万化的全新花型图案。该功能通过分析和融合两种图案的核心设计特点，实现图案风格的多样化和创新。生成的花型图案不仅具有独特的美学表现力，用户还可根据设计需求灵活调整，确保与当前潮流趋势相符，极大地提升了设计效率和创意输出的多样性（图3-6-25），以下为使用建议。

- 百变花型将原图案中的花型布局与风格图中的样式风格相结合，而后随机组合生成新的款式，具备随机性。

- 详细的关键词描述可以有效地辅助生成符合预期的图案样式，描述格式的参考公式为：参考的风格+主体物+颜色，前后顺序可以更改。
- "风格参考强度"值过高可能会导致原图发生改变，可以尝试从0.6开始逐步提高，从中选择效果最好的。

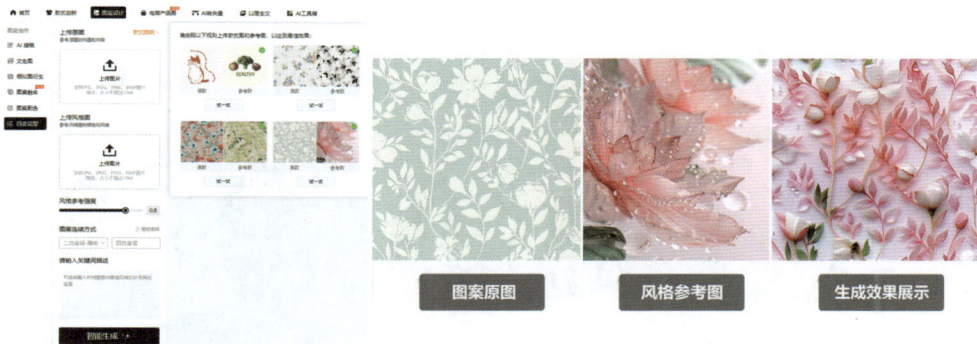

图3-6-25

（3）电商产品图

① 虚拟试衣：该功能利用先进的计算机视觉和图形渲染技术，通过分析款式图片与模特姿势图，自动生成虚拟款式上身效果图，生成的效果图在细节上真实可靠，能够真实反映服装的剪裁、面料质感及整体风格，使用户可以在无须实际模特拍摄的情况下，直观地预览服装的穿着效果。显著降低了拍摄成本和时间消耗，提升了设计效率与灵活性，为设计师和消费者提供了更为便捷和高效的创作与购物体验（图3-6-26），以下为使用建议。

- 上传的款式图尽量为白底，或背景与款式图颜色有一定差异。
- 建议使用与款式图版型相似的模特图。
- 如果模特本身的衣服长短和款式图相差过大，需要手动编辑选区，画出款式图在模特身上的大致范围，使上身效果更自然。

图3-6-26

② AI换模特：能够基于AI技术的智能化图像处理功能，快速替换模特图像中的主体及其周围的环境。用户只需上传模特场景图片，即可灵活选择更换模特的性别、类型及服饰风格，

甚至可以调整模特所处的地点和背景环境，从而实现多样化的展示效果。通过先进的图像识别和生成算法，AI换模特功能可以确保替换后的图像在光影、比例和细节上高度真实且自然，无缝融入原有场景，大幅降低了传统拍摄的时间与成本，为设计和营销提供了更加创新的解决方案（图3-6-27），以下为使用建议。

- 尽量手动选择选区，避免衣服被一起选中，造成衣服被一起替换的情况。
- 建议上传图片的清晰度在1024×1024px以上。
- 尽量选择正面角度、面部清晰的模特图进行替换，以免因识别不清造成面部畸形。

图3-6-27

③ AI换背景：用户可以通过AI图像处理技术，对图片中的背景区域进行智能识别和替换。只需上传包含模特或主体的图片，即可灵活选择替换背景的场景类型，包括自然风光、城市街景、室内环境等多种风格，以满足不同的设计和展示需求。通过先进的图像分割和合成算法，AI换背景功能可以确保替换后的图像在光影、比例和细节上高度真实，自然融合主体与背景。该功能可应用于服装设计、广告制作、产品展示等领域，为视觉内容创作带来了更多可能性和创意空间（图3-6-28），以下为使用建议。

图3-6-28

- 建议上传高分辨率、背景清晰的图片，避免因背景复杂或主体边缘模糊而影响分割效果。

· 在选择替换背景时，应考虑光影方向、色调风格和比例协调，确保主体与新背景自然融合，避免产生视觉违和感。

· AI换背景功能可自动优化合成效果，对于特殊需求，如阴影调整、光感匹配等，建议进行手动微调，以提升最终图像的真实性和专业度。

④ AI转矢量：AI转矢量分为精调版和极速版，精调版专为将不含渐变色的花型图或线稿图优化为高质量矢量图而设计。相比普通转换模式，精调版具备更快的处理速度，同时确保线条流畅、边缘锐利，最大限度地还原创意细节。转换后的矢量文件更加清晰，同时支持对矢量文件按颜色进行分层设置，适用于印花、刺绣、激光切割等多种工艺，为设计师提供高效、精准的图像处理解决方案（图3-6-29），以下为使用建议。

· 精调版适用于不含渐变色的花型图或线稿图，若图像包含复杂的渐变，可能会影响转换效果。

· 为确保矢量文件清晰度，建议使用800～2000px的图片，以获得最佳转换结果，图片像素越大，转换速度越慢。

· 如果需要将矢量文件按照颜色进行分组，请确认在"矢量文件图层设置"中单击"下载矢量文件时按照颜色拆分图层"中的"是"按钮。

图3-6-29

⑤ 以图生文：该功能会自动解析用户上传的参考图片，识别其中的关键设计元素，并根据风格、剪裁、材质、色彩、工艺等多个维度生成几组优质关键词。这些关键词经过优化，可精准表达设计需求，确保AI在内容生成过程中准确理解用户的意图。对于不熟悉关键词输入方式，或希望提高款式和图案生成质量的用户，可直接使用推荐的关键词进行创作，避免盲目尝试，提高生成质量和稳定性（图3-6-30），以下为使用建议。

· 以图生文功能适用于提取服装款式和图案的核心设计元素，建议使用清晰、完整的参考图片，以获得更精准的关键词。

· 系统生成的关键词可作为参考，用户可根据设计需求进行调整或组合，以提升内容生成的准确度和个性化程度。

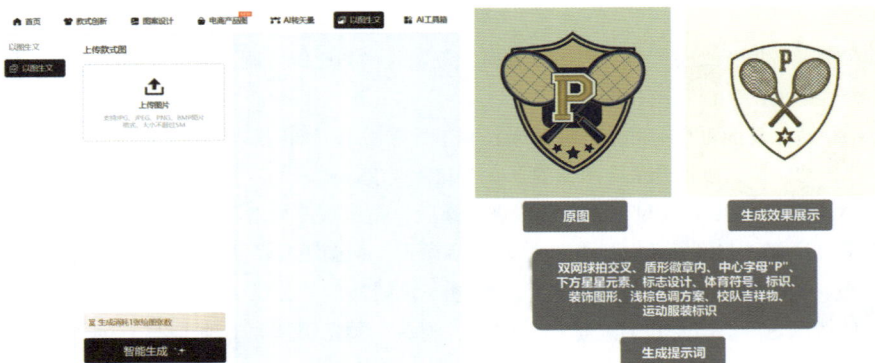

图3-6-30

（4）AI工具箱

① AI褪底：AI褪底是一项高效智能的抠图功能，能够在复杂的场景下实现一键去除背景，快速提取主体。用户无须手动操作，仅需上传图片，系统便能精准识别人物、物品或图案，并自动去除背景，保留清晰完整的主体轮廓。

依托先进的图像分割算法，AI褪底不仅能够处理常规的纯色背景，还能应对复杂的场景，如杂乱的环境、多层次物体等，确保边缘平滑、细节完整。该功能适用于服装电商、广告设计、产品展示等多个领域，可大幅提升工作效率，让图片处理更加简单便捷，为创意设计提供更大的自由度和灵活性（图3-6-31）。

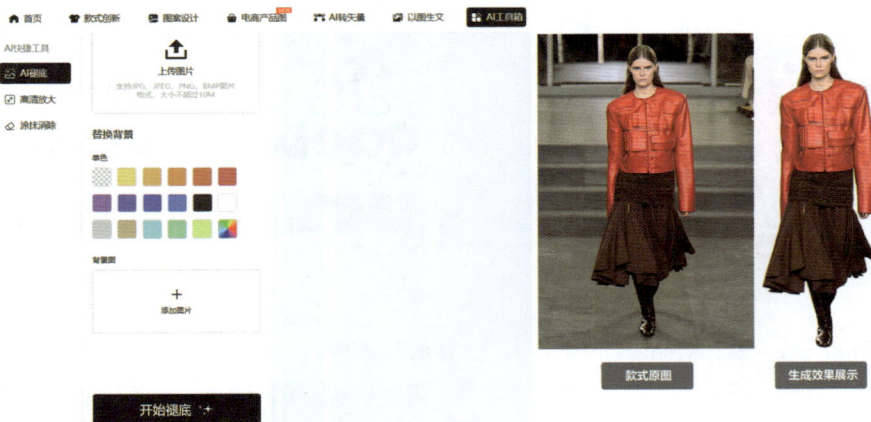

图3-6-31

② 高清放大：高清放大是一项智能图像增强功能，可实现一键无损放大，让图像细节更加清晰。依托先进的AI超分辨率技术，系统能够智能识别图像结构，优化边缘细节，并有效减少噪点和模糊感，即使在多倍放大后，也能保持高质量画面，不失真、不模糊。

该功能适用于服装设计、产品展示、广告制作等多个领域，特别适合处理低分辨率的图片，如画质修复、细节优化、印刷级素材增强等。无论是放大图案纹理、强化线条清晰度，还是提升整体画面质量，高清放大都能提供精准高效的解决方案，让每一处细节都更具视觉冲击力（图3-6-32），以下为使用建议。

- 支持多种图片格式，但大小不要超过3MB，分辨率不要超过1920×1080px。
- 图片放大倍数越大，耗时会越长，用户根据需求合理选择即可。

图3-6-32

③ 涂抹消除：涂抹消除是一款智能图像编辑工具，用户可通过简单的涂抹操作，精准去除图片中的特定内容。只需选择需要消除的区域，AI系统便能智能识别周围的环境，自动填充背景，使修改后的图像自然协调，无明显修饰的痕迹。

该功能适用于多种场景，如服装设计中去除款式零部件、局部调整细节，或用于图片后期处理，如去除水印、修复瑕疵、消除杂乱的背景元素等。依托先进的智能算法，涂抹消除功能能够在保持画面完整性的同时，提升修图效率，避免烦琐的手动修改过程，让设计和图像处理更加高效便捷（图3-6-33），以下为使用建议。

- 涂抹消除适用于去除款式零部件、水印、背景杂物等特定区域，建议在细节复杂或颜色变化较大的区域进行适当调整，以获得更自然的填充效果。
- AI系统会根据周围的环境智能填充背景，为确保最终效果更加协调，建议适量涂抹，避免大面积消除导致画面纹理缺失或填充不均。
- 高分辨率图片可提供更精准的消除效果，低分辨率图像可能影响AI填充的准确度，建议使用清晰度较高的图片，以获得最佳处理效果。

图3-6-33

3.7 凌迪Style3D

3.7.1 进入Style3D EDU平台

下面介绍Style3D Ai数智时尚教育平台账号的注册与登录。

使用微软、谷歌、联想浏览器访问官网，单击"注册"和"登录"按钮，Style3D EDU数智时尚教育平台是致力于打造科学的3D数字化服装设计课程体系，建立适应教育和培训需要的学习与考核平台（图3-7-1）。

图3-7-1

① 填写个人信息：填写手机号、邮箱，设置用户名和密码，并完善保存相关资料信息。需要注意的是，在"院校名称、工作"下的"行业"下拉列表中选择"教育"选项（图3-7-2和图3-7-3）。

图3-7-2

图3-7-3

② Style3D EDU专项课程：登录平台后依次选择"全部课程"→"专项课程合集"选项，可查看Style3D EDU专项课程，AI产品相关资料及课程视频将保存至该课程内（图3-7-4）。

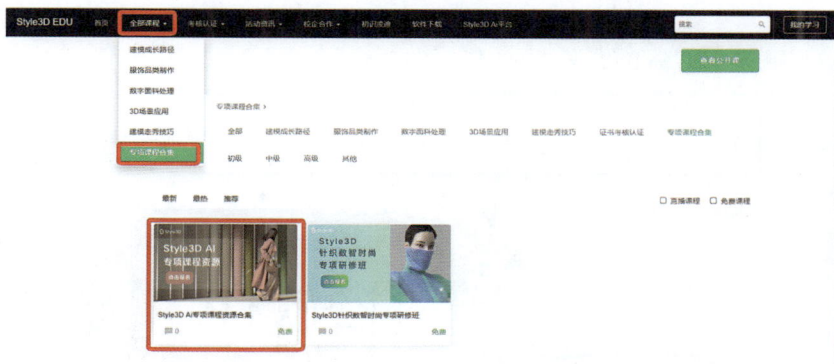

图3-7-4

③ Style3D Ai平台的使用：进入Style3D EDU平台首页，单击上方的"Style3D Ai平台"选项（图3-7-5）。

图3-7-5

④ 登录Style3D Ai平台：跳转至Style3D Ai平台后单击"登录"按钮，可填写手机号及验证码进行注册，或使用已有的Style3D账号登录（图3-7-6和图3-7-7）。

图3-7-6

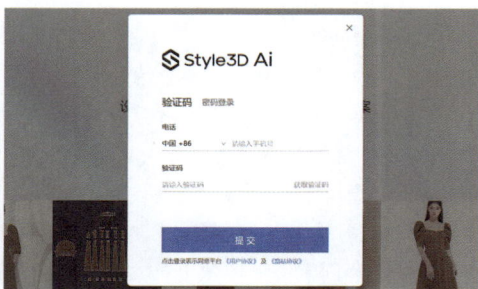

图3-7-7

⑤ 领取注册奖励：注册并登录后可领取点数注册奖励，获取方式如下。

➢ 新注册用户自动获得100点数注册奖励（图3-7-8）。

➢ 注册成功后填写邀请码将额外获得100点数参赛奖励（图3-7-9）。

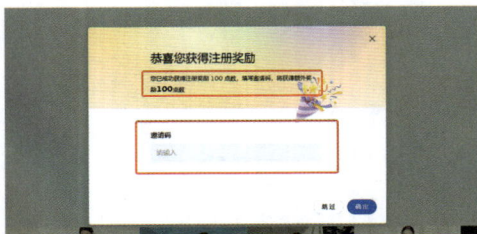

图3-7-8

图3-7-9

⑥ 开启创意之旅：选择对应模块及功能，参照使用攻略即可开启创意探索之旅（图3-7-10）。

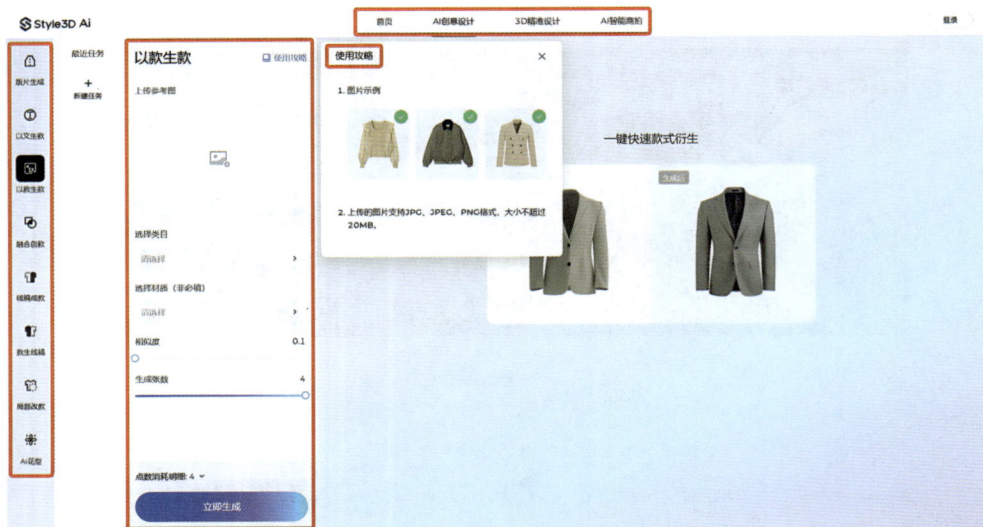

图3-7-10

3.7.2　Style3D Ai平台操作详细解析

（1）AI创意设计

① 以文生款：输入描述款式或箱包的文字，快速生成基于描述的款式或箱包图。文字描述需包含基础类目、设计风格、面料材质、设计细节等信息，一次性生成1～4张图像。此功能可将设计师的灵感迅速转化为具体的图像，为设计增添更多创造性和可能性（图3-7-11）。

② 以款生款：上传款式参考图，选择相应的类目和材质，调整与参考图的相似度，快速生成多款风格相似、元素统一的新款式，此功能有助于快速进行爆款、经典款的销售延伸（图3-7-12）。

③ 融合创款：上传两个款式图，融合不同款式的廓形、面料、颜色、设计元素等，生成全新款式或箱包，此功能可为设计师提供更多设计灵感（图3-7-13）。

图3-7-11

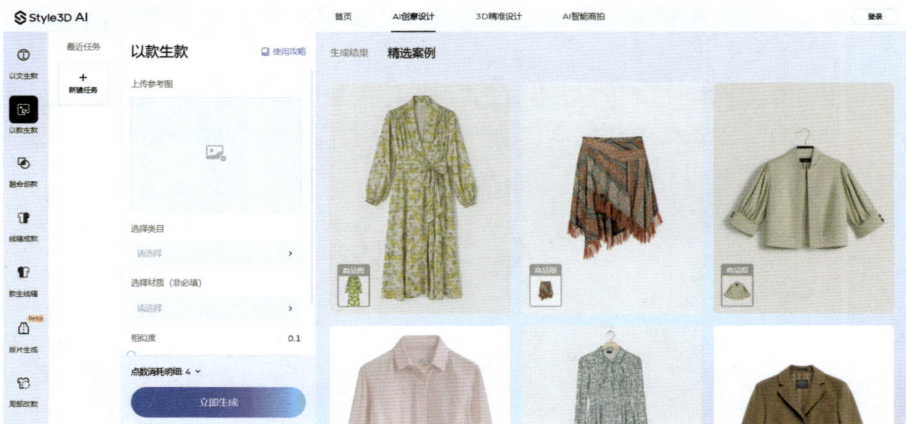

图3-7-12

图3-7-13

④ 线稿成款：用户可通过上传服装、箱包等时尚产品的设计稿，选择产品类目，调整款式色彩，快速生成具体面料的产品图。此功能可让协同部门深入了解设计师的设计意图，降低沟通成本（图3-7-14）。

图3-7-14

⑤ 款生线稿：用户可通过上传产品图，反向生成PNG或SVG格式的可编辑设计稿。此功能用于工艺单制作、款式结构审查，以及服装、箱包的精确修改，以弥补AI的不可控性及发散性带来的不足（图3-7-15）。

图3-7-15

⑥ 版片生成：用户可通过上传正面平铺角度的参考图，选择产品类别，输入或者选择关键词描述，快速生成含有可生产的版片的3D模型。此功能可加快生产流程，提高设计效率（图3-7-16）。

⑦ 局部改款：用户可以上传款式图，框选需修改的区域为遮罩区域，针对指定区域进行修改，其他区域保持不变。此功能可快速实现对款式的局部改动（图3-7-17）。

⑧ AI花型：用户可通过上传花型图案的正面平铺角度参考图，输入描述文字，选择生成四方连续的花型或非连续花型，调整与参考图的相似度，快速创造新花型或图案。此功能可以极大地提升花型与图案的创造力（图3-7-18）。

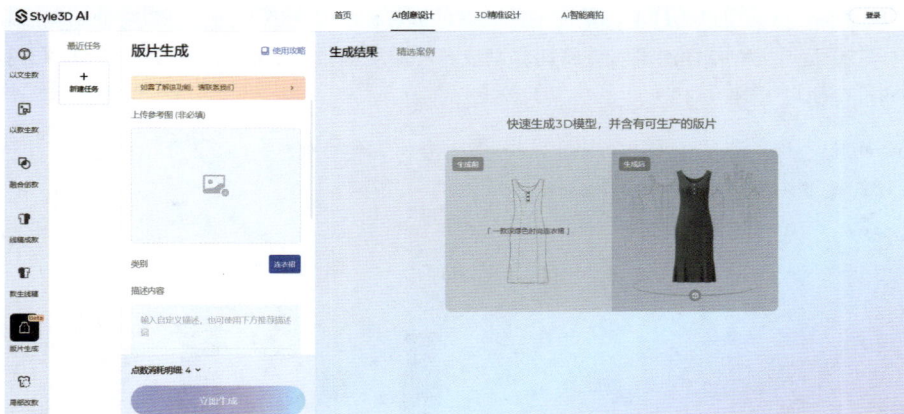

图3-7-16

图3-7-17

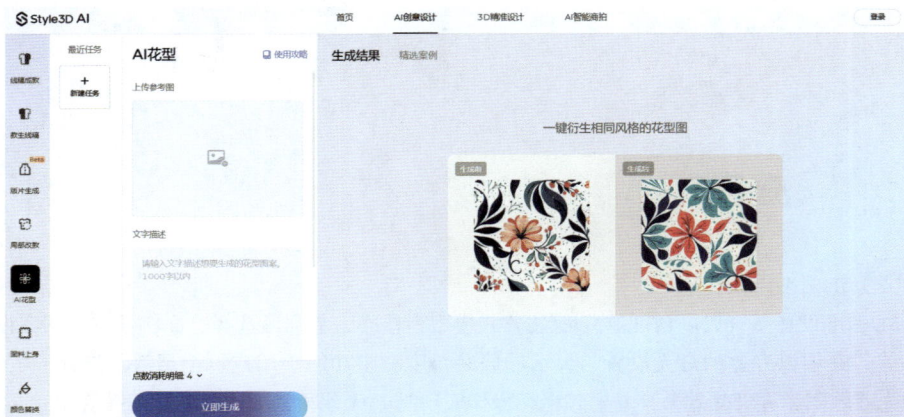

图3-7-18

⑨ 面料上身：用户通过上传正面平铺角度的面料图和参考款式图，可以将面料制成款式图的样式，无须实物打样即可看到将面料制成各种服装的效果。此功能有助于设计师选料和面料商推广面料（图3-7-19）。

图3-7-19

⑩ 颜色替换：用户可以通过上传正面平铺角度的款式参考图，并在系统中选择一种颜色或输入指定色号。为款式进行精准换色，此功能可实现不同色彩的尝试与呈现（图3-7-20）。

图3-7-20

（2）3D精准设计

3D精准设计系统以高精度的3D服装款式模型为核心，集廓形选择、面料尝试、图案设计于一体，并辅以专业的灯光设置与灵活的服装角度调整功能。用户可根据需求选择环境光、平行光或软阴影等灯光效果，并通过鼠标操作实现360°无死角旋转，或直接选择前后、左右、顶底6个固定角度进行观察。

该系统支持基于已有3D服装模型进行面料选择和细节调整，能够实时展示真实、立体的成衣效果。这种选料方式不仅为设计师和客户提供了更为直观、便捷的体验，还有效提升了选料的准确性，显著降低了打样成本。

① 廓形：用户可以从平台丰富的3D款式库中挑选超过3000款经典款式，或自行上传模型作为基础廓形。系统支持多角度展示，确保用户能够全面、细致地观察和选择心仪的廓形（图3-7-21）。

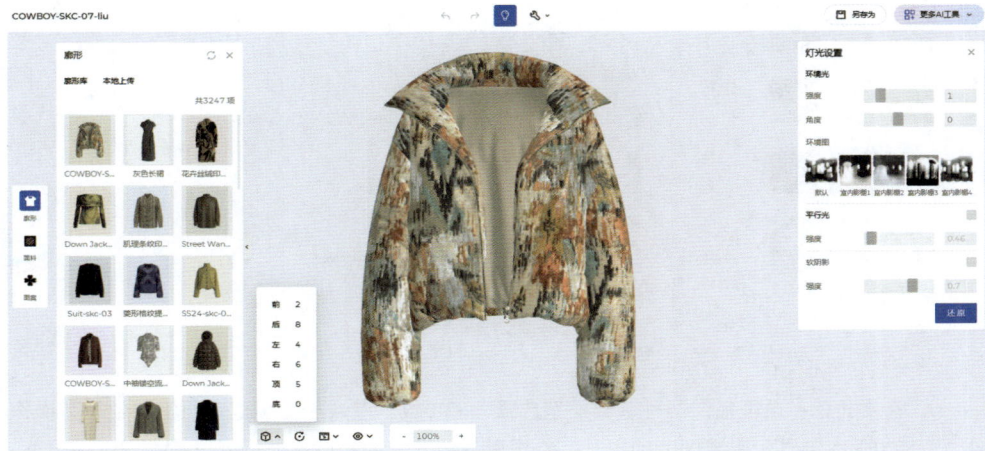

图3-7-21

② 面料：平台提供超过5000种面料供用户挑选，用户可进行上身替换，实现不同部位面料的自由组合。此功能能够轻松模拟不同面料对成衣效果的影响，为设计师的设计决策提供有力支持（图3-7-22）。

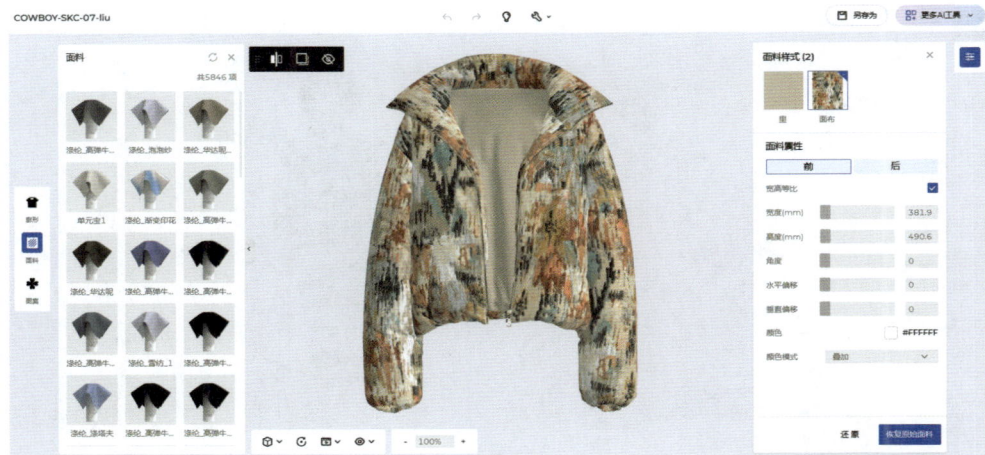

图3-7-22

③ 图案：用户可以从图案库中上传心仪的图案，并自由调整其位置、大小。系统支持图

案上身展示，帮助用户直观地预览图案在实际服装上的效果，为创意设计提供无限可能（图3-7-23）。

图3-7-23

（3）AI智能商拍

① 服装上身：系统提供两种基础模型选择。S1.0版本专注于真实地还原服装效果，操作快捷；S2.0版本侧重于服装细节的提升，呈现更为精准。用户可根据需求选择上身多件服装、连体装或单件上下装，选择官方库内的参考图或自行上传图片，系统高效地一键还原服装的仿真细节，将设计师的设计图迅速转化为真实的上身效果，便于用户评估设计的可行性与美观度（图3-7-24）。

图3-7-24

② 包包上身：用户可以上传包包商品图，选择包包类型（背包、手拎包、斜挎包、腰包、腋下包）和包包大小（长度小于25cm的小号、长度在25～35cm的中号、长度大于35cm的大

号），并选择官方库内的参考图或自行上传图片，快速生成包包真实的上身图，直观地展现上身效果，有效降低实物拍摄成本（图3-7-25）。

图3-7-25

③ 换姿势：用户可以上传模特图，选择官方库内的参考图或自行上传图片，自由调整模特姿势，为营销宣传和效果展示提供灵活的模特姿态调整，增强视觉效果与吸引力（图3-7-26）。

图3-7-26

④ 换模特背景：用户可以通过上传原始模特图，选择官方库内的可替换模特和个性化背景，实现模特和场景的随意切换，适应国内、跨境等多种业务场景，提升拍摄效率与灵活性（图3-7-27）。

⑤ 服装精修：用户可以通过上传服装图，调整精修强度和图片像素大小，获得更为细致的模型仿真效果，提升服装图片的质量与细节表现力，从而提升营销宣传的专业度和效果展示（图3-7-28）。

图3-7-27

图3-7-28

⑥ 图生视频：用户可以上传图片，输入视频内容描述及不希望出现的内容，一键将图片转换为5～10s的动态视频。此功能有助于营销宣传和效果展示（图3-7-29）。

图3-7-29

3.8 综合创新应用

前面逐一介绍了多个主流的AI软件及其功能特点，从图像生成到风格控制，从提示词编写到模型微调，覆盖了当前创意工作中常见的多个环节。然而，在实际操作中，人们往往不会只依赖某一个软件完成所有任务。不同的工具各有所长，合理组合才能最大化提升效率和提高作品质量。本节将通过两个实际案例，介绍文本生成AI、图像生成AI与服装专用AI软件的联动，以及通用AI软件与服装垂直行业工具的协同，旨在为读者提供一些思路。

3.8.1 AI生图软件与服装专用软件结合

在AI创作实践中，文本生成AI与图像生成AI的结合是目前非常有代表性的综合应用方式。例如，使用文本类的AI工具，如ChatGPT，来分析当下社交媒体、时尚网站上的流行趋势，并将其转化为图像生成所需的具体提示词和参数建议，然后交由图像生成类AI，如Stable Diffusion，进行具体的图像创作。这种方式不仅可以辅助构思，还能在创意上实现数据驱动，节省大量前期调研和灵感发散的时间。

以下是一个具体示例流程。

（1）使用ChatGPT分析流行趋势

首先，通过ChatGPT提出一个问题，例如"请你分析2025年春夏女性时装的流行趋势"，AI会根据训练数据给出趋势概括，如流行色、剪裁风格、关键元素等（图3-8-1）。

（2）使用ChatGPT编写文生图关键词

接着基于这些趋势，利用ChatGPT为用户在Stable Diffusion中生成一张秀场图片提供提示词与参数，基于Stable Diffusion XL1.0模型，提供完整的图像提示词和相关参数，如正向提示词与负向提示词、图像尺寸、迭代步数、引导词系数等（图3-8-2）。

图3-8-1

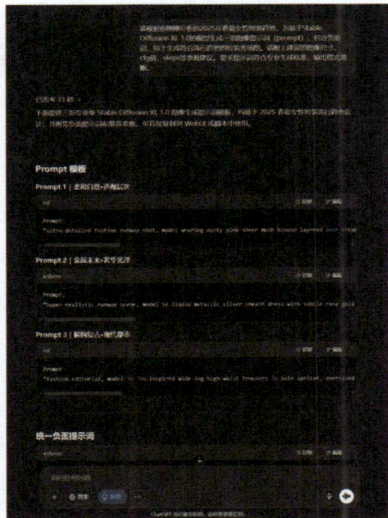

图3-8-2

（3）Stable Diffusion文生图

将这些提示词复制到图像生成工具中（如Stable Diffusion），生成图像进行验证与调整（图3-8-3）。

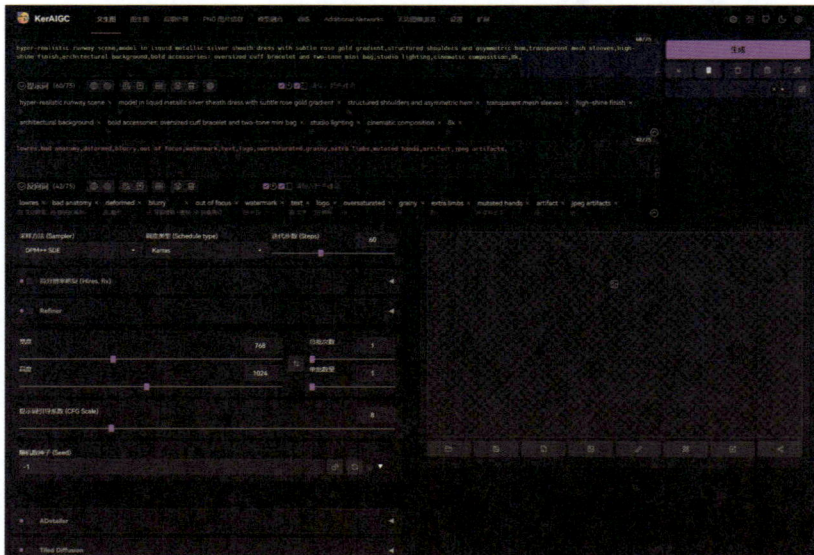

图3-8-3

（4）反复优化提示词

根据结果进一步优化提示词，反复迭代，直至达到理想的视觉效果。这种"文本→提示→图像"的方式不仅适合用于服装设计、品牌推广图、平面素材创作等领域，也为跨领域的创意探索提供了高效的工具。

完成基础图像生成后，建议在专业的服装设计软件中进行进一步的精细化调整，以提升设计品质和增强细节表现。调整完成后，将图片保存至本地指定文件夹，以便后续操作（图3-8-4）。

（5）使用POP·AI智绘智能去除背景

打开POP·AI智绘软件，进入"AI工具箱"模块。选择"AI褪底"功能，上传生成的图片。在右侧选择"透明背景"，软件将自动去除图片背景，生成仅包含前景主体的透明背景图片。这一步骤可以方便后续进行具体的服装款式处理，例如拆款、编辑等（图3-8-5）。

图3-8-4

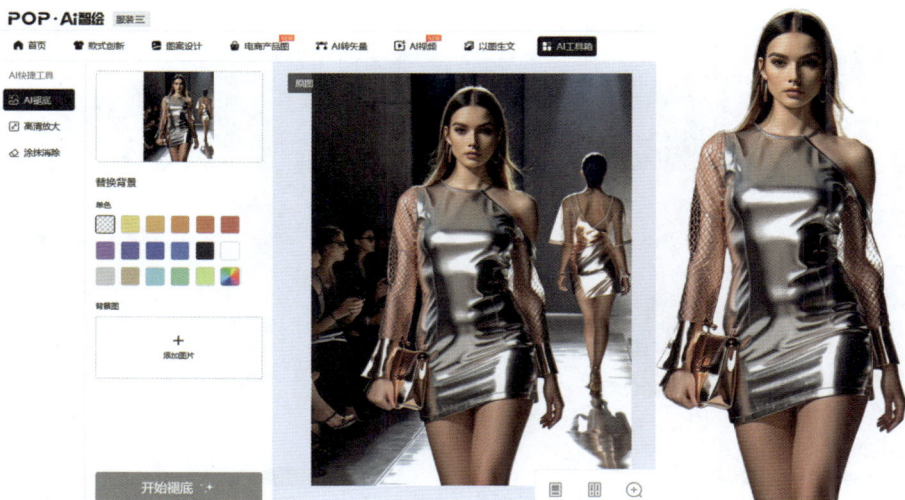

图3-8-5

（6）使用POP·AI智绘智能拆款

在POP·AI智绘中，选择"款式创新"模块，单击"AI拆款"功能。在上传图片区域上传步骤（5）中去除背景的图片。使用画笔工具仔细涂抹需要删除的区域。完成后，单击"智慧生成"按钮，软件将自动处理，将立体效果图一键生成易于编辑的平面款式图（图3-8-6）。

（7）使用潮际主设软件修改局部与随机替换

打开潮际主设软件，选择"局部"模块，对现有款式进行局部修改。单击"随机指令"功能，上传步骤6中已生成的款式图片。在下方的替换区域选择需要替换的部位，例如领口。在"选择模式"中选择"品类—连衣裙""元素—金属链"，单击"立即生成"按钮，软件将自动生成多种替换效果供选择。在其中选择最满意的一款作为最终结果（图3-8-7）。

（8）使用潮际主设系列款式配色

图3-8-6

在潮际主设软件的生成界面中，单击图片即可切换至其他功能页面。选择满意的图片后，点击图片左下角的工具栏，进入"颜色"模块。单击"系列配色"功能，选择相应的款式标签，例如"连衣裙"。单击"立即生成"按钮，软件将自动生成多种风格的配色方案，为设计提供丰富的色彩灵感（图3-8-8）。

图3-8-7

图3-8-8

（9）使用潮际主设提升图片质量

选择满意的配色款式后，在潮际主设软件的工具栏中，单击"工具"模块，使用"AI放大镜"功能对图片进行高清处理，提升图片的像素质量和细节表现力（图3-8-9）。

（10）使用潮际好麦模特试衣

在界面右上方单击图标切换至潮际好麦软件。选择"模特试衣"功能，在款式图区域上传步骤（9）中已调整好的款式图片。在模特选择区域，挑选符合服装风格的模特。用户既可以利用智能推荐功能，选择几款不同风格的服装进行试穿，也可以直接在智能组图中选择单个模特的不同角度进行展示。单击"立即生成"按钮，即可获得逼真的模特试穿效果，直观地感受服装的上身效果（图3-8-10和图3-8-11）。

图3-8-9

图3-8-10

图3-8-11

（11）使用POP·AI智绘的相似款衍生和深度思考的咒语生成器

用户如果希望基于此款拓展系列作品，可以采取以下两种途径。在POP·AI智绘中，使用"款式创新"模块中的"相似款衍生"功能，上传已生成的款式图片，并选择需要衍生的区域，即可快速获得一系列风格统一的新款设计。

在深度思考的"咒语生成器"中上传款式图片，自动生成4段精准的款式文字描述，可直接用作提示词进行图像生成，为系列作品提供丰富的灵感（图3-8-12）。

图3-8-12

3.8.2 通用AI软件与服装AI软件结合

在AI辅助设计实践中，结合使用通用型AI图像生成工具与垂直行业软件，可以显著提升创意效率与加快落地速度。本节以Midjourney与潮际好麦的组合为例，演示如何将概念设计与虚拟试衣无缝衔接。

Midjourney以其风格化生成能力而受到设计行业青睐，特别适合用于时装灵感图、概念稿的快速生成。例如，输入提示词，生成具有亚历山大·麦昆（AlexanderMcQueen）风格的时装设计图。Midjourney支持关键词组合、风格图参考、细节控制等方式，为服装创意提供快速而多样的视觉素材。

生成设计图后，用户可以提取图中的服装样式，并上传至潮际好麦平台，利用其"模特试衣"功能查看服装在真实模特身上的穿着效果。潮际好麦支持智能识别图案、自动生成服装轮廓，并匹配不同身材模型，是当前较为成熟的虚拟服装试穿平台之一，以下是具体示例流程。

（1）使用Midjourney生成设计图

在Midjourney中输入提示词，可以用前面提到的文本和AI结合的方法。Midjourney生成设计图后，系统会返回多张富有麦昆风格的高概念服装图像（图3-8-13）。

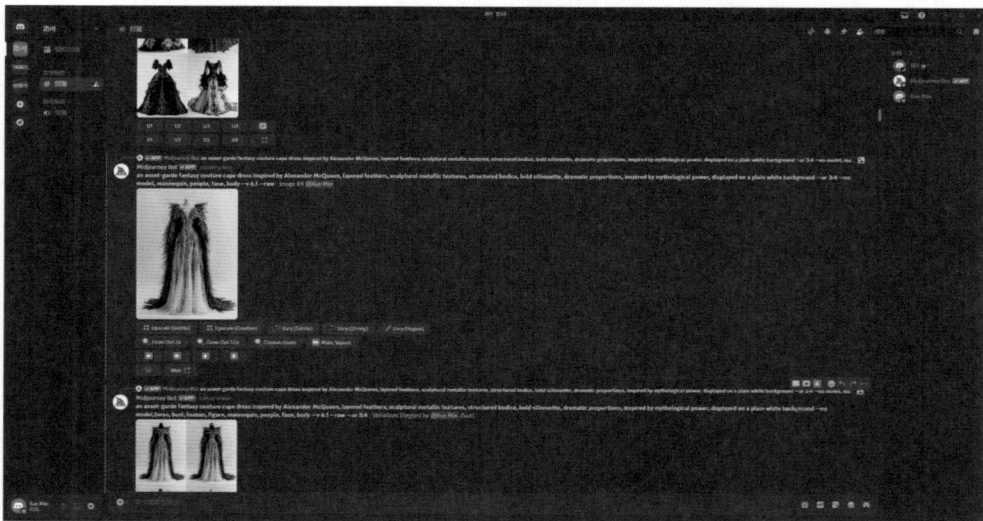

图3-8-13

（2）选择并保存设计图

不断进行生成和迭代，从生成结果中选择满意的设计，保存设计图。

（3）潮际好麦模拟试衣

在潮际好麦平台上传参考图，或手动设置款式元素，系统将生成穿搭效果图。用户可选择不同身材和体态的模特，模拟真实穿着场景（图3-8-14）。

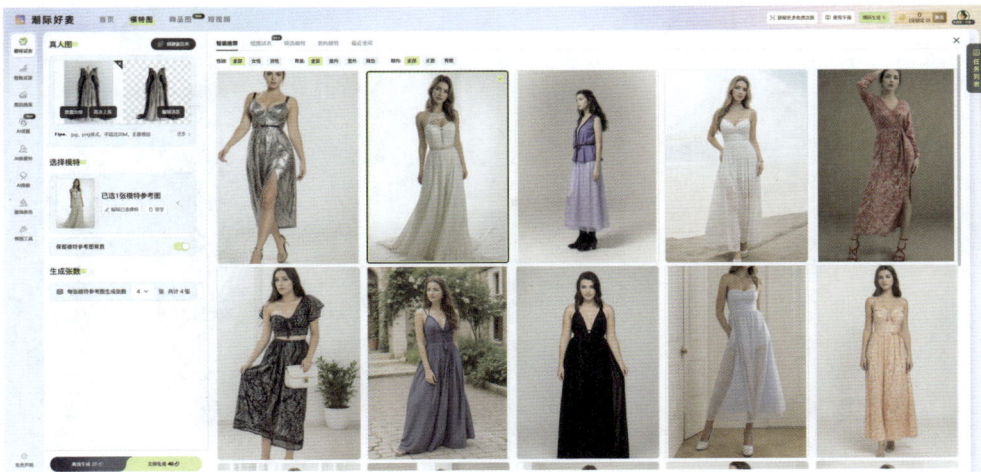

图3-8-14

（4）效果评估与迭代调整

根据试衣效果评估服装设计的视觉表现与实穿性。如果需要优化，可返回Midjourney生成新的变体图像，或者在潮际好麦中调整细节后再次尝试（图3-8-15）。

（5）使用潮际好麦的模拍换景

在潮际好麦左侧的工具栏中，选择"模拍换景"功能，上传调整好的模特图，在下方选择和服装风格相近的背景，单击"立即生成"按钮即可获得全新的背景（图3-8-16）。

通过这种方式，创作者可以快速完成"概念设计图→虚拟试穿"的闭环流程，适用于作品集开发、向客户展示、电商预览等多种场景。通用AI与垂直软件的结合，不仅提升了创作效率，也拓展了服装设计从灵感到验证的全链条可能性。

本节所展示的几种应用方式，只是当前AI工具组合使用的一部分。随着技术的发展和个人需求的不同，每位创作者都可以根据自己的工作流程，灵活组合出独特的"AI搭配公式"。建议大家多尝试、多测试，找到最符合自己习惯的工具组合，真正将AI融入创作流程中，发挥其最大的潜力（图3-8-17）。

图3-8-15

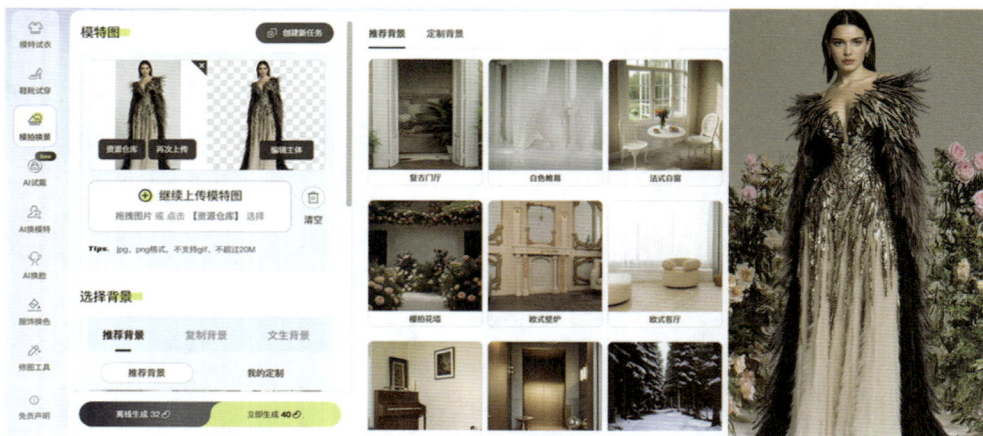

图3-8-16

图3-8-17

第 3 篇

设计实战

第4章

实战AI服装设计

◎ 核心关键词架构

结构化描述公式：主体描述+基础定位+款式细节+材质说明+版型特征+视觉呈现（+风格参数）。

➤ 主体描述。
目标人群：性别+年龄段+体型特征+动作。

➤ 基础定位。
•穿着场景：季节+空间+场景（商务会议、高端社交、日常通勤等）。
•设计风格：轻奢、商务、街头等。

➤ 款式细节。
•品类细分：基础款、设计款、加长款等。
•色彩范围：纯色、拼色、渐变、纹样、透明度等。
•核心部件：领型、袖型、门襟、下摆等。
•功能属性：防晒、透气、弹性等。

➤ 材质说明。
•服装面料：成分+织法+后整理。
•装饰配件：部位+颜色+材质+名称。

➤ 版型特征。
•基础版型：宽松、收腰、紧身等；A版、H版、T版等，部位加宽或缩小。
•工艺细节：部位+技法。

➤ 视觉呈现。
•背景画面：纯色、渐变、影棚、场景等。
•光影方案：自然光、影棚布光、舞台灯光等。
•质感强化：强调面料肌理、高级成衣质感等。

专业关键词示例：[真人模特][年轻女性]+[日常通勤][轻奢风格]+[正装白衬衫]+[微弹免烫棉质面料][金属母贝袖扣]+[精准收腰版型][法式双叠袖设计][立体贝壳领剪裁][前胸隐形风琴

褶]+[自然褶皱光影][商业摄影棚布光][高级成衣质感]

4.1 T恤

4.1.1 类别概述

T恤作为日常穿搭的经典单品，以其舒适和百搭的特点深受欢迎。其款式多样，涵盖圆领、V领、短袖、长袖等基础设计，适合不同的季节和场合。在风格上，T恤从简约纯色到个性印花，从运动休闲到街头潮流，满足了消费者对时尚与功能的双重需求。无论是单穿还是内搭，T恤都能轻松打造出随性自然的造型。

4.1.2 关键词

（1）款式类型
- 宽松廓形（Loose Silhouette）
- 修身剪裁（Slim Fit）
- 短款露脐（Cropped Style）
- 直筒常规（Regular Fit）
- 不对称设计（Asymmetrical Design）
- 超长版型（Longline Style）

（2）领型、袖型
- 圆领（Round Neck）
- V领（V-neck）
- 高领（High Neck）
- 翻领（Collared）
- 无袖（Sleeveless）
- 短袖（Short Sleeve）
- 长袖（Long Sleeve）

（3）设计风格
- 街头潮流（Streetwear）
- 极简主义（Minimalism）
- 复古风格（Vintage Style）
- 新国潮（New Chinese Style）
- 机能风（Techwear）
- 千禧风（Y2K Style）

（4）工艺细节
- 刺绣（Embroidery）
- 烫金（Foil Printing）
- 做旧处理（Distressed Finish）
- 拼接设计（Patchwork Design）
- 植绒印花（Flock Printing）
- 水洗效果（Washed Effect）

（5）图案印花
- 图案T恤（Graphic Tee）
- 抽象涂鸦（Abstract Graffiti）
- 几何图案（Geometric Patterns）
- 复古印花（Retro Prints）
- 卡通角色（Cartoon Characters）
- 文字标语（Slogan Text）
- 自然元素（Nature Elements）

（6）色彩描述
- 纯色（Solid Color）
- 渐变色（Gradient）
- 暖色调（Warm Tone）
- 冷色调（Cool Tone）
- 中性灰（Neutral Gray）
- 大地色系（Earth Tones）

4.1.3 实战设计

如图4-1-1至图4-1-4所示为实战案例。

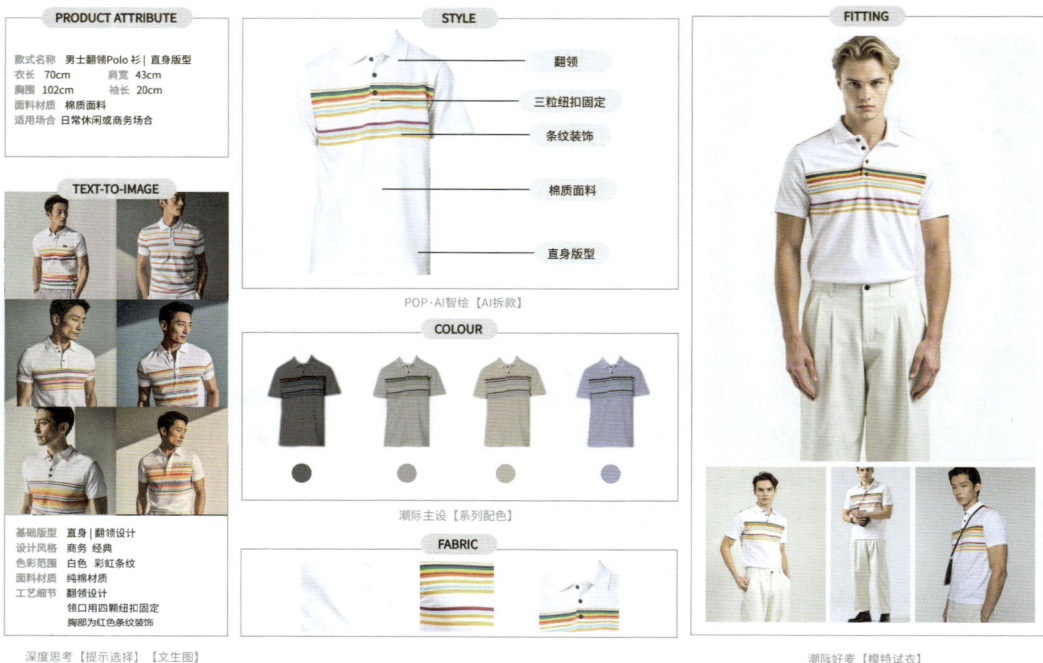

图4-1-1

图4-1-2

图4-1-3

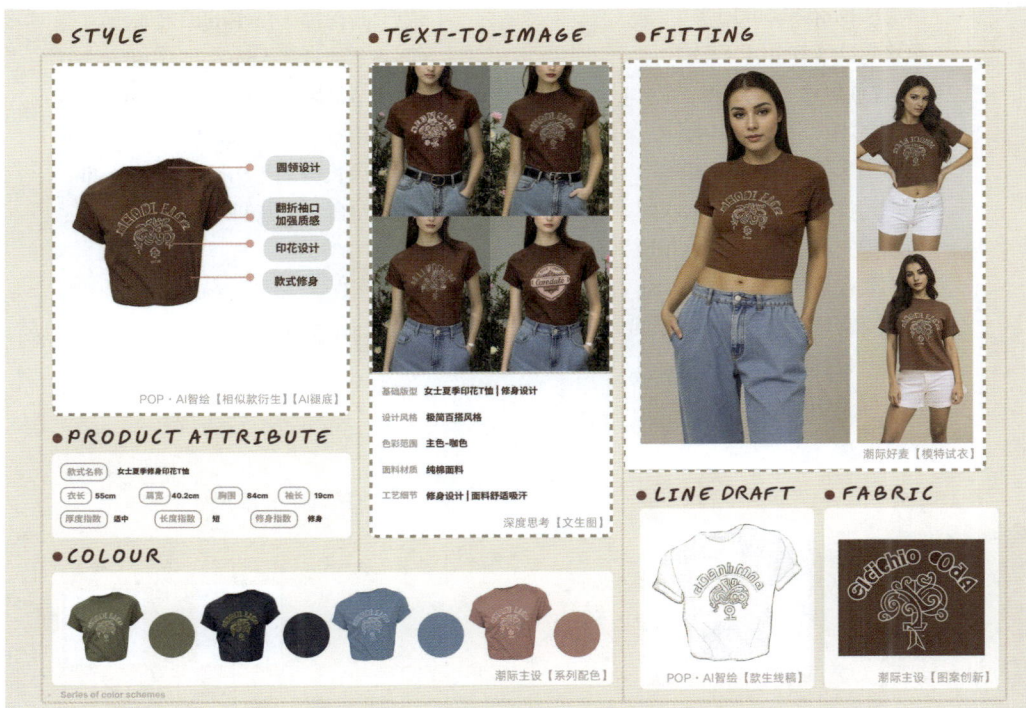

图4-1-4

4.2 衬衫

4.2.1 类别概述

衬衫是兼具正式与休闲的全能型单品，适合多种场合，基础款式包括标准领、休闲领、短袖和长袖等。在设计上，注重剪裁与舒适度。在风格上，衬衫涵盖了商务正装、休闲时尚、复古格纹等多种选择，既能展现干练气质，又能体现个性品位。无论是职场通勤还是日常出行，衬衫都能为穿搭增添一丝精致与优雅。

4.2.2 关键词

（1）款式类型

- 无领（No-collar）
- 中式立领（Mandarin Collar）
- 灯笼袖（Lantern Sleeve）
- 喇叭袖（Bell Sleeve）
- 露肩设计（Off-shoulder Design）
- 落肩（Drop Shoulder）
- 束腰款式（Belted Waist Style）

（2）设计风格

- 商务休闲（Smart Casual）
- 解构主义（Deconstructivist）
- 都市知性（Urban Intellectual）
- 精致少女风（Exquisite Girly Style）
- 新中式禅意风（Neo-Chinese Zen Style）
- 巴洛克宫廷风（Baroque Court Style）

（3）面料材质

- 有机棉（Organic Cotton）
- 亚麻混纺（Linen Blend）
- 真丝缎面（Silk Satin）
- 天丝（Tencel）
- 莫代尔（Modal）
- 防水尼龙（Water-proof Nylon）
- 条纹衬衫（Striped Shirt）
- 格纹衬衫（Plaid Shirt）

（4）装饰部件

- 金属纽扣（Metal Buttons）
- 珍珠纽扣（Pearl Buttons）
- 金属拉链（Metal Zipper）
- 蕾丝拼接（Lace Inserts）
- 中式盘扣（Chinese Frog Buttons）
- 立体口袋（Three-dimensional Pockets）
- 飘带设计（Driftdesign）
- 流苏装饰（Fringe Detailing）

（5）工艺细节

- 撞色缝线（Contrast Stitching）
- 反光效果（Reflective effect）
- 隐藏式纽扣（Hidden Buttons）
- 隐形暗门襟（Invisible Placket）
- 可调节袖口（Adjustable Cuffs）
- 可调节抽绳（Adjustable Drawstring）
- 背部镂空设计（BackCut-out Design）
- 前短后长剪裁（High-Low Hemline）
- 肩部垫肩（Shoulder Pads）

4.2.3 实战设计

如图4-2-1至图4-2-4所示为实战案例。

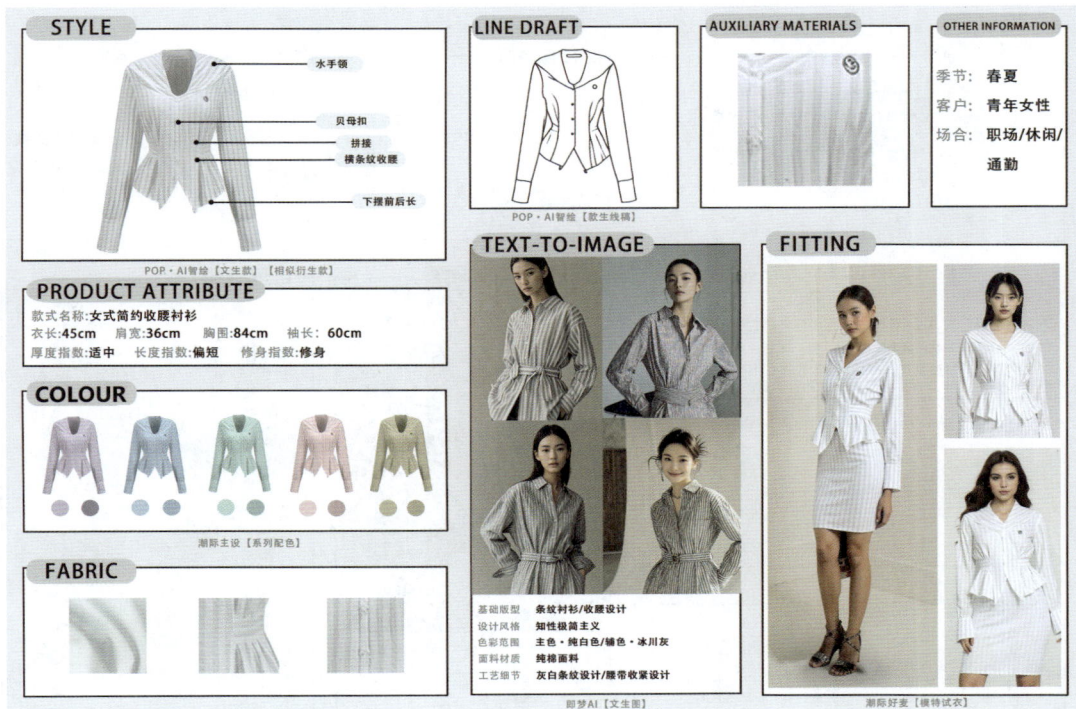

图4-2-1

图4-2-2

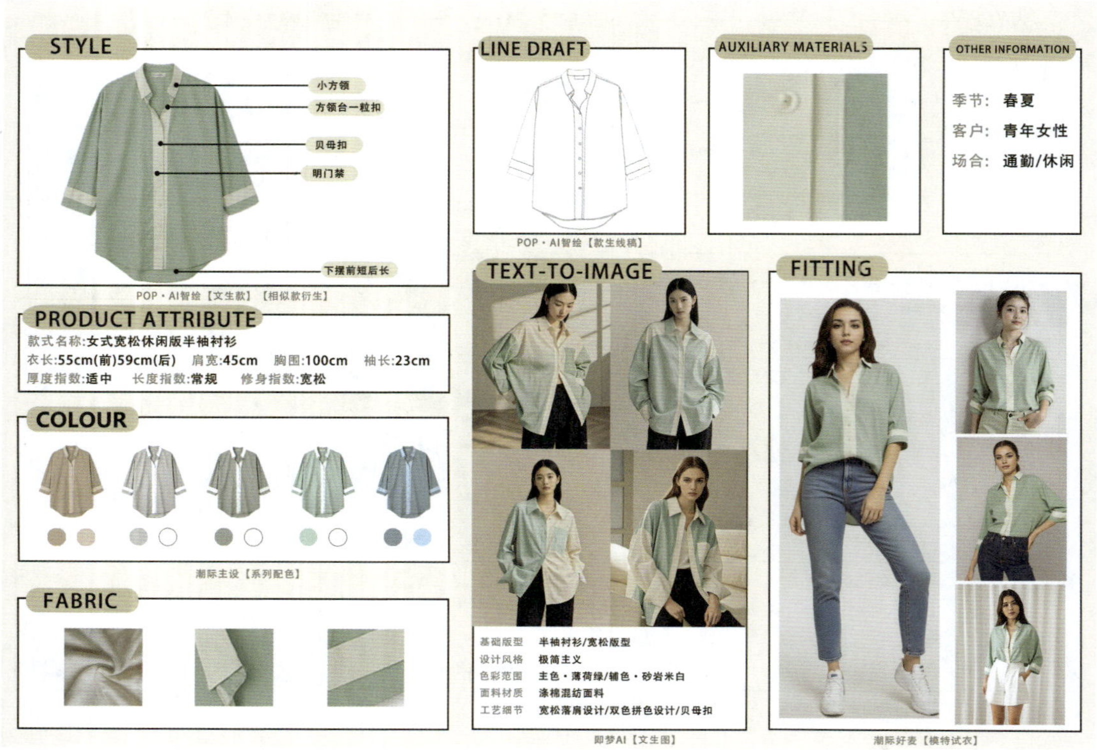

STYLE

- 小方领
- 方领台一粒扣
- 贝母扣
- 明门襟
- 下摆前短后长

POP・AI智绘【文生款】【相似款衍生】

PRODUCT ATTRIBUTE

款式名称:**女式宽松休闲版半袖衬衫**
衣长:**55cm(前)59cm(后)** 肩宽:**45cm** 胸围:**100cm** 袖长:**23cm**
厚度指数:**适中** 长度指数:**常规** 修身指数:**宽松**

COLOUR

潮际主设【系列配色】

FABRIC

LINE DRAFT

POP・AI智绘【款生线稿】

AUXILIARY MATERIALS

OTHER INFORMATION

季节: **春夏**

客户: **青年女性**

场合: **通勤/休闲**

TEXT-TO-IMAGE

基础版型　半袖衬衫/宽松版型
设计风格　极简主义
色彩宽围　主色・薄荷绿/铺色・砂岩米白
面料材质　涤棉混纺面料
工艺细节　宽松落肩设计/双色拼色设计/贝母扣

即梦AI【文生图】

FITTING

潮际好麦【模特试衣】

图4-2-3

PRODUCT ATTRIBUTE

款式名称:**长袖衬衫|宽松版型|oversize款**
衣长 **75cm(前)95cm(后)**
肩宽 **45cm** 胸围 **120cm** 袖长 **60cm**
面料材质　纯棉面料/水洗棉(做旧质感)

TEXT-TO-IMAGE

基础版型　长袖衬衫|宽松版型|oversize款
设计风格　高街潮流|涂鸦手绘风格
色彩宽围　灰蓝色
面料材质　纯棉面料/水洗棉(做旧质感)
工艺细节　彩色涂鸦印花工艺
　　　　　箱形落胸剪裁|侧面开叉
　　　　　下摆不规则剪裁|衣身飘带装饰

Midjourney/即梦AI【文生图】

STYLE

- 方领
- 方口贴袋 三角盖
- 挂边门襟
- 飘带
- 磨破边 不规则下摆

潮际主设【款式创新】【部件替换】

COLOUR

潮际主设【系列配色】

FABRIC

潮际主设【图案创新】

FITTING

潮际好麦【模特试衣】

图4-2-4

4.3 牛仔裤

4.3.1 类别概述

牛仔裤作为经久不衰的时尚单品，以其耐磨性和百搭性成为衣橱必备品。其基础款式包括直筒、紧身、宽松、高腰等，满足不同身材和穿着需求。在风格上，牛仔裤从经典水洗到破洞设计，从简约纯色到刺绣拼接，展现了多样化的时尚元素。无论是搭配T恤还是衬衫，牛仔裤都能轻松塑造出休闲、潮流或复古的造型风格。

4.3.2 关键词

（1）款式类型
- 直筒裤（Straight Leg Pants）
- 阔腿裤（Wide Leg Pants）
- 紧身裤（Skinny Pants）
- 喇叭裤（Flares）
- 翘臀裤（Bootcut Pants）
- 拖地裤（Floor-length Pants）
- 九分裤（Cropped Pants）
- 短裤（Shorts）
- 高腰（High-waist Pants）
- 低腰（Low-waist Pants）

（2）牛仔颜色
- 经典靛蓝（Classic Indigo）
- 深靛蓝（Deep Indigo）
- 水洗蓝（Washed Blue）
- 浅蓝（Light Blue）
- 原色（Raw Denim）

（3）工艺细节
- 磨破（Distressed）
- 做旧（Vintage Wash）
- 分割（Panel Cutting）
- 贴袋（Patch Pocket）
- 铅笔痕（Pencil Lines）
- 撞色缝线（Contrast Stitching）
- 喷漆效果（Spray Paint）
- 卷边设计（Rolled-edge Design）
- 毛边裤脚（Raw Hem）

（4）装饰元素
- 铆钉（Studs）
- 拉链（Zipper）
- 绣花（Embroidery）
- 印花（Print）
- 贴标（Label）
- 腰带环（Belt Loop）
- 链条（Chain）
- 拼布（Patchwork）

4.3.3 实战设计

如图4-3-1至图4-3-4所示为实战案例。

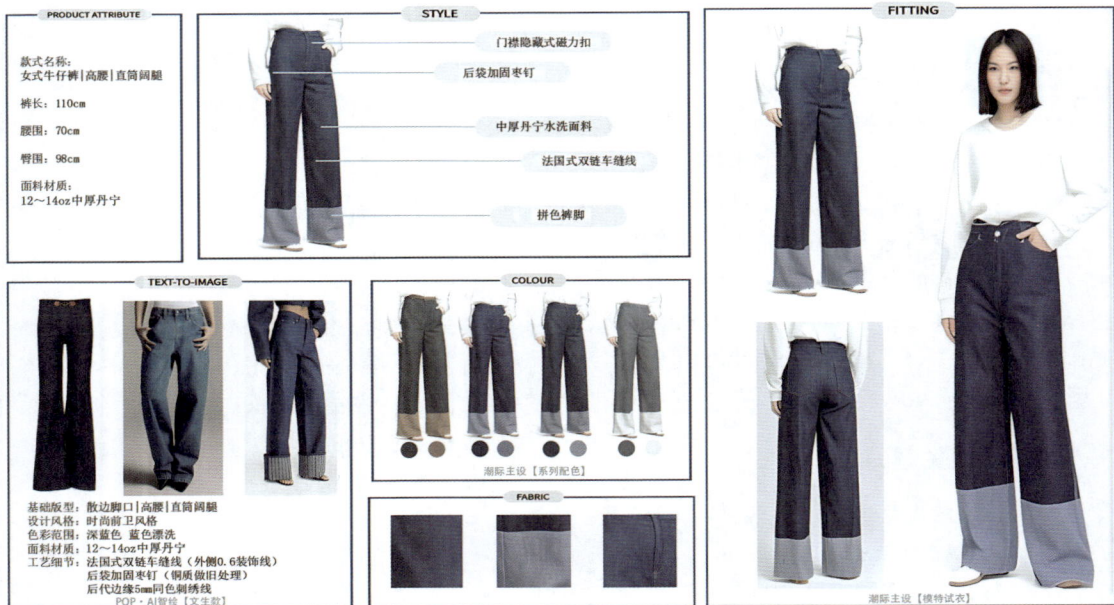

图4-3-1

图4-3-2

PRODUCT ATTRIBUTE

款式名称：
女士高腰印花牛仔裤

裤长：105cm
腰围：70cm
臀围：103cm
版型指数：宽松
弹力指数：无弹
厚度指数：适中
柔软指数：适中

STYLE

圆点印花
铅笔痕装饰
侧缝毛边设计
渐变效果
宽裤口设计

POP·AI智绘【相似款衍生】

TEXT-TO-IMAGE

基础版型：阔腿牛仔裤/高腰
设计风格：美式 复古 休闲
色彩范围：主色——轻度水洗烟灰蓝
面料材质：全棉牛仔
工艺细节：印花/洗水处理/渐变效果/宽裤口
潮际主设【款式创新】

COLOUR

潮际主设【系列配色】

FABRIC

FITTING

潮际主设【模特试衣】

图4-3-3

PRODUCT ATTRIBUTE

款式名称：
女士破洞复古牛仔裤

裤长：102cm
腰围：70cm
臀围：100cm
版型指数：微宽
弹力指数：无弹
厚度指数：适中
柔软指数：微硬

STYLE

插袋
毛边破洞
毛边装饰
明线拼接设计
异色拼布设计

POP·AI智绘【相似款衍生】【AI拆款】

TEXT-TO-IMAGE

基础版型：直筒牛仔裤/高腰
设计风格：复古 休闲 时尚
色彩范围：主色——复古蓝
面料材质：全棉牛仔
工艺细节：拼接/破洞毛边/铅笔痕
潮际主设【款式创新】

COLOUR

潮际主设【系列配色】

FABRIC

FITTING

潮际主设【模特试衣】

图4-3-4

4.4 连衣裙

4.4.1 类别概述

连衣裙作为女性服装的经典品类，集优雅、舒适与时尚于一体。其设计多样，从简约的A字裙到复杂的蕾丝拼接裙，满足了不同风格的需求。其面料选择广泛，从轻盈的棉麻到奢华的丝绸，适应各种场合。连衣裙不仅展现了女性的曲线美，还通过色彩、图案和细节设计表达了个性与情感。无论是日常出行还是商务活动，连衣裙都能提供合适的穿着选择，成为女性衣橱中不可或缺的时尚单品。

4.4.2 关键词

（1）款式类型

- A字裙（A-Line Dress）
- 鱼尾裙（Mermaid Skirt）
- 直筒裙（Shift Dress）
- 裹身裙（Wrap Dress）
- 吊带裙（Slip Dress）
- 衬衫裙（Shirt Dress）
- 伞裙（Flared Dress）
- 高腰蓬蓬裙（High-Waisted Ball Gown）
- 连帽卫衣裙（Hoodie Dress）
- 紧身针织裙（Body-con Knitted Dress）

（2）设计风格

- 哥特风（Gothic）
- 复古波点（Retro Polka Dot）
- 洛丽塔风（Lolita）
- 解构主义（Deconstructivism）

- 学院风格（Preppy Style）
- 田园碎花（Cottagecore Floral）
- 新中式禅意（Neo-Chinese Zen Style）
- 民族刺绣（Ethnic Embroidery）
- 机能工装（Functional Workwear）
- 奢华风（Glamourous Style）

（3）面料材质

- 真丝缎面（Silk Satin）
- 欧根纱（Organza）
- 仿皮革（Faux Leather）
- 雪纺（Chiffon）
- 亚麻混纺（Linen Blend）
- 灯芯绒（Corduroy）
- 丹宁布（Denim）

（4）工艺细节

- 手工褶皱（Hand-pleated）
- 立体压褶（3D Pleating）
- 毛边处理（Raw Hem Finishing）
- 拼接缝线（Contrast Stitching）
- 镂空剪裁（Cut-out Detailing）

（5）结构设计

- 露背设计（Open-back Design）
- 露肩设计（Cold Shoulder Design）
- 层叠裙摆（Tiered Skirt）
- 荷叶边下摆（Ruffled Hem）
- 可拆卸腰带（Detachable Waist Tie）
- 隐藏式拉链（Concealed Zipper）
- 内置裙撑（Built-in Petticoat）

4.4.3 实战设计

如图4-4-1至图4-4-4所示为实战案例。

图4-4-1

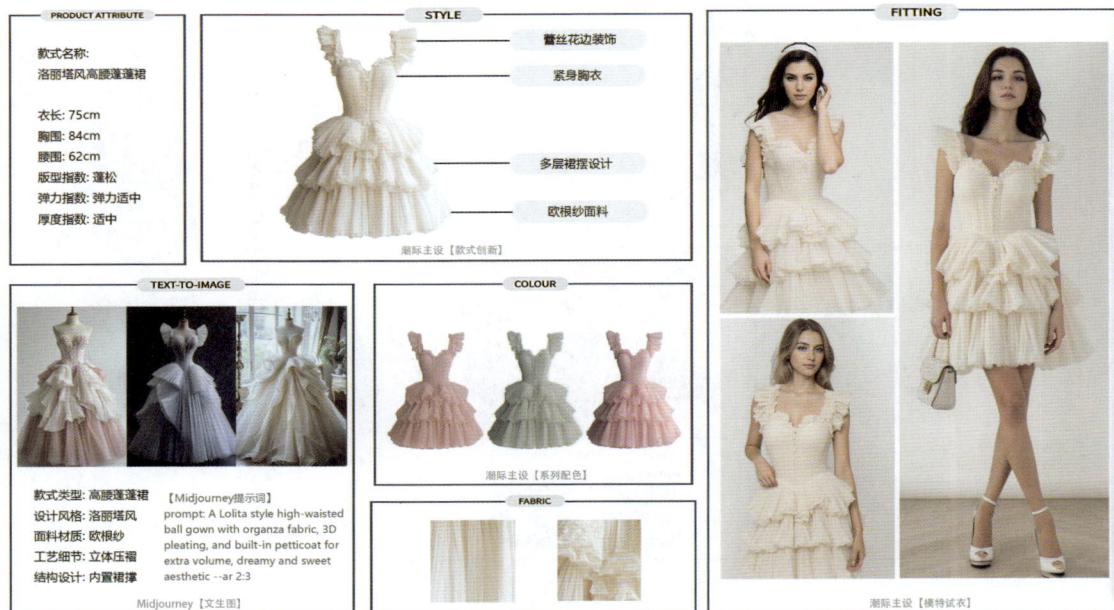

图4-4-2

图4-4-3

图4-4-4

4.5 毛衫

4.5.1 类别概述

毛衫作为秋冬季节的必备单品，以其保暖性、舒适性和时尚感赢得了众多消费者的喜爱。从简约的圆领到高领，从经典的纯色到丰富的图案设计，毛衫款式多样，满足不同的年龄层和风格需求。毛衫材质从柔软的羊毛到亲肤的棉线，适应各种肤感和气候条件。毛衫不仅能够勾勒出穿着者的身材轮廓，还能通过色彩和纹理展现个人品位，温暖与时尚恰到好处，是衣橱中不可或缺的实用单品。

4.5.2 关键词

（1）款式类型
- 高领毛衣（Turtleneck Sweater）
- 圆领毛衣（Round Neck Sweater）
- V领毛衣（V-neck Sweater）
- 开衫毛衣（Cardigan）
- 套头毛衣（Pullover Sweater）
- 背心毛衣（Sweater Vest）
- 半高领毛衣（Mock Neck Sweater）

（2）针法纹理
- 针织（Knitted）
- 钩编（Crocheted）
- 提花（Jacquard）
- 绞花（Cable Knit）
- 螺纹（Ribbed）
- 镂空（Lace）
- 珠地（Purl Stitch）
- 平针（Stockinet Stitch）
- 麻花针（Cable Stitch）
- 粗针织（Bulky Knit）
- 细针织（Fine Knit）
- 无缝针织（Seamless Knit）
- 嵌花编织（Intarsia）
- 费尔岛提花（Fair Isle）

（3）面料材质
- 美利奴羊毛（Merino Wool）
- 羊绒（Cashmere）
- 马海毛（Mohair）
- 羊驼毛（Alpaca Wool）
- 精梳棉（Combed Cotton）
- 莫代尔纤维（Modal Fiber）
- 棉混纺（Cotton Blend）
- 聚酯纤维混纺（Polyester Blend）
- 弹力氨纶混纺（Stretch Spandex Blend）

（4）功能属性
- 保暖（Warmth-retaining）
- 透气（Breathable）
- 抗菌（Antibacterial）
- 抗静电（Anti-static）
- 快干（Quick-drying）

4.5.3 实战设计

如图4-5-1至图4-5-5所示为实战案例。

基础信息

款式名称 亨利领修身羊绒衫丨 多纽扣
衣长 53cm　　　肩宽 37cm
胸围 94cm　　　袖长 57cm
面料材质 100%山羊绒

关键词

时尚 休闲 修身 简约 都市

文生参考图

基础版型 修身｜长袖｜羊毛衫
设计风格 极简时尚
色彩范围 象牙白
面料材质 100%山羊绒
工艺细节 蜜蜂刺绣
　　　　 多纽扣
　　　　 条纹针织

POP·AI智绘【文生款】

模特试衣

潮际好麦【模特试衣】

款式说明

亨利领　　　　针织花纹
袖口内收　　多纽扣　　蜜蜂刺绣

POP·AI智绘【相似款衍生】

色彩

潮际主设【系列配色】

面料

图4-5-1

PRODUCT ATTRIBUTE

基础版型 长袖毛衣|宽松版型|oversize款
衣长 66cm　　　肩宽 55cm
胸围 110m　　　袖长 52cm
面料材质 涤纶腈纶混纺

TEXT-TO-IMAGE

基础版型 长袖毛衣|宽松版型|oversize款
设计风格 休闲潮流风
色彩范围 淡紫色|白色
面料材质 涤纶腈纶混纺
工艺细节 落肩设计|下摆收紧
　　　　 袖口拼接|植绒印花图案

深度思考【文生图】

STYLE

3×3罗纹领口
粗线绣图案
接袖处坑条工艺
长毛植绒印花
下摆收紧
拼接2*2罗纹袖口

潮际主设【款式创新】

COLOUR

潮际主设【系列配色】

FABRIC

潮际主设【图案创新】

FITTING

潮际好麦【模特试衣】

图4-5-2

基础信息

款式名称 圆领毛衣开衫|花纹
衣长 62cm 肩宽 48cm
胸围 108cm 袖长 52cm
面料材质 100%羊毛绒

关键词

时尚 圆领 开衫 羊毛绒 毛衣

文生参考图

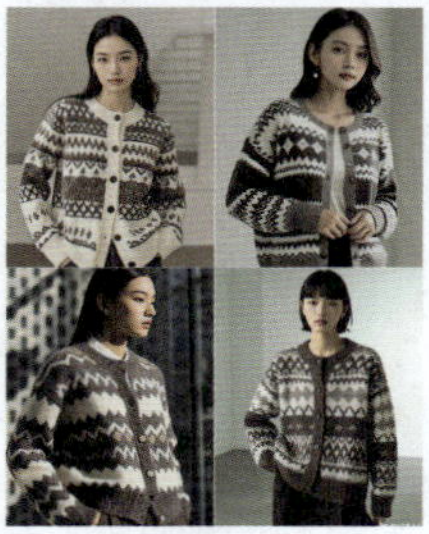

基础版型 圆领|开衫
设计风格 时尚通勤
色彩范围 灰褐色|燕麦白
面料材质 100%羊毛绒
工艺细节 植物染色
弹力收缩下摆
四孔平行缝制扣子

即梦AI【文生图】

模特试衣

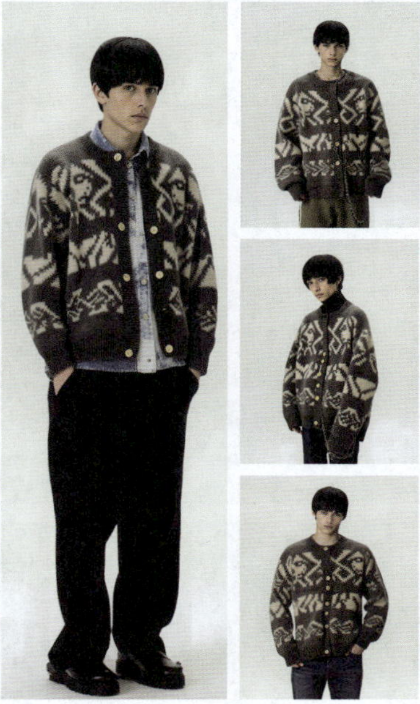

潮际好麦【模特试衣】

款式说明

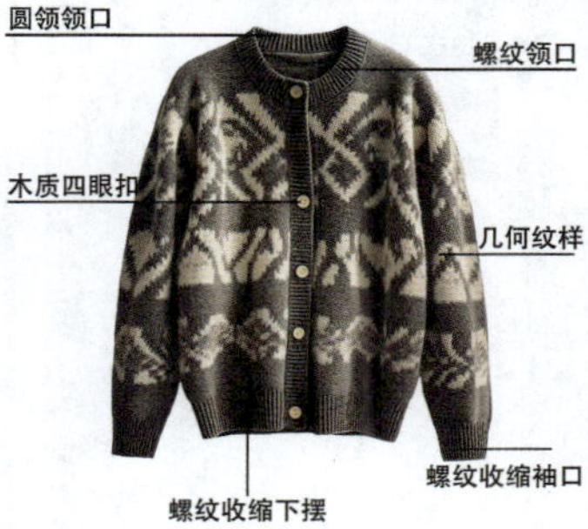
圆领领口
螺纹领口
木质四眼扣
几何纹样
螺纹收缩袖口
螺纹收缩下摆

POP·AI智绘【AI拆款】【相似款衍生】

色彩

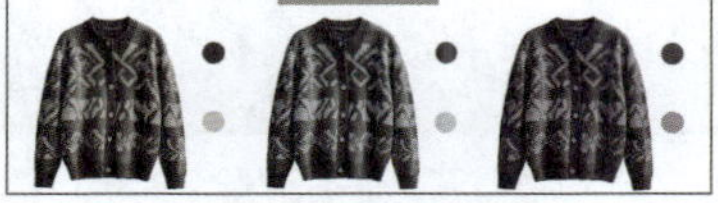

潮际主设【系列配色】

面料

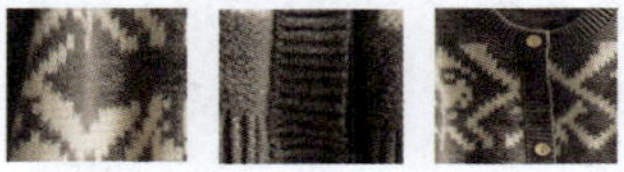

图4-5-3

PRODUCT ATTRIBUTE

基础版型 翻领毛衣|宽松版型|直筒型
衣长 64cm 肩宽 44.5cm
胸围 112m 袖长 62cm
面料材质 聚酯纤维棉腈纶混纺

TEXT-TO-IMAGE

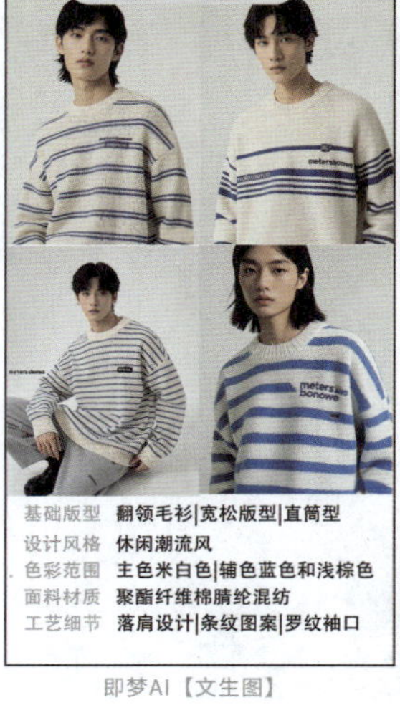

基础版型 翻领毛衫|宽松版型|直筒型
设计风格 休闲潮流风
色彩范围 主色米白色|辅色蓝色和浅棕色
面料材质 聚酯纤维棉腈纶混纺
工艺细节 落肩设计|条纹图案|罗纹袖口

即梦AI【文生图】

STYLE

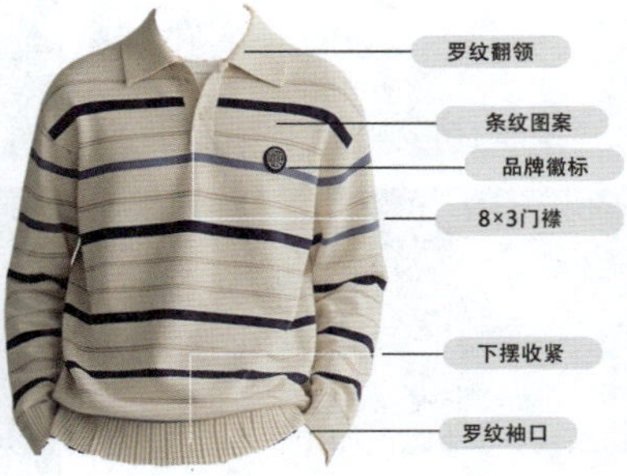
罗纹翻领
条纹图案
品牌徽标
8×3门襟
下摆收紧
罗纹袖口

潮际主设【款式创新】

COLOUR

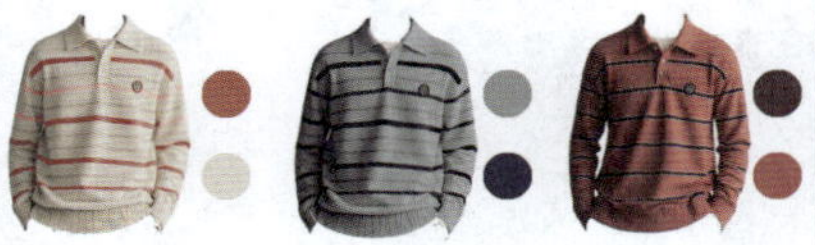

潮际主设【系列配色】

FABRIC

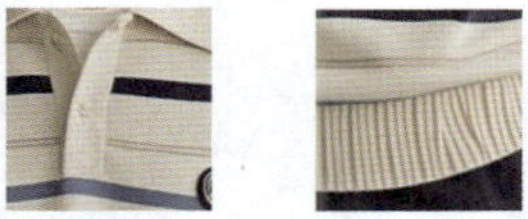

FITTING

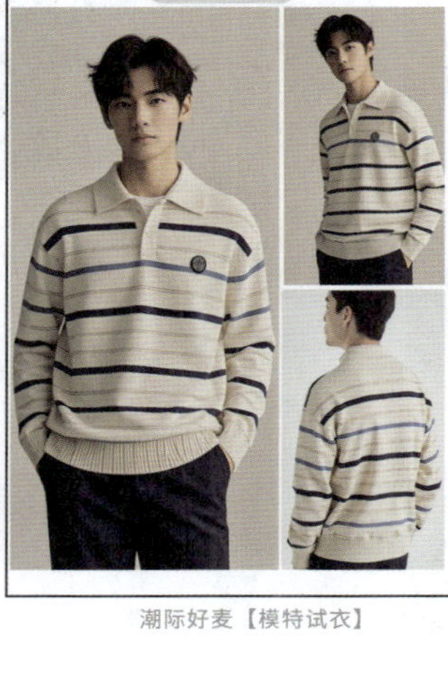

潮际好麦【模特试衣】

图4-5-4

图4-5-5

4.6 夹克

4.6.1 类别概述

夹克是时尚界的中性单品，兼具实用性和时尚感。其款式丰富，从简约的机车夹克到多功能的冲锋衣，满足不同风格与功能需求。材质多样，从耐磨的牛仔布到轻便的尼龙面料，适应各种气候与活动场合。夹克不仅能够塑造出穿着者的个性形象，还能通过色彩、图案和细节设计展现独特魅力。无论是休闲逛街还是户外探险，夹克都能提供舒适的穿着体验，成为衣橱中不可或缺的时尚单品。

4.6.2 关键词

（1）款式类型
- 牛仔夹克（Denim Jacket）
- 飞行夹克（Flight Jacket）
- 皮夹克（Leather Jacket）
- 风衣夹克（Trench Jacket）
- 棒球夹克（Baseball Jacket）
- 机车夹克（Motorcycle Jacket）
- 猎装夹克（Safari Jacket）
- 工装夹克（Workwear Jacket）

（2）设计风格
- 都市休闲（Urban Casual）
- 高街时尚（HighStreet Fashion）
- 工装风（Workwear Style）
- 美式复古（American Vintage）
- 日系简约（Japanese Minimalism）
- 艺术涂鸦（Art Graffiti）
- 摩登摇滚（Modern Rock）
- 机车朋克（Biker Punk）

（3）面料材质
- 皮革（Leather）
- 牛皮（Cowhide）
- 羊皮（Sheepskin）
- 人造皮革（Fauxleather）
- 牛仔布（Denim）
- 尼龙（Nylon）
- 聚酯纤维（Polyester）
- 防水面料（Water-proof Fabric）
- 防风面料（Wind-prooff Fabric）

（4）工艺细节
- 撞色包边（Contrast Binding）
- 异料拼接（Different Material Splicing）
- 复古贴布（Vintage Cloth）
- 穿孔系带（Perforated Belt）
- 围裹高领（Surrounded by High Collar）
- 立体贴袋（Three-dimensional Pouch）
- 绗缝内衬（Quilted Lining）

4.6.3 实战设计

如图4-6-1至图4-6-4所示为实战案例。

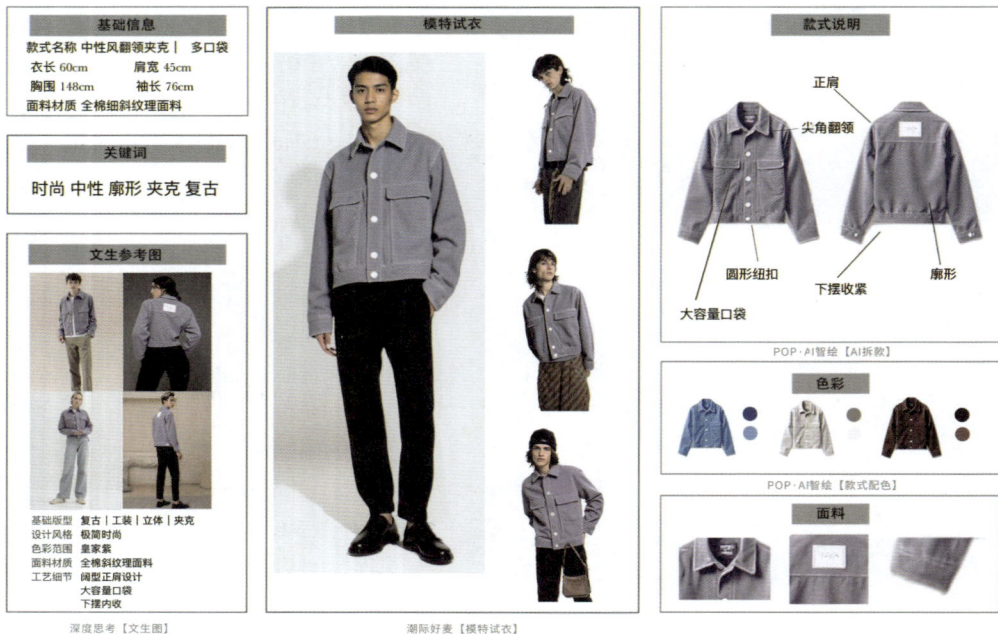

基础信息
款式名称 中性风翻领夹克 | 多口袋
衣长 60cm   肩宽 45cm
胸围 148cm   袖长 76cm
面料材质 全棉细斜纹理面料

关键词
时尚 中性 廓形 夹克 复古

文生参考图

基础版型   复古 | 工装 | 立体 | 夹克
设计风格   极简时尚
色彩范围   皇家紫
面料材质   全棉斜纹理面料
工艺细节   阔型正肩设计
        大容量口袋
        下摆内收

深度思考【文生图】

模特试衣

潮际好麦【模特试衣】

款式说明

正肩
尖角翻领
圆形纽扣
下摆收紧
廓形
大容量口袋

POP·AI智绘【AI拆款】

色彩

POP·AI智绘【款式配色】

面料

图4-6-1

基础信息
款式名称 中性风夹克|多口袋
衣长 45cm   肩宽 42cm
胸围 100cm   袖长 60cm
面料材质 麂皮绒

关键词
时尚 简约 多口袋 麂皮 夹克

文生参考图

基础版型   多口袋夹克
设计风格   极简时尚
色彩范围   棕色
面料材质   麂皮
工艺细节   多口袋设计
        弹力收缩下摆

即梦AI【文生图】

模特试衣

潮际主设【模特试衣】

款式说明

方领领口
可撕拉标签
金属拉链
贴袋
方形单明线口袋
柔软内衬
螺纹收缩袖口
螺纹收缩下摆

POP·AI智绘【AI拆款】【相似款衍生】

色彩

POP·AI智绘【款式配色】

面料

图4-6-2

图4-6-3

图4-6-4

4.7 羽绒服

4.7.1 类别概述

　　羽绒服的款式可分为基础款式和风格款式两大类。基础款式主要依据设计、功能和适用场合的不同分类，包含无袖马甲款、短款、中长款、长款、宽松款和修身款等6种类型，而风格款式的分类则更加注重羽绒服的外观设计和时尚元素，包含简约、运动、时尚、商务、户外、街头、奢华、复古、机能等9种风格，以满足不同消费者的个性化需求。

4.7.2 关键词

（1）款式类型

•短款（Short Down）

•中长款（Mid-Length Down）

•长款（Long Down）

•无袖马甲（Sleeveless Vest）

•修身设计（Slim Fit）

•宽松剪裁（Loose Fit）

（2）设计风格

•时尚风格（Fashion Style）

•日常休闲（Casual Wear）

•户外运动（Outdoor Sports）

•商务风格（Business Attire）

•轻奢风格（Luxury Fashion）

（3）季节匹配

•秋冬季（Fall Winter）

•早秋款（Early Autumn）

•深冬款（Deep Winter）

（4）适用场合

•城市通勤（Urban Commute）

•旅行休闲（Travel Leisure）

•极地探险（Arctic Exploration）

•职场正装（Business Formal）

（5）功能特性

•保暖（Warmth）

•防风（Wind-proof）

•防水处理（Water-proof）

•透气性（Breathability）

•轻量化（Ultra-light）

•可拆卸内胆（Removable Liner）

（6）材质填充

•亮面材质（Shiny Material）

•哑光面料（Matte Fabric）

•羽绒填充（Down Fill）

•绒鸭绒（Eiderdown）

•合成保暖材料（Synthetic Insulation）

4.7.3 实战设计

　　如图4-7-1至图4-7-4所示为实战案例。

图4-7-1

图4-7-2

PRODUCT ATTRIBUTE

款式名称　短款面包服绗缝棋盘格羽绒服
衣长 65cm　　肩宽 42cm
胸围 118cm　　袖长 60cm
面料材质　防水面料

TEXT-TO-IMAGE

基础版型　宽松 | 立领设计
设计风格　时尚 街头 休闲
色彩范围　主色——白色 | 辅色——浅灰色
面料材质　防水面料
工艺细节　棋盘格绗缝工艺
　　　　　拉链式门襟 插手口袋设计
　　　　　袖口弹性收口设计

Midjourney/即梦AI【文生图】

STYLE

立领
面包服版型
棋盘格绗缝
拉链式门襟
斜插袋
袖口弹性收口

POP·AI智绘【相似款衍生】【AI拆款】

COLOUR

潮际主设【系列配色】

FABRIC

FITTING

潮际好麦【模特试衣】

图4-7-3

PRODUCT ATTRIBUTE

款式名称　长款过膝立领羽绒服
衣长 110cm　　肩宽 45cm
胸围 130cm　　袖长 65cm
面料材质　高密度防钻绒聚酯纤维

TEXT-TO-IMAGE

基础版型　宽松 | 立领设计
设计风格　简约大气
色彩范围　主色——炭灰色 | 辅色——黑色
面料材质　高密度防钻绒聚酯纤维
工艺细节　立领设计可扣起防风
　　　　　隐藏式门襟设计 两侧口袋
　　　　　白色印花装饰 渐变/拼色设计

Midjourney/即梦AI【文生图】

STYLE

可扣式立领
白色印花装饰
门襟固定纽扣
翻盖口袋
渐变设计
长款过膝

POP·AI智绘【AI拆款】

COLOUR

潮际主设【系列配色】

FABRIC

FITTING

潮际好麦【模特试衣】

图4-7-4

4.8 针织内衣

4.8.1 类别概述

针织内衣可分为经典款式和创新款式两大类，二者主要在舒适度和穿着场合存在差异，涵盖背心款、短袖款、长袖款、宽松款、修身款和无缝款等6种类型，而创新款式则更加注重设计感和时尚元素，包含简约风、性感风、运动风、优雅风、家居风、街头风、奢华风等7种风格，满足现代女性对个性化和时尚化的追求。

4.8.2 关键词

（1）款式类型
- 背心式内衣（Tank Top Style）
- 运动型内衣（Sport Bra Style）
- T恤式无痕内衣（Seamless T-shirt Bra）
- 交叉绑带设计（Cross-backstrap Design）
- 连体式塑身衣（One-piece Bodysuit）

（2）设计风格
- 极简主义（Minimalist）
- 复古蕾丝（Vintage Lace）
- 性感镂空（Sexy Cut-out）
- 波希米亚风（Bohemian）
- 运动机能风（Techwear）

（3）颜色纹理
- 柔雾裸色（Soft Nude）
- 复古色调（Vintage Tone）
- 扎染渐变（Tie-dye Gradient）
- 哑光质感（Matte Finish）
- 霓虹荧光（Neon Fluorescent）

（4）工艺细节
- 螺纹针织（Rib Knit）
- 绞花编织（Cable Knit）
- 无缝拼接技术（Seamless Bonding）
- 提花图案（Jacquard Pattern）
- 立体凹凸纹理（3D Relief Texture）
- 双针锁边（Double-needle Hem）
- 蕾丝饰边（Lace Trim）

（5）装饰部件
- 珍珠缀饰（Pearl Accents）
- 可调节金属扣（Adjustable Metal Button）
- 立体刺绣花朵（3D Embroidered Flowers）
- 渐变流苏边（Gradient Fringe）
- 水晶链条装饰（Crystal Chain Decoration）
- 蝴蝶结绑带（Bow Tie Strap）
- 镂空金属环（Cut-out Metal Rings）

4.8.3 实战设计

如图4-8-1至图4-8-6所示为实战案例。

图4-8-1

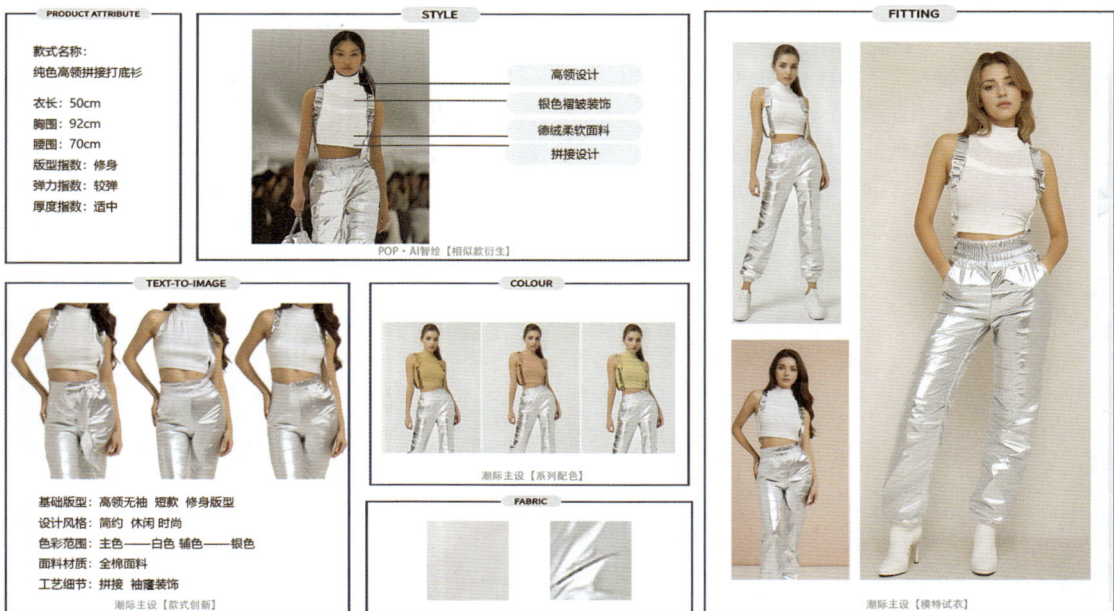

图4-8-2

图4-8-3

图4-8-4

针织内衣 Knitted Lingerie

图4-8-5

针织内衣 Knitted Lingerie

图4-8-6

4.9 针织童装

4.9.1 类别概述

童装是专为孩子们设计的服装，融合了活泼、舒适与可爱等元素。童装款式多样，从简单的T恤到俏皮的连体裤，满足不同年龄段孩子的需求。童装面料的选择注重亲肤与安全，从柔软的棉质到透气的针织，适合孩子们的日常活动。童装不仅展现了孩童的天真烂漫，还通过鲜艳的色彩、卡通图案和趣味设计激发孩子们的想象力。

4.9.2 关键词

（1）年龄阶段
- 婴儿装（Infant Wear）
- 幼儿装（Toddler Wear）
- 儿童装（Children's Wear）
- 学龄前儿童（Preschoolers）
- 学龄儿童（School-age Child）

（2）图案印花
- 动物（Animal Print）
- 几何（Geometric Patterns）
- 波点（Polka Dots）
- 条纹（Stripes）
- 花朵（Floral Print）
- 卡通（Cartoon Prints）
- 星星（Star Print）

- 心形（Heart Pattern）
- 云朵（Cloud Print）
- 迷彩（Camouflage Print）

（3）穿着场合
- 日常穿着（Daily Wear）
- 学校制服（School Uniform）
- 运动活动（Sports Activity Wear）
- 聚会派对（Party Wear）
- 户外探险（Outdoor Adventure）
- 礼服场合（Formal Occasion）
- 海滩装（Beach Wear）
- 睡衣（Sleep Wear）
- 亲子装（Parent-child Clothing）

（4）功能属性
- 舒适（Comfortable）
- 轻盈（Lightweight）
- 透气（Breathable）
- 保暖（Warm）
- 易穿脱（Easy On and Off）
- 耐磨（Durable）
- 安全（Safe）
- 无毒（Non-toxic）
- 环保（Eco-friendly）
- 防污（Stain-resistant）

4.9.3 实战设计

如图4-9-1至图4-9-4所示为实战案例。

图4-9-1

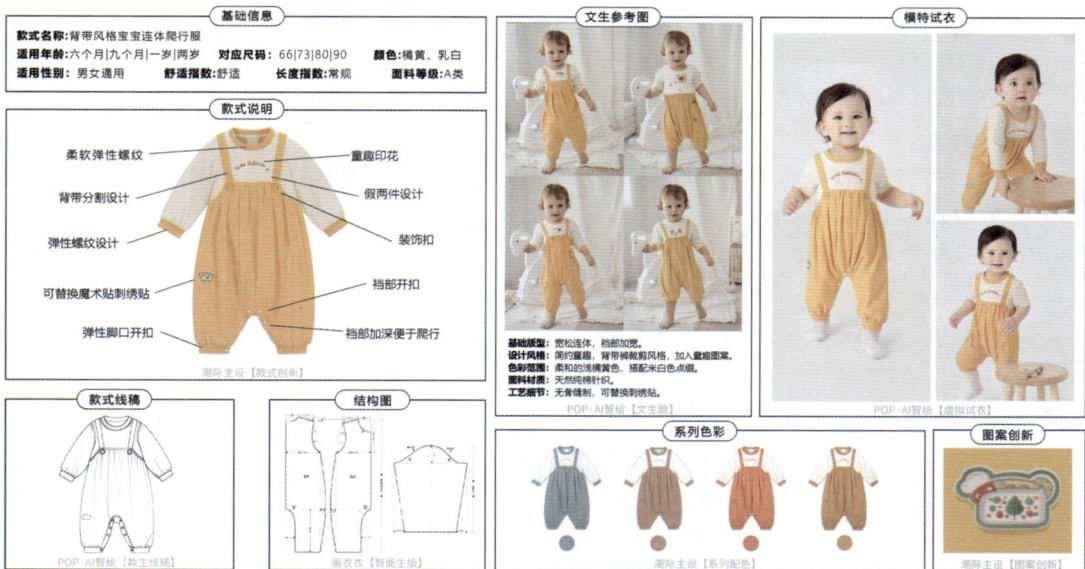

图4-9-2

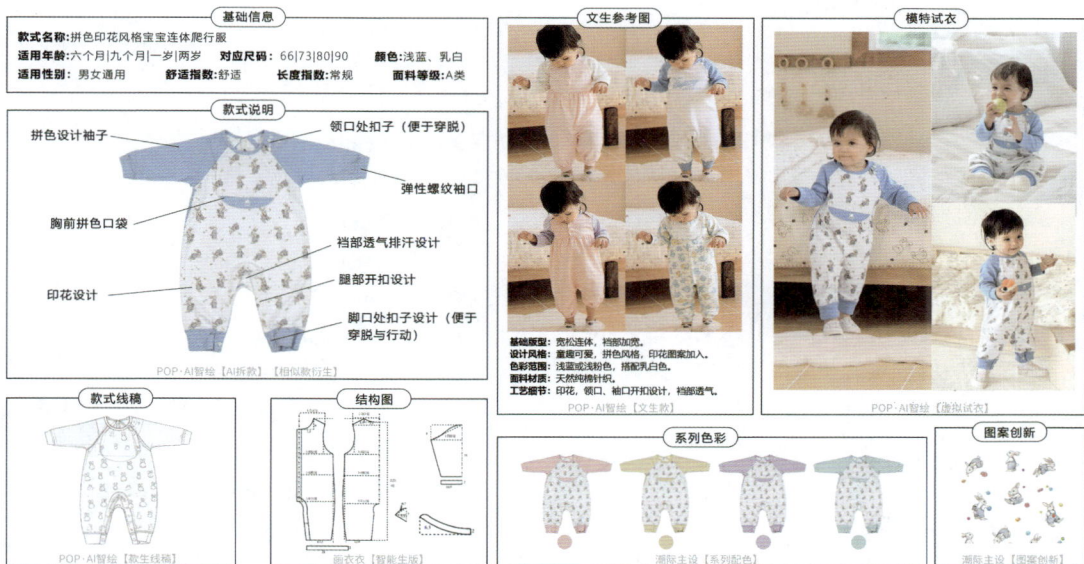

图4-9-3

图4-9-4

4.10 运动服

4.10.1 类别概述

　　运动服是专为运动而生的服装，集功能性与时尚感于一身。其款式丰富，从休闲的运动T恤到专业的压缩裤，满足不同类型运动的需求。其面料注重性能，从吸湿排汗的聚酯纤维到透气的网眼材质，确保运动时的舒适度。运动服不仅可以提升运动表现，还能通过鲜明的色彩、动感图案和实用设计彰显活力与个性。

4.10.2 关键词

（1）款式类型
- 紧身衣（Compression Garment）
- 无袖背心（Sleeveless Tank Top）
- 套头卫衣（Pullover Hoodie）
- 开衫卫衣（Cardiganstyle Hoodie）
- 跑步短裤（Running Shorts）
- 紧身长裤（Tightfitting Pants）
- 宽松长裤（Loosefitting Pants）
- 运动裤裙（Skort for Sports）
- 瑜伽裤（Yoga Pants）
- 拉链夹克（Zip-up Hoodie）
- 运动套装（Sports Suit）

（2）穿着场合
- 健身（Workout Session）
- 跑步（Jogging）
- 瑜伽（Yoga Practice）
- 徒步（Hiking）
- 骑行（Cycling）
- 网球（Tennis）
- 高尔夫（Golf）
- 休闲（Casual Wear）
- 训练（Training）

（3）面料材质
- 棉（Cotton）
- 尼龙（Nylon Fabric）
- 氨纶（Spandex、Elastane）
- 聚酯纤维（Polyester Fabric）
- 透气网眼（Mesh Material）
- 保暖抓绒（Fleece Fabric）
- 速干面料（Quickdry Fabric）
- 防紫外线（UV-Protective Fabric）
- 反光材料（Reflective Trim）

（4）功能属性
- 吸湿排汗（Moisture Wicking）
- 保暖（Insulation）
- 防风（Wind-proof）
- 防水（Water-proof）
- 防紫外线（UV Protection）
- 轻便（Light-weight）
- 透气（Breathability）
- 反光（Reflectivity）

4.10.3 实战设计

　　如图4-10-1至图4-10-4所示为实战案例。

图4-10-1

图4-10-2

图4-10-3

图4-10-4

4.11 冲锋衣

4.11.1 类别概述

　　冲锋衣，户外运动者的守护者，将实用性与时尚完美结合。其款式多变，从简约的防水夹克到多功能的三合一外套，满足探险者对环境适应性的需求。其面料科技含量高，从防风防水的高科技面料到保暖透气的内衬，确保在各种极端天气下穿着的舒适性。冲锋衣不仅能保护穿着者免受恶劣天气的侵袭，还能通过鲜明的色彩、简洁的图案和实用的设计展现户外精神。无论是登山徒步还是城市探险，冲锋衣都是户外爱好者衣橱中不可或缺的装备。

4.11.2 关键词

（1）款式类型
- 长款冲锋衣（Long Jacket）
- 短款冲锋衣（Short Jacket）
- 连帽冲锋衣（Hooded Jacket）
- 轻便冲锋衣（Lightweight Jacket）
- 硬壳冲锋衣（Hardshell Jacket）
- 软壳冲锋衣（Softshell Jacket）
- 三合一冲锋衣（3-in-1 Jacket）
- 抓绒内衬冲锋衣（Fleece-Lined Jacket）
- 可拆卸内衬冲锋衣（Removable-liner Jacket）

（2）穿着场合
- 登山（Mountaineering）
- 徒步（Hiking）
- 骑行（Cycling）
- 旅行（Travel）
- 野营（Camping）
- 越野跑（Trail Running）
- 高山滑雪（Alpine Skiing）
- 城市休闲（Urban Casual）

（3）工艺细节
- 防撕裂（Tear-resistant）
- 防紫外线（UV Protection）
- 防水接缝（Water-proof Seams）
- 防风帽（Wind-proof Hood）
- 反光条（Reflective Strips）
- 防水拉链（Water-resistant Zipper）
- 双向拉链（Two-way Zipper）
- 压胶接缝（Taped Seams）
- 腋下透气口（Armpit Vents）
- 调节魔术贴（Adjustable Velcro）
- 抽绳腰身（Drawstring Waist）
- 袋口防水盖（StormFlap Pockets）
- 插手口袋（Handwarmer Pockets）
- 胸部口袋（Chest Pockets）
- 大容量口袋（Largecapacity Pockets）
- 耐磨面料（Abrasion-resistant Fabric）
- 多功能设计（Multi-functional Design）
- 可调节设计（Adjustable Design）

4.11.3 实战设计

　　如图4-11-1至图4-11-4所示为实战案例。

产品属性　Product Attribute

款式名称	男士极寒滑雪防护冲锋衣
衣长 80～82cm	胸围（腋下1cm围量）124～128cm
肩宽 54～56cm	袖长（肩点至袖口）70～72cm
面料材质	GORE-TEX 3L三层防水透气面料，外层防结冰涂层

文生参考图　Text-To-Image

基础版型	男士冲锋衣|宽松版型|连帽设计
设计风格	专业运动风
色彩搭配	主色: 亮橙色/辅色: 冰川白
面料材质	GORE-TEX 3L面料/外层防结冰处理/内层植绒保暖
工艺细节	可调整雪裙/袖口雪镜擦布设计/内衬热反射涂层提升保暖性

即梦AI【文生图】

模特试衣　Model Fitting

潮际好麦【模特试衣】

款式　Style

内层植绒保暖
立体剪裁贴合滑雪动作
多口袋设计
表面带有反光条纹
加长防风下摆覆盖臀部
防水魔术贴袖口

POP·AI智绘【AI拆款】【相似款衍生】

色彩　Colour

POP·AI智绘【款式配色】

面料　Fabric

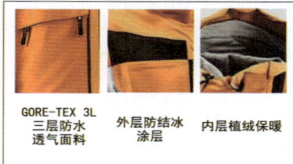

GORE-TEX 3L三层防水透气面料　外层防结冰涂层　内层植绒保暖

图4-11-1

产品属性　Product Attribute

款式名称	滑雪冲锋衣/夹克/修身版型
衣长 72cm	胸围（腋下1cm围量）112cm
肩宽 46cm	袖长（肩点至袖口）67cm
面料材质	尼龙六角形蜂窝编织面料/银离子抗菌纱线

文生参考图　Text-To-Image

基础版型	修身夹克/可拆卸帽子设计
设计风格	运动极简主义
色彩搭配	主色: 深灰/辅色: 荧光橙
面料材质	尼龙六角形蜂窝编织面料/银离子抗菌纱线
工艺细节	7°前倾式连ัฒ设计, 兼容雪盔且消除视觉盲区

深度思考【文生图】

模特试衣　Model Fitting

潮际好麦【模特试衣】

款式　Style

可拆卸帽子
树脂拉链
多口袋设计
防风门襟
可调节袖口
内衬保暖性强

POP·AI智绘【相似款衍生】

色彩　Colour

POP·AI智绘【款式配色】

面料　Fabric

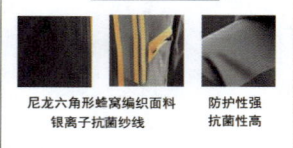

尼龙六角形蜂窝编织面料　防护性强
银离子抗菌纱线　抗菌性高

图4-11-2

产品属性 Product Attribute

款式名称 滑雪冲锋衣
衣长 70cm 胸围（腋下1cm围量）112cm
肩宽 46cm 袖长（肩点至袖口） 67cm
面料材质 尼龙六角形蜂窝编织面料/银离子抗菌纱线

文生参考图 Text-To-Image

基础版型 标准直筒版型
设计风格 户外运动
色彩搭配 主色：深灰/辅黑色：白色
面料材质 EVENT面料/直排式透气技术
工艺细节 结合卫衣风格/通过抽绳调节松紧，兼具休闲感
深度思考【文生图】

模特试衣 Model Fitting

潮际好麦【模特试衣】

款式 Style

可拆卸帽子
树脂拉链
多口袋设计
防风门襟
可调节袖口

色彩 Color

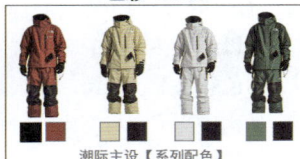

潮际主设【系列配色】

面料 Fabric

EVENT面料/兼顾轻量与透气

图4-11-3

COLOUR

POP·AI智绘【款式配色】

PRODUCT ATTRIBUTE

款式名称：MONTBELL25秋冬冲锋衣丨合体版型
衣长74cm 胸围120cm 袖长84cm
收纳尺寸：8cm×8cm×14cm
材质：100%聚酯纤维

TEXT-TO-IMAGE

即梦AI【文生图】

基础版型 男士冲锋衣/合体版型
设计风格 山系机能风/简约时尚/轻户外
色彩范围 主色：灰绿色/辅色：黑色和白色
工艺细节 前片斜拉口袋/加口/U形拉哗方便拉
开/口袋下设计挂环/加长帽檐/卡扣可调节下摆

FITTING

潮际好麦【模特试衣】

STYLE

3D流线加长帽檐
挡雨水，不挡视线
加高领口
全长防水拉链
U形口哔戴手套也能拉
斜切面题大立体口袋
贴心加高插手位
可调节魔术贴袖口
NIFCO卡扣调节下摆
防止冷风倒灌

日常用途
城市通勤 ❶
轻量化户外运动 ❷
登山野营 ❸

POP·AI智绘【AI拆款】【相似款衍生】

FABRIC

专业防水	20000mm/H.O
高强透气	30000g/m²·24h
抗风耐磨	10000次

图4-11-4

4.12 高定礼服

4.12.1 类别概述

高定礼服将奢华、优雅与个性融为了一体。其设计独树一帜，从简约的线条剪裁到繁复的手工刺绣，每一件都是艺术与工艺的结晶。其面料都是精选出来的，从丝滑的绸缎到闪耀的珠片，专为重要场合而生。高定礼服不仅可以凸显穿着者的高贵气质，还可以通过精致的色彩搭配、独特的图案和匠心独运的细节设计，传达出无与伦比的时尚态度。

4.12.2 关键词

（1）款式类型
- 披肩式礼服（Cape Gown）
- 露肩礼服（Off-the-shoulder Gown）
- 斜肩礼服（One-shoulder Gown）
- 荷叶边礼服（Ruffle Gown）
- 吊带礼服（Strapless Gown）
- 黑色燕尾服（Black Tuxedo）
- 白色晚礼服（White Dinner Jacket）
- 双排扣西装（Double-breasted Suit）
- 马甲三件套（Waistcoat Three-piece Set）

（2）穿着场合
- 红毯（Red Carpet）
- 婚礼（Wedding）
- 晚宴（Evening Gala）
- 舞会（Ball）
- 时尚派对（Fashion Party）
- 颁奖典礼（Award Ceremony）

（3）面料材质
- 丝绸（Silk）
- 雪纺（Chiffon）
- 缎面（Satin）
- 蕾丝（Lace）
- 薄纱（Cablenet）
- 天鹅绒（Velvet）
- 锦缎（Brocade）

（4）工艺细节
- 刺绣（Embroidery）
- 裙撑（Petticoat）
- 手工缝制（Hand Sewn）
- 蕾丝拼接（Lace Splicing）
- 雕花蕾丝（Laser Cut Lace）
- 珠片镶嵌（Pearl Inlay）
- 羽毛装饰（Feather Trim）
- 水晶镶嵌（Crystal Inlay）
- 定制褶皱（Custom Pleating）
- 薄纱披肩（Chiffon Shawl）
- 钻石胸针（Diamond Brooch）
- 流苏装饰（Fringe Trim）

4.12.3 实战设计

如图4-12-1至图4-12-4所示为实战案例。

图4-12-1

图4-12-2

图4-12-3

图4-12-4

4.13　校服

4.13.1　类别概述

校服是学生身份的象征，兼具规范性与实用性。款式统一，从简洁的衬衫到端庄的西装裤，培养学生的集体荣誉感。面料注重舒适与耐穿，从透气的棉质到耐磨的涤纶，适应校园生活的各种需求。校服不仅可以塑造学生的精神风貌，还可以通过标志性的色彩、校徽图案和简洁设计，传达校园文化，承载着青春的记忆与成长的足迹。

4.13.2　关键词

（1）款式类型
- 西式校服套装（Western-style School Uniform Set）
- 西装外套（Suit Jacket）
- V领毛衣（V-neck Sweater）
- 百褶裙（Pleated Skirt）
- 西式长裤（Western-style Trousers）
- 衬衫（Shirt）
- 领带（Tie）
- 领结（Bowtie）
- 运动式校服（Sportstyle School Uniform）
- 运动T恤（Sports T-shirt）
- 运动短裤（Sports Shorts）
- 运动长裤（Sports Pants）
- Polo衫（Polo Shirt）

（2）工艺细节
- 肩章（Shoulder Pads）
- 袖标（Cuff Stripes）
- 校徽（School Badge）
- 袋口装饰（Pocket Trim）
- 反光条（Reflective Strips）
- 调节扣（Adjustable Buttons）
- 防风襟片（Windflaps）
- 双层设计（Double Layer Design）
- 隐藏口袋（Hidden Pockets）
- 易扣拉链（Easy-close Zipper）

4.13.3　实战设计

如图4-13-1至图4-13-4所示为实战案例。

PRODUCT ATTRIBUTE

款式名称 女士秋冬冲锋衣校服外套
衣长 70cm 肩宽 40cm
1/2胸围 47cm 袖长60cm
裙长 48cm 腰围 72cm

面料材质 聚酯纤维/纯棉

TEXT-TO-IMAGE

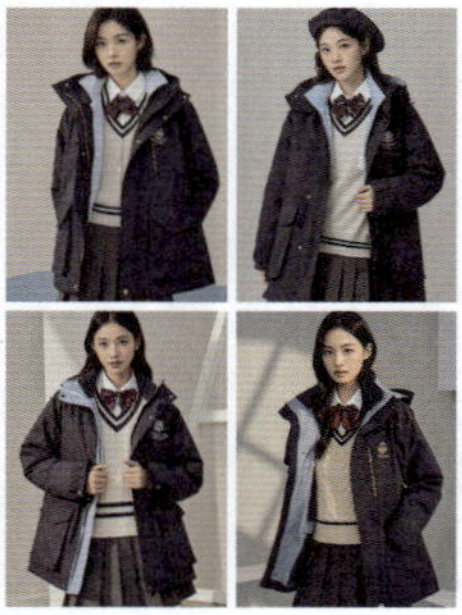

基础版型 合体校服套装
设计风格 英伦学院风
色彩范围 主色：藏蓝色/辅色：浅蓝色
面料材质 聚酯纤维（外套）
纯棉（裙子、毛衣）
工艺细节 拉链|夜光贴条|内衬

即梦AI【文生图】

STYLE

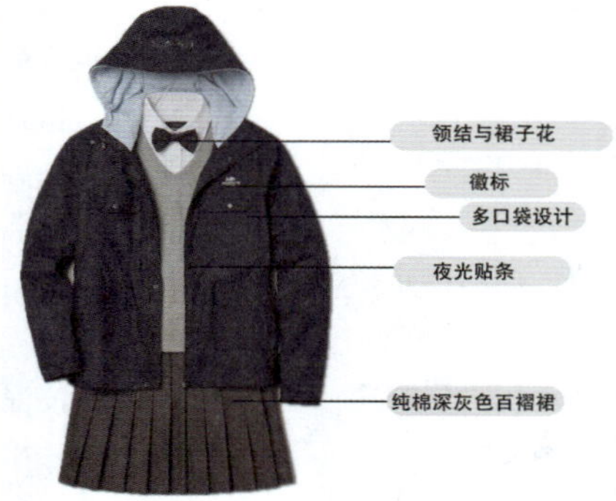
领结与裙子花
徽标
多口袋设计
夜光贴条
纯棉深灰色百褶裙

POP·AI智绘【AI拆款】【相似款衍生】

FABRIC

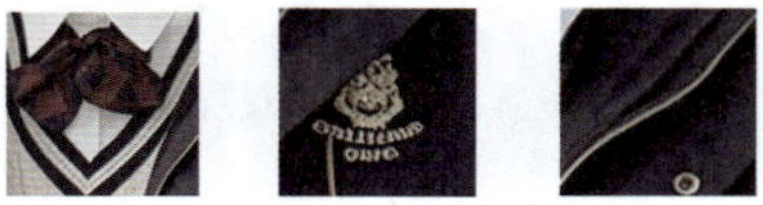

COLOUR

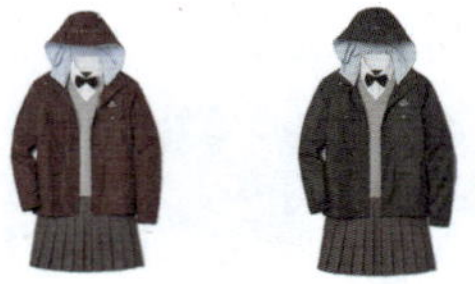

POP·AI智绘【款式配色】

FITTING

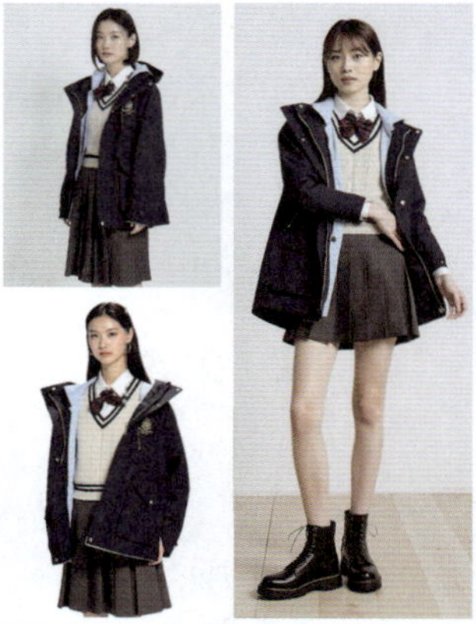

潮际好麦【模特试衣】

图4-13-1

PRODUCT ATTRIBUTE

款式名称 女士校服套装|修身版型
衣长 60cm 肩宽 38.5cm
1/2胸围 47cm 袖长 58cm
裙长 48cm 腰围 72cm
面料材质 平纹呢（外套）
TR色织面料（裙子）

TEXT-TO-IMAGE

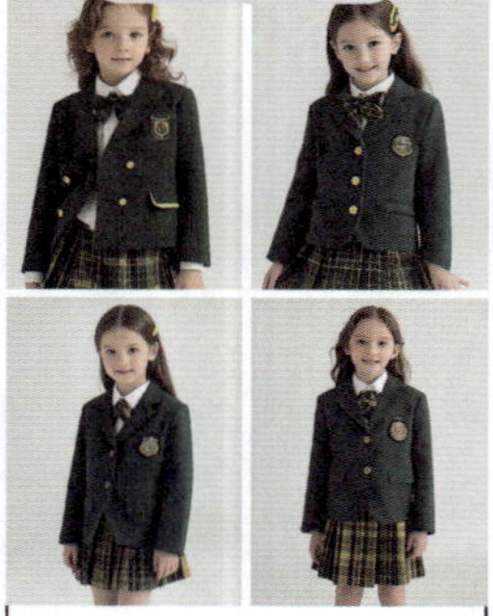

基础版型 合体校服套装
设计风格 英伦学院风
色彩范围 主色：墨绿色/辅色：橙黄色
面料材质 平纹呢（外套）
TR色织面料（裙子）
工艺细节 领结花色|金色扣子|贴袋

POP·AI智绘AI【文生款】

STYLE

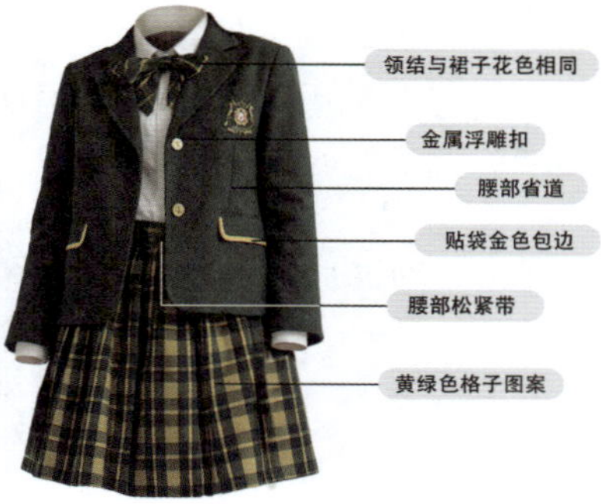
领结与裙子花色相同
金属浮雕扣
腰部省道
贴袋金色包边
腰部松紧带
黄绿色格子图案

POP·AI智绘【AI拆款】【相似款衍生】

FABRIC

COLOUR

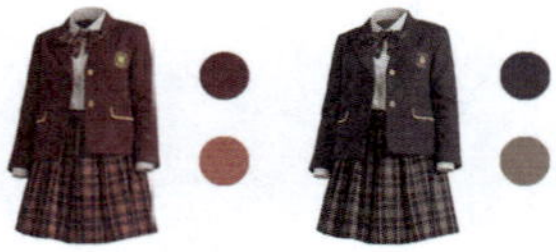

潮际主设【系列配色】

FITTING

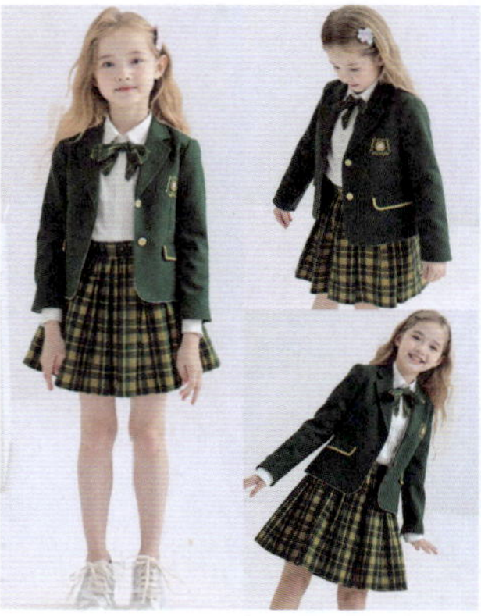

潮际好麦【模特试衣】

图4-13-2

图4-13-3

图4-13-4

4.14 工装制服

4.14.1 类别概述

工装制服是职业身份的标志，需要将功能性与专业形象相结合。设计注重实用，从宽松的工装裤到多口袋的工作衫，满足不同行业的工作需求。面料选择耐磨耐用的材质，从坚固的帆布到轻便的涤卡，适应各种工作环境。工装制服不仅可以提升工作效率，还能通过统一的色彩、企业标志和实用的细节设计，展现团队精神。工装制服适用于工厂作业和户外施工，彰显职业尊严与责任感。

4.14.2 关键词

（1）款式类型
- 工装夹克（Work Jacket）
- 工装裤（Work Trousers）
- 背心（Vest）
- 连体裤（Overalls）
- 分体工作服（Two-piece Work Uniform）
- 宽松外套（Loose Fit Jacket）
- 加厚棉衣（Heavy-weight Cotton Jacket）
- 安全帽（Safety Helmet）

（2）制服种类
- 电工服（Electrician's Uniform）
- 建筑工人服（Construction Worker's Gear）
- 机械师制服（Mechanic's Uniform）
- 医护人员服（Medical Staff Uniform）
- 餐饮服务装（Catering Staff Attire）
- 维修工装（Maintenance Uniform）
- 保安制服（Security Guard Uniform）
- 实验室外套（Lab Coat）

（3）面料材质
- 涤棉混纺（Poly-cotton Blend）
- 牛仔布（Denim）
- 卡其布（Khaki）
- 防水面料（Water-proof Fabric）
- 防火面料（Fire-resistant Fabric）
- 防撕裂布（Rip-stop Fabric）
- 防油污面料（Oil-resistant Fabric）
- 防静电面料（Anti-static Fabric）

（4）工艺细节
- 反光条（Reflective Tape）
- 多口袋设计（Multi-pocket Design）
- 加固膝部（Reinforced Knees）
- 针织袖口（Knitted Cuffs）
- 魔术贴闭合（Velcro Closure）
- 可调节腰带（Adjustable Waistband）

4.14.3 实战设计

如图4-14-1至图4-14-4所示为实战案例。

工装制服

印花丝巾
金色封边
细款皮质腰带
伞状款式

包臀裙

款式名称：女士修身版制服
衣长：130cm　肩宽：42cm
胸围：95cm　袖长：60cm
厚度指数：适中
长度指数：较长
修身指数：修身

基础版型：西装外套|包臀半身裙
设计风格：现代简结优雅风
色彩范围：主色：黑紫色/辅色：红、蓝
面料材质：硬挺不易皱丝羊毛
工艺细节：收腰伞状衣边

图4-14-1

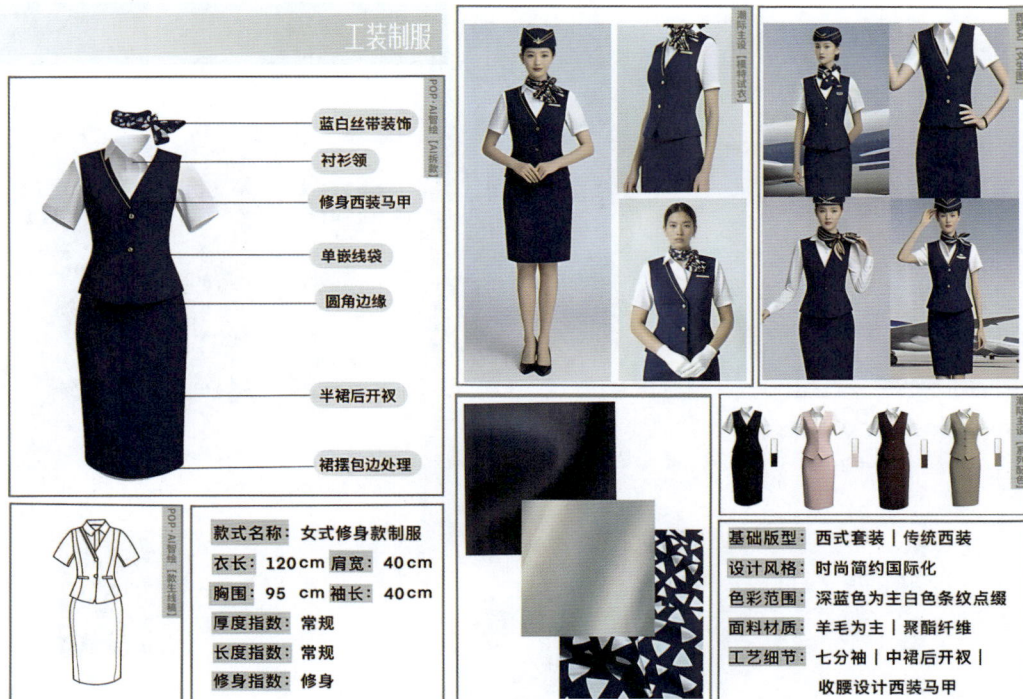

工装制服

蓝白丝带装饰
衬衫领
修身西装马甲
单嵌线袋
圆角边缘

半裙后开衩

裙摆包边处理

款式名称：女式修身款制服
衣长：120cm　肩宽：40cm
胸围：95cm　袖长：40cm
厚度指数：常规
长度指数：常规
修身指数：修身

基础版型：西式套装|传统西装
设计风格：时尚简约国际化
色彩范围：深蓝色为主白色条纹点缀
面料材质：羊毛为主|聚酯纤维
工艺细节：七分袖|中裙后开衩|
　　　　　收腰设计西装马甲

图4-14-2

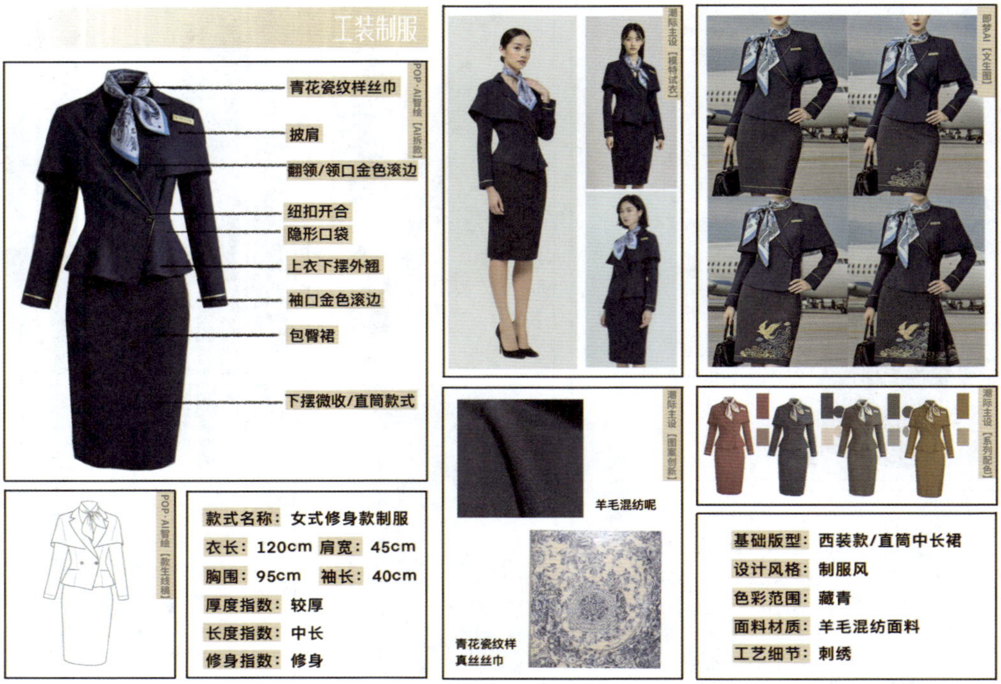

工装制服

青花瓷纹样丝巾
披肩
翻领/领口金色滚边
纽扣开合
隐形口袋
上衣下摆外翘
袖口金色滚边
包臀裙
下摆微收/直筒款式

潮际主设 [模特试衣]

即梦AI [文生图]

潮际主设 [图案细节]

潮际主设 [系列配色]

款式名称：女式修身款制服
衣长：120cm 肩宽：45cm
胸围：95cm 袖长：40cm
厚度指数：较厚
长度指数：中长
修身指数：修身

羊毛混纺呢

青花瓷纹样
真丝丝巾

基础版型：西装款/直筒中长裙
设计风格：制服风
色彩范围：藏青
面料材质：羊毛混纺面料
工艺细节：刺绣

图4-14-3

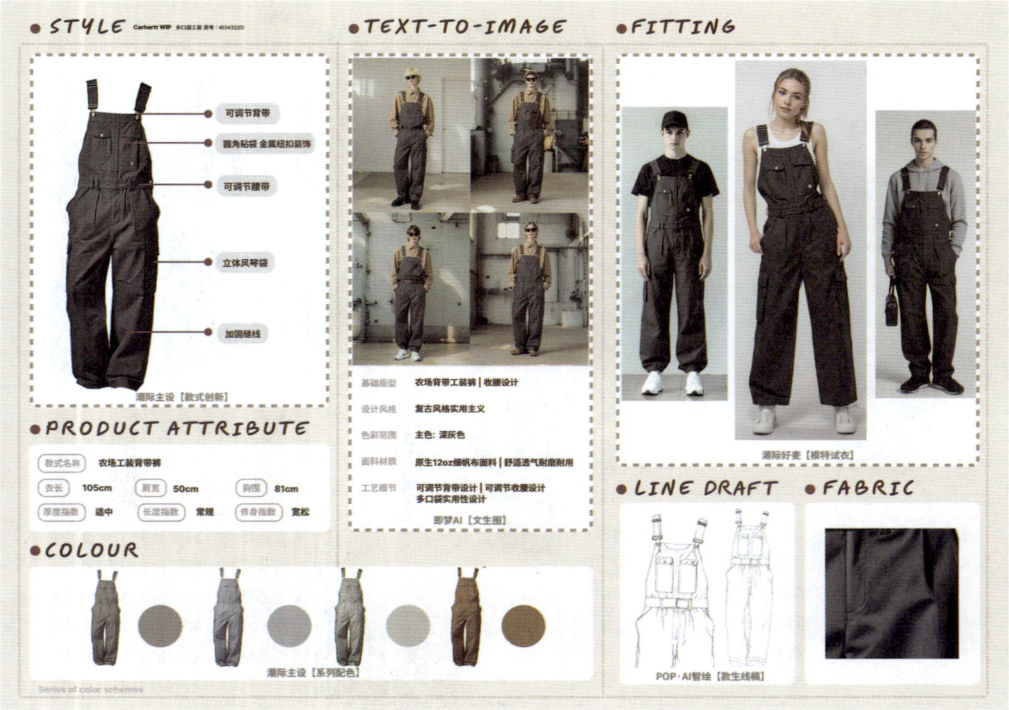

● STYLE
Carhartt WP 多口袋工装 货号：40343220

可调节背带
圆角贴袋 金属纽扣装饰
可调节腰带
立体风琴袋
加固缝线

潮际主设 [款式创新]

● PRODUCT ATTRIBUTE

款式名称
衣长 105cm 肩宽 50cm 胸围 81cm
厚度指数 中等 长度指数 常规 修身指数 宽松

● COLOUR

潮际主设 [系列配色]

Series of color schemes

● TEXT-TO-IMAGE

基础版型：农场背带工装裤 | 收腰设计
设计风格：复古风格实用主义
色彩范围：主色：深灰色
面料材质：原生12oz细帆布面料 | 舒适透气耐磨制用
工艺细节：可调节背带设计 | 可调节收腰设计
多口袋实用性设计

即梦AI [文生图]

● FITTING

潮际好麦 [模特试衣]

● LINE DRAFT ● FABRIC

POP·AI智绘 [款生线稿]

图4-14-4

4.15 国风国潮

4.15.1 类别概述

国风国潮类服装是传统与现代的融合之作，兼具文化韵味与时尚气息。设计独树一帜，从简约的立领衬衫到精致的刺绣旗袍，满足现代人对东方美学的追求。面料选择多样，从柔滑的丝绸到舒适的棉麻，适应不同场合的着装需求。国风服装不仅传承了中华服饰的典雅，还通过创新色彩、图案和细节设计，展现了现代的时尚。无论是日常穿搭还是重要场合，都能提供独特的穿着体验。

4.15.2 关键词

（1）款式类型

- 旗袍（Qipao）
- 汉服（Hanfu）
- 马面裙（Mamian Skirt）
- 中式外套（Chinese Style Jacket）
- 立领衬衫（Stand Collar Shirt）
- 中式裤装（Chinese Style Trousers）
- 新中式连衣裙（Modern Chinese Style Dress）

（2）部件特征

- 盘扣（Frog Closure）
- 开衩（Slit）
- 立领（Mandarin Collar）
- 对襟（Front-opening）
- 斜襟（Slant-opening）
- 腰封（Waist Belt）

（3）面料材质

- 丝绸（Silk）
- 亚麻（Flax）
- 棉麻（Linen-cotton Blend）
- 纱（Gauze）
- 织锦（Brocade）
- 丝绵（Silk-cotton Blend）
- 缎面（Satin）

（4）图案印花

- 花鸟（Flower-bird Motifs）
- 龙凤（Dragon-phoenix Motifs）
- 云纹（Cloud Patterns）
- 书法艺术（Calligraphy Art）
- 剪纸窗花（Paper-cut Motifs）
- 水墨画（Ink Wash Painting）
- 十二生肖图案（Zodiac Motifs）
- 吉祥图案（Auspicious Patterns）
- 飘带（Ribbon Ties）

4.15.3 实战设计

如图4-15-1至图4-15-4所示为实战案例。

图4-15-1

图4-15-2

PRODUCT ATTRIBUTE

款式名称：女式提花缎面衬衫

衣长：62cm　　　袖长：60cm

胸围：94cm　　　肩宽：38cm

面料材质：人造丝100%

TEXT-TO-IMAGE

基础版型：女式提花缎面小立领衬衫

设计风格：新中式

色彩范围：茶白

面料材质：人造丝

工艺细节：立领斜襟 | 扭褶收腰 | 绑带 | 提花

即梦AI【文生图】

STYLE

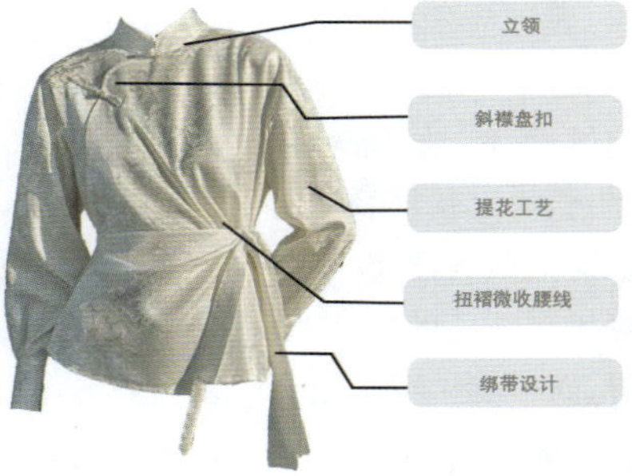

立领

斜襟盘扣

提花工艺

扭褶微收腰线

绑带设计

潮际主设【款式创新】

FABRIC

人造丝100%
价美质柔

提花工艺

COLOUR

潮际主设【系列配色】

FITTING

潮际主设【虚拟试衣】

图4-15-3

款式名称	衣长	胸围	肩宽	袖长	下摆宽	厚度指数	长度指数	版型
男子宽松版型拼布国潮棉服	72	122	50	63	59	一般厚	常规	宽松

STYTLE

立领设计

多种面料拼布

金属四合扣

斜插袋

袖祬袖口

POP·AI智绘【相似款衍生】【AI拆款】

COLOUR

潮际主设【系列配色】

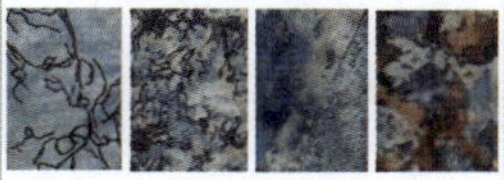

LINE DRAFT

POP·AI智绘【款生线稿】

CONSTRUCTION

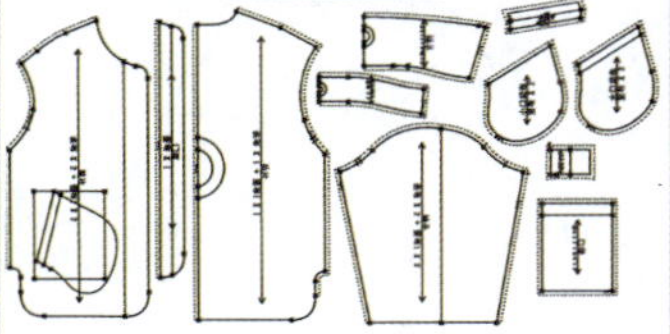

画衣衣【智能生版】

TEXT-TO-IMAGE

基础版型：宽松短款夹克棉服（拼布款）

设计风格：国潮国风

产品描述：本款作品归属"纹生万象"核心系列，创新性结合国画白描和没骨技法重构传统忍冬纹样，与现代时装设计语言融合。

主色：翡蓝 | 鹿皮褐 | 涧石蓝 | 晓灰

面料材质：绸缎 | 牛仔 | 皮革拼接

工艺细节：拼布工艺 | SUNGRIP四合扣

Midjourney【文生图】

FITTING

潮际好麦【模特试衣】【模拍换景】

FABRIC

图4-15-4

4.16 泳装

4.16.1 类别概述

泳装将功能性与时尚感巧妙结合。款式丰富，从简约的连体泳衣到性感的比基尼，满足不同身材与风格偏好。泳装的面料注重弹性与快干，从耐用的聚酯纤维到舒适的氨纶，确保水中活动的自如与舒适。泳装不仅可以突出身材线条，还可以通过鲜艳的色彩、独特的图案和精致的设计，展现个人魅力。

4.16.2 关键词

（1）款式类型

- 比基尼（Bikini）
- 连体比基尼（Monokini）
- 高腰比基尼（High-waisted Bikini）
- 连体泳衣（One-piece Swimsuit）
- 拼接泳装（Cutout Swimsuit）
- 遮肚泳衣（Tummy-control Swimsuit）
- 运动型泳衣（Sporty Swimsuit）
- 无肩带泳衣（Strapless Swimsuit）
- 蕾丝泳装（Lace Swimwear）
- 女士沙滩裙（Women's Beach Dress）
- 宽松泳裤（Loose-fit Swim Trunks）
- 平角泳裤（Square-leg Swim Trunks）
- 三角泳裤（Triangle Swim Trunks）
- 竞赛泳裤（Racing Swim Trunks）
- 泳帽（Swim Cap）
- 泳镜（Goggles）
- 沙滩裤（Beach Shorts）
- 沙滩罩衫（Beach Cover-up）
- 泳装披肩（Swimwear Shawl）

（2）设计风格

- 性感（Sexy）
- 运动（Sporty）
- 简约（Minimalist）
- 复古（Vintage）
- 波希米亚（Bohemian）
- 多巴胺风格（Dopamine Aesthetic）

（3）穿着场合

- 海滩（Beach）
- 度假（Vacation）
- 竞赛（Competition）
- 游泳池（Pool）
- 水上运动（Water Sports）
- 沙滩派对（Beach Party）
- 日常休闲（Daily Casual）

4.16.3 实战设计

如图4-16-1至图4-16-4所示为实战案例。

PRODUCT ATTRIBUTE

款式名称：女士修身连体冲浪服

衣长：68cm　　　肩宽：42cm

袖长：63cm　　　厚度指数：较薄　　　胸围：90cm

修身指数：修身

STYLE

印花logo

可拆卸胸垫

分割线曲线

前置拉链

POP·AI智绘【AI拆款】

COLOUR

潮际主设【系列配色】

TEXT TO IMAGE

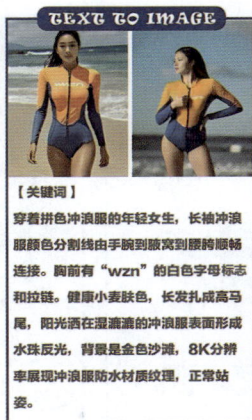

【关键词】

穿着拼色冲浪服的年轻女生，长袖冲浪服颜色分割线由手腕到腋窝到腰胯到顺畅连接。胸前有"wzn"的白色字母标志和拉链。健康小麦肤色，长发扎成高马尾，阳光洒在湿漉漉的冲浪服表面形成水珠反光，背景是金色沙滩，8K分辨率展现冲浪服防水材质纹理，正常站姿。

即梦AI【文生图】

FITTING

潮际好麦【模特试衣】

LINE DRAFT

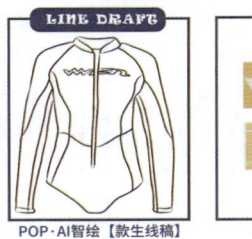

POP·AI智绘【款生线稿】

FABRIC

潮际主设【图案创新】

图4-16-1

PRODUCT ATTRIBUTE

款式名称：冲浪运动服

产品定位：20~30岁青年

衣长：75cm　　胸围：92cm　　腰围：76cm　　尺码：XL

肩宽：40.4cm　袖长：53.5cm　厚度指数：薄　　修身指数：紧身

STYLE

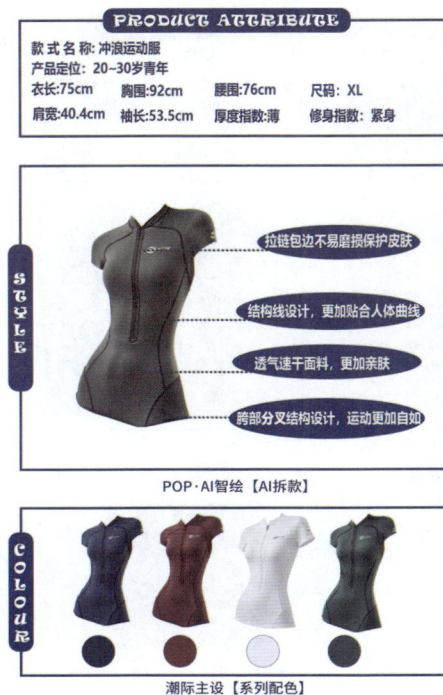

拉链包边不易磨损保护皮肤

结构线设计，更加贴合人体曲线

透气速干面料，更加亲肤

跨部分叉结构设计，运动更加自如

POP·AI智绘【AI拆款】

COLOUR

潮际主设【系列配色】

TEXT TO IMAGE

【关键词】

紧身冲浪服有隐形拉链分人体结构设计便于冲浪运动腋下和后背有排水孔面料透气，排水迅速胸部有可支撑里衬

即梦AI【文生图】

FITTING

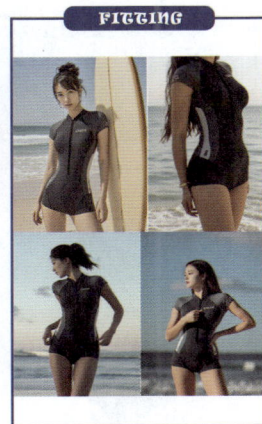

潮际好麦【模特试衣】

LINE DRAFT

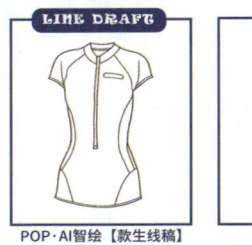

POP·AI智绘【款生线稿】

FABRIC

潮际主设【图案创新】

图4-16-2

PRODUCT ATTRIBUTE

款式名称 女士修身分体式冲浪泳装　产品定位 20~30岁青年

衣长 50cm　胸围 88cm　下摆围 74cm　袖长 63cm

裤长 16cm　臀围 90cm　裤腰围 84cm

厚度指数 较薄　长度指数 适中　修身指数 修身

STYLE

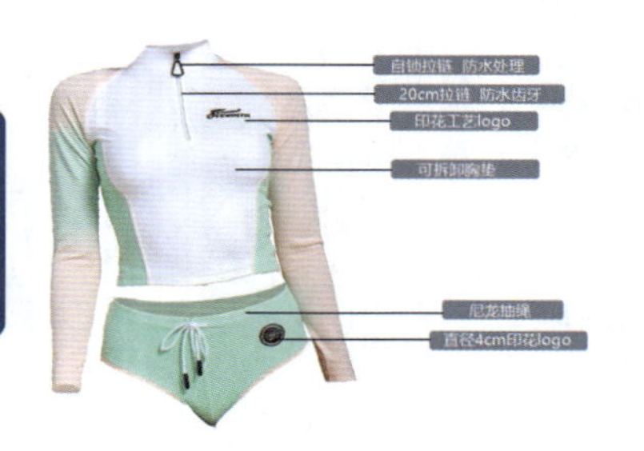

自锁拉链 防水处理
20cm拉链 防水齿牙
印花工艺logo
可拆卸胸垫
尼龙抽绳
直径4cm印花logo

潮际主设【款式创新】

COLOUR

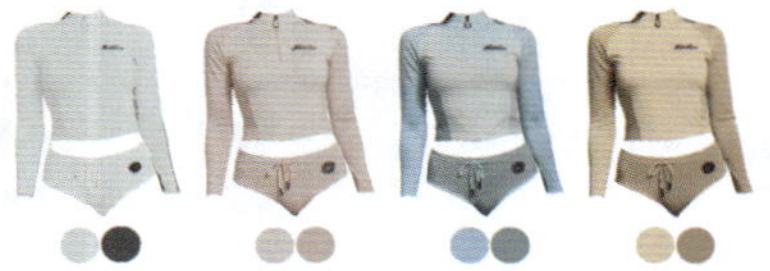

潮际主设【系列配色】

TEXT TO IMAGE

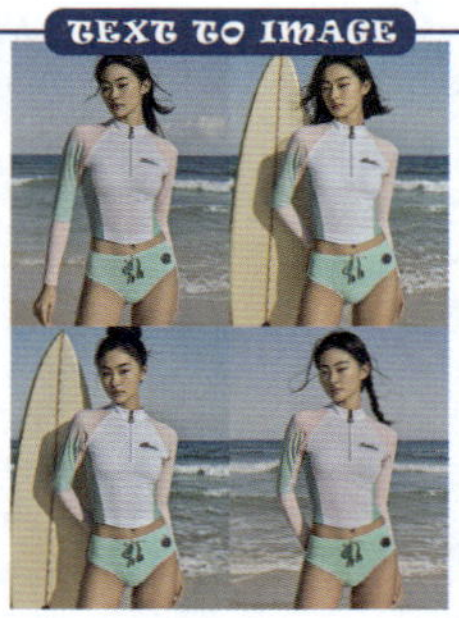

基础版型 修身款分体式冲浪泳装
设计风格 休闲运动
色彩范围 主色：本白色 辅色：薄荷绿、珊瑚粉
面料材质 锦纶、氨纶、莱卡纱线 | 纳米银抗菌里布
工艺细节 可拆卸无钢圈胸垫 | 修身剪裁 | 自锁拉链技术

即梦AI【文生图】

FITTING

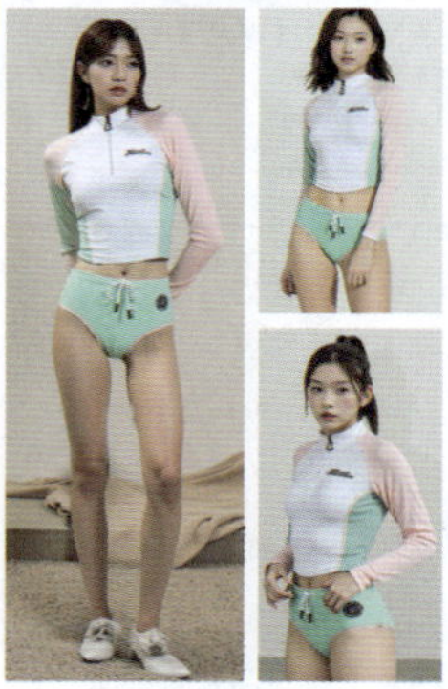

潮际好麦【模特试衣】

LINE DRAFT

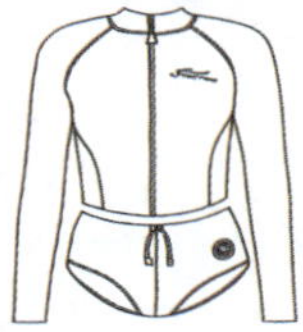

POP·AI智绘【款生线稿】

FABRIC

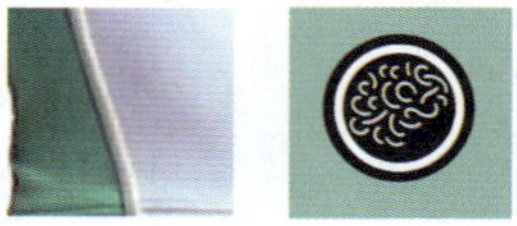

锦纶、氨纶、莱卡纱线

潮际主设【图案创新】

图4-16-3

PRODUCT ATTRIBUTE

款式名称 女士紧身连体泳衣　产品定位 20~30岁青年

衣长 70cm　胸围 92cm

臀围 90cm　腰围 72cm

厚度指数 较薄　长度指数 短款　修身指数 修身

STYLE

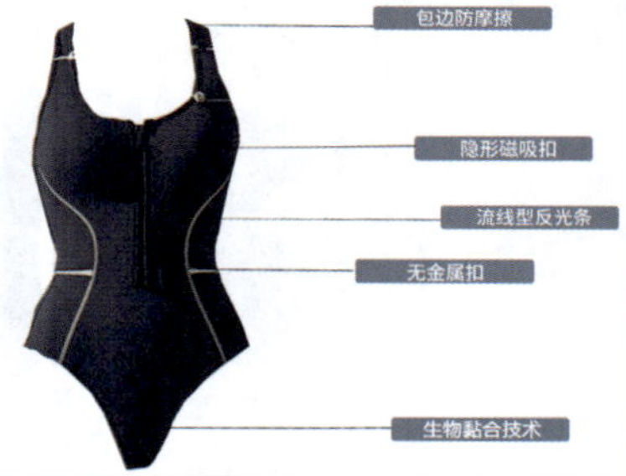

包边防摩擦
隐形磁吸扣
流线型反光条
无金属扣
生物黏合技术

潮际主设【款式创新】

COLOUR

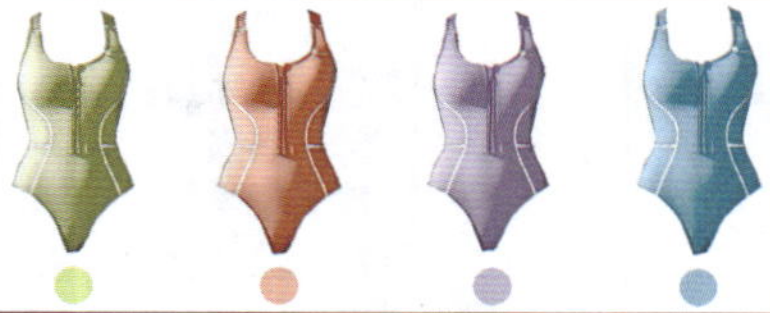

潮际主设【系列配色】

TEXT TO IMAGE

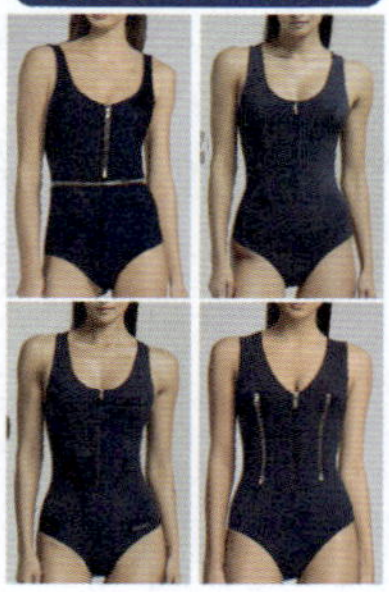

基础版型 运动背心式设计 | 紧身 | 一体成型
设计风格 极简主义运动风
色彩范围 主色：藏蓝色 | 金属风色线条装饰
面料材质 单向导湿尼龙、内侧速干、外侧哑光雾面
工艺细节 内置隐形磁吸扣、可拆卸模块

即梦AI【文生图】

FITTING

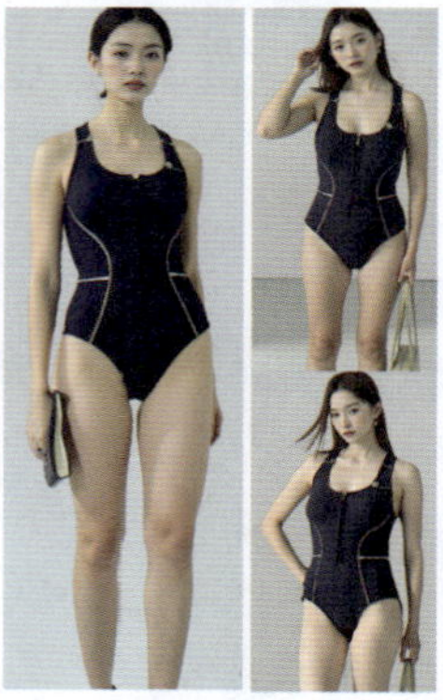

潮际好麦【模特试衣】

LINE DRAFT

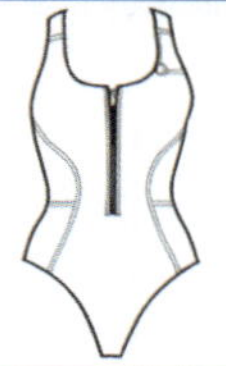

POP·AI智绘【款生线稿】

FABRIC

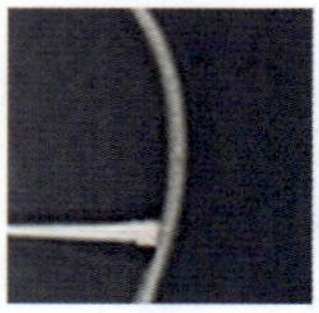

图4-16-4

4.17 智能服装

4.17.1 类别概述

　　智能服装巧妙融合了科技感与实用性，款式丰富多样，从具备智能温控功能的日常服饰，到专注于运动健康的监测紧身衣，全方位满足不同场景下的功能需求。其面料创新地融入了柔性传感器与导电纤维等智能材料，在确保数据精准采集的同时，也兼顾穿着的舒适体验。智能服装不仅能够实时监测身体状态，更能通过数据交互与自适应调节等特色功能，显著提升生活品质。它以独特的科技美学、便捷的交互设计及个性化的服务体验，展现了未来穿戴设备的无限可能。

4.17.2 关键词

（1）智能元素
- 传感器集成（Sensor Integration）
- 可穿戴技术（Wearable Technology）
- 数据分析（Data Analytics）
- 实时反馈（Real-time Feedback）
- 自适应调节（Adaptive Adjustment）
- 无线连接（Wireless Connectivity）
- 智能织物（Smart Fabric）
- 导电纱线（Conductive Yarn）
- 自修复材料（Self-healing Material）
- 发光纤维（Luminescent Fiber）
- 交互式设计（Interactive Design）
- 模块化设计（Modular Design）
- 可拆卸结构（Detachable Structure）

（2）智能功能
- 自适应保暖（Adaptive Insulation）
- 自动变色（Automatic Color Change）
- 智能调温（Smart Temperature Control）
- 姿势矫正（Posture Correction）
- 健康监测（Health Monitoring）
- 压力监测（Pressure Monitoring）
- 疲劳监测（Fatigue Detection）
- 心率监测（Heart Rate Monitoring）
- 体温监测（Body Temperature Monitoring）
- 呼吸监测（Breathing Monitoring）
- 环境感知（Environmental Sensing）
- 防晒保护（UV Protection）
- 防水防污（Water-proof & Stain-resistant）
- 智能照明（Smart Illumination）
- 声音控制（Voice Control）
- 运动追踪（Motion Tracking）
- 运动辅助（Movement Assistance）
- 按摩功能（Massage Function）
- 压力缓解（Stress Relief）

（3）应用场景
- 运动健身（Sports and Fitness）
- 医疗保健（Healthcare）
- 军事国防（Military and Defense）
- 安全防护（Safety and Protection）
- 情感陪伴（Emotional Companionship）
- 环境监测（Environmental Monitoring）
- 智能家居（Smart Home）
- 娱乐游戏（Entertainment and Gaming）
- 职业防护（Occupational Protection）
- 时尚展示（Fashion Show）
- 日常生活（Daily Life）
- 老年护理（Elderly Care）
- 残障辅助（Disability Assistance）

4.17.3 实战设计

　　如图4-17-1至图4-17-4所示为实战案例。

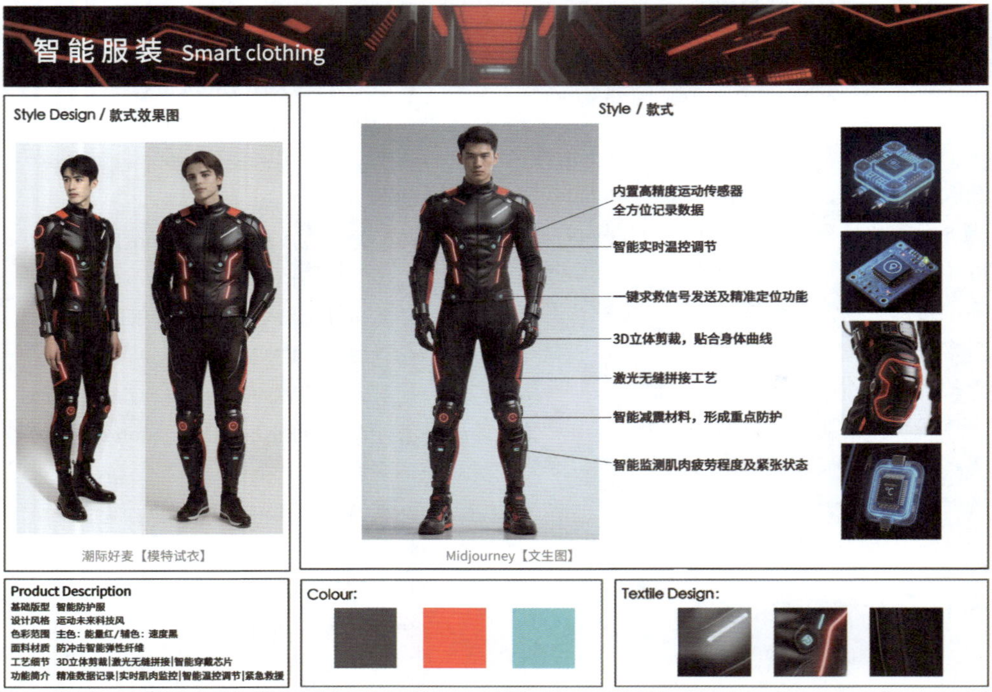

智能服装 Smart clothing

Style Design / 款式效果图

潮际好麦【模特试衣】

Product Description
基础版型 智能防护服
设计风格 运动未来科技风
色彩范围 主色: 能量红/辅色: 速度黑
面料材质 防冲击智能弹性纤维
工艺细节 3D立体剪裁|激光无缝拼接|智能穿戴芯片
功能简介 精准数据记录|实时肌肉监控|智能温控调节|紧急救援

Style / 款式

内置高精度运动传感器全方位记录数据
智能实时温控调节
一键求救信号发送及精准定位功能
3D立体剪裁,贴合身体曲线
激光无缝拼接工艺
智能减震材料,形成重点防护
智能监测肌肉疲劳程度及紧张状态

Midjourney【文生图】

Colour:

Textile Design:

图4-17-1

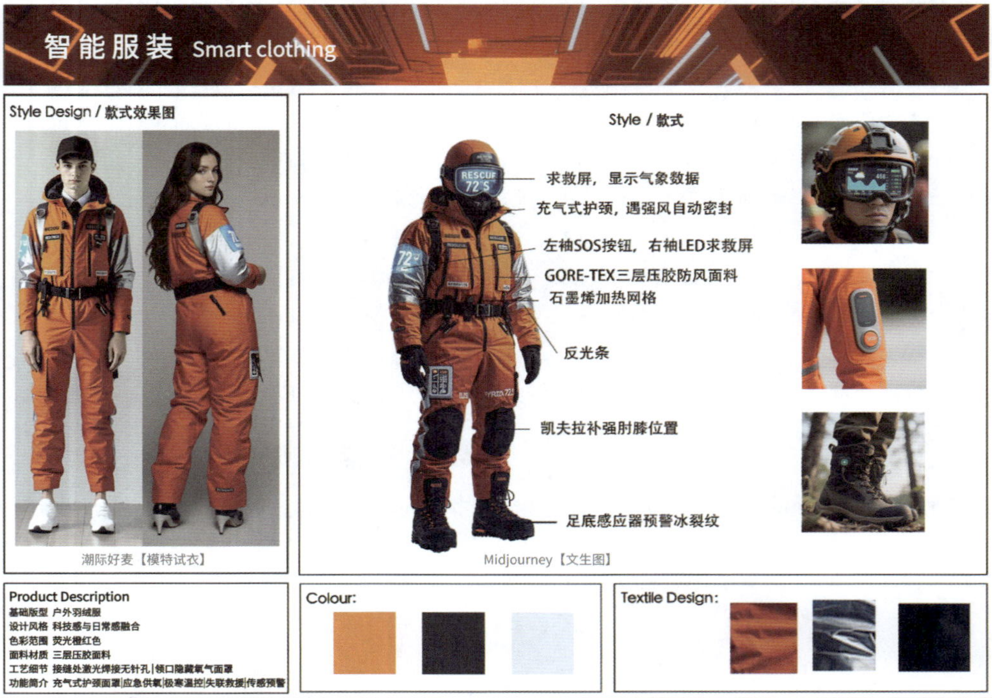

智能服装 Smart clothing

Style Design / 款式效果图

潮际好麦【模特试衣】

Product Description
基础版型 户外羽绒服
设计风格 科技感与日常感融合
色彩范围 荧光橙红色
面料材质 三层压胶面料
工艺细节 接缝处激光焊接无针孔|领口隐藏氧气面罩
功能简介 充气式护颈面罩|应急供氧|极寒温控|失联救援|传感预警

Style / 款式

求救屏,显示气象数据
充气式护颈,遇强风自动密封
左袖SOS按钮,右袖LED求救屏
GORE-TEX三层压胶防风面料
石墨烯加热网格
反光条
凯夫拉补强肘膝位置
足底感应器预警冰裂纹

Midjourney【文生图】

Colour:

Textile Design:

图4-17-2

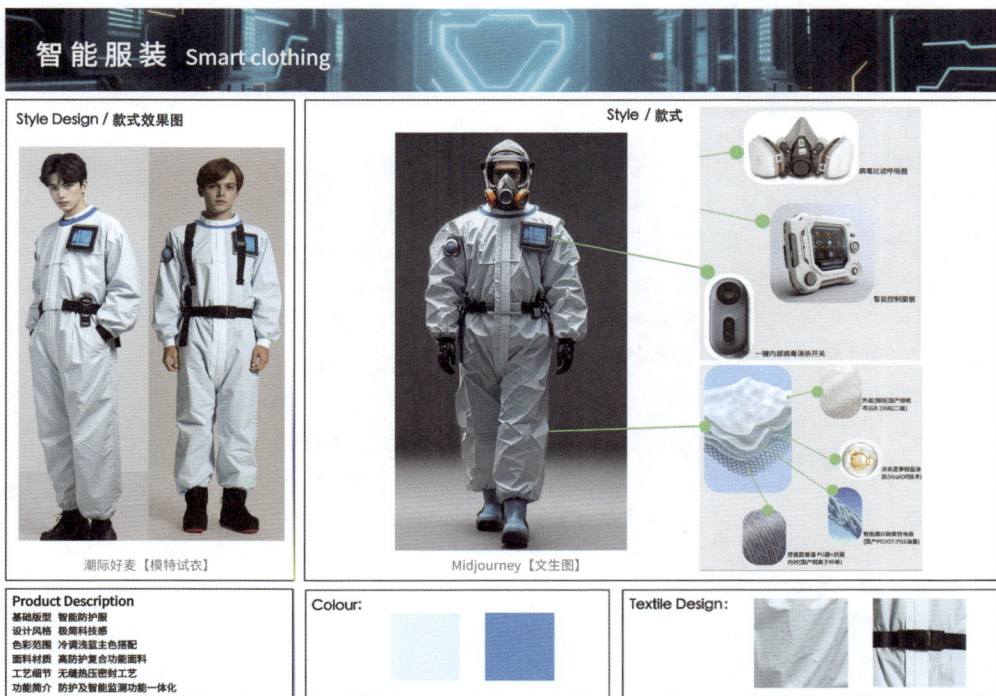

智能服装 Smart clothing

Style Design / 款式效果图

潮际好麦【模特试衣】

Style / 款式

Midjourney【文生图】

病毒过滤呼吸器

智能控制面板

一键内部病毒消杀开关

外壳(国际/国产酒精存储GB 19082二级)

涂布度学树脂涂膜层(MixER膜技术)

智能导电纤维导电布(涂层PEDOT:PSS涂层)

棉涤混纺里PU膜+抗菌内衬(防护级膜子矛纱)

Product Description
基础版型　智能防护服
设计风格　极简科技感
色彩范围　冷调浅蓝主色搭配
面料材质　高防护复合功能面料
工艺细节　无缝热压密封工艺
功能简介　防护及智能监测功能一体化

Colour:

Textile Design:

图4-17-3

智能服装 Smart clothing

Style Design / 款式效果图

潮际好麦【模特试衣】

Style / 款式

生物识别感应器

贴合人体曲线

无缝拼接

潮际主设【款式创新】

Product Description:
基础版型　智能跑步服
设计风格　未来感、现代感、运动感
色彩范围　银灰色
面料材质　再生涤纶、尼龙、氨纶
工艺细节　柔性电路印刷、传感器附近高密度针织、无缝拼接
功能简介　内置生物识别传感器，带有微妙的指示灯，
　　　　　实时显示健康数据

Colour:

潮际主设【系列配色】

Textile Design:

图4-17-4

4.18　时尚潮鞋

4.18.1　类别概述

　　时尚潮鞋集舒适、个性与潮流于一体，款式多样，从经典的帆布鞋到前卫的老爹鞋，满足不同的穿搭风格。其材质选择丰富，从耐磨的橡胶底到轻质的EVA材质，适应各种行走需求。时尚潮鞋不仅可以展现穿着者的品位，还通过独特的色彩、图案和创意设计表达个性和态度。

4.18.2　关键词

（1）款式类型

- 皮鞋（Leather Shoes）
- 运动鞋（Sneakers）
- 高帮鞋（High-top Shoes）
- 低帮鞋（Low-top Shoes）
- 休闲鞋（Casual Shoes）
- 帆布鞋（Canvas Shoes）
- 板鞋（Skate Shoes）
- 跑步鞋（Running Shoes）
- 篮球鞋（Basketball Shoes）
- 登山鞋（Hiking Boots）
- 靴子（Boots）
- 长筒靴（Knee-high Boots）
- 雪地靴（Snow Boots）
- 凉鞋（Sandals）
- 拖鞋（Slippers）
- 一脚蹬（Slip-on Shoes）
- 平底鞋（Flat Shoes）
- 高跟鞋（High Heels）
- 老爹鞋（Chunky Sneakers）

（2）功能属性

- 耐磨（Wear-resistant）
- 防水（Water-proof）
- 透气（Breathable）
- 轻便（Light-weight）
- 缓震（Shock Absorption）
- 防滑（Nonslip）
- 抓地力（Traction）

（3）装饰部件

- 鞋带（Shoelaces）
- 鞋扣（Buckles）
- 鞋舌（Tongue）
- 透气孔（Ventilation Holes）
- 金属扣（Metal Buckles）
- 网面鞋面（Mesh Upper）
- 橡胶鞋底（Rubber Sole）
- 鞋帮装饰（Upper Decoration）
- 鞋带装饰（Laces Ornament）
- 鞋跟装饰（Heel Embellishments）

4.18.3　实战设计

　　如图4-18-1至图4-18-6所示为实战案例。

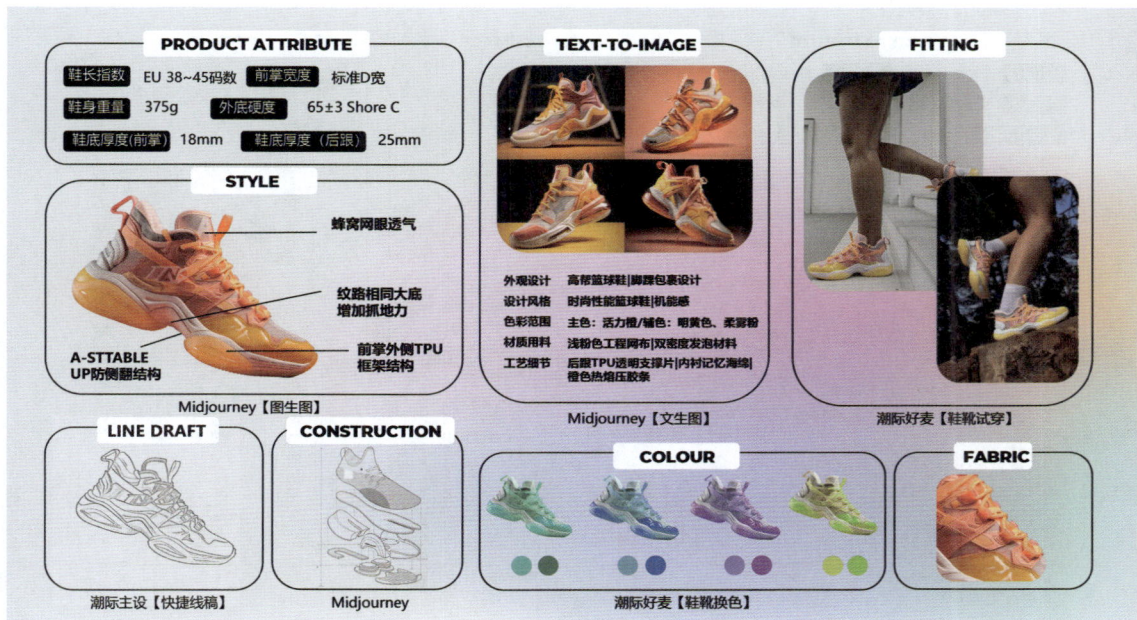

PRODUCT ATTRIBUTE

鞋长指数	EU 38~45码数	前掌宽度	标准D宽
鞋身重量	375g	外底硬度	65±3 Shore C
鞋底厚度（前掌）	18mm	鞋底厚度（后跟）	25mm

STYLE

蜂窝网眼透气
纹路相同大底增加抓地力
前掌外侧TPU框架结构
A-STTABLE UP防侧翻结构

Midjourney【图生图】

TEXT-TO-IMAGE

外观设计　高帮篮球鞋|脚踝包裹设计
设计风格　时尚性能篮球鞋|机能感
色彩范围　主色：活力橙/辅色：明黄色、柔雾粉
材质用料　浅粉色工程网布|双密度发泡材料
工艺细节　后跟TPU透明支撑片|内衬记忆海绵|橙色热熔压胶条

Midjourney【文生图】

FITTING

潮际好麦【鞋靴试穿】

LINE DRAFT

潮际主设【快捷线稿】

CONSTRUCTION

Midjourney

COLOUR

潮际好麦【鞋靴换色】

FABRIC

图4-18-1

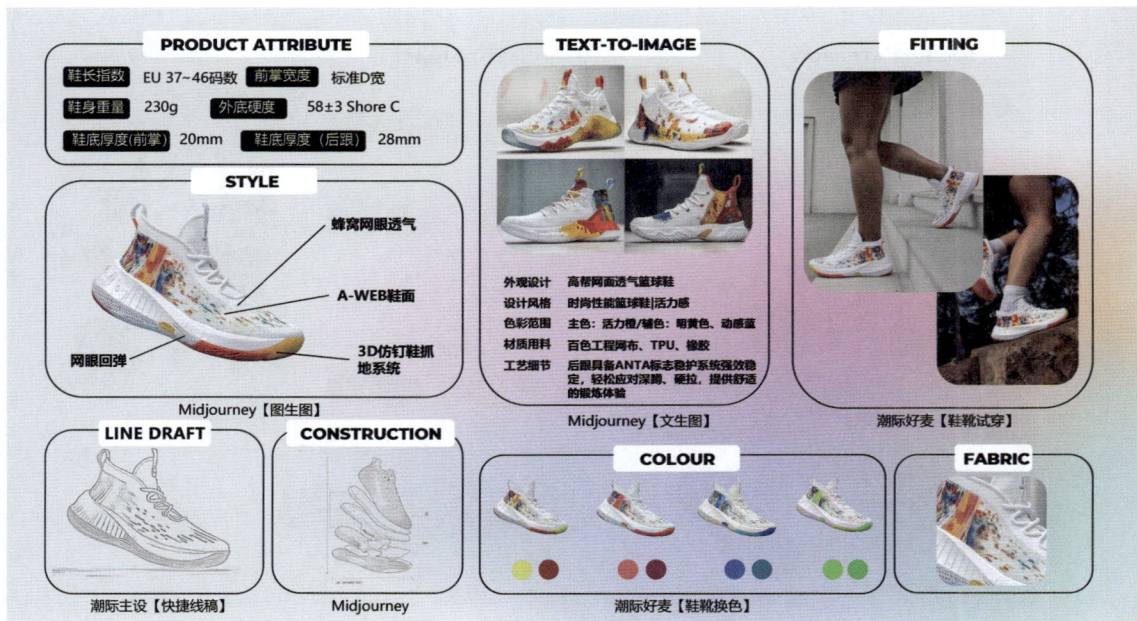

PRODUCT ATTRIBUTE

鞋长指数	EU 37~46码数	前掌宽度	标准D宽
鞋身重量	230g	外底硬度	58±3 Shore C
鞋底厚度（前掌）	20mm	鞋底厚度（后跟）	28mm

STYLE

蜂窝网眼透气
A-WEB鞋面
网眼回弹
3D仿钉鞋抓地系统

Midjourney【图生图】

TEXT-TO-IMAGE

外观设计　高帮网面透气篮球鞋
设计风格　时尚性能篮球鞋|活力感
色彩范围　主色：活力橙/辅色：明黄色、动感蓝
材质用料　白色工程网布、TPU、橡胶
工艺细节　后跟具备ANTA标志稳护系统强效稳定，轻松应对深蹲、硬拉，提供舒适的锻炼体验

Midjourney【文生图】

FITTING

潮际好麦【鞋靴试穿】

LINE DRAFT

潮际主设【快捷线稿】

CONSTRUCTION

Midjourney

COLOUR

潮际好麦【鞋靴换色】

FABRIC

图4-18-2

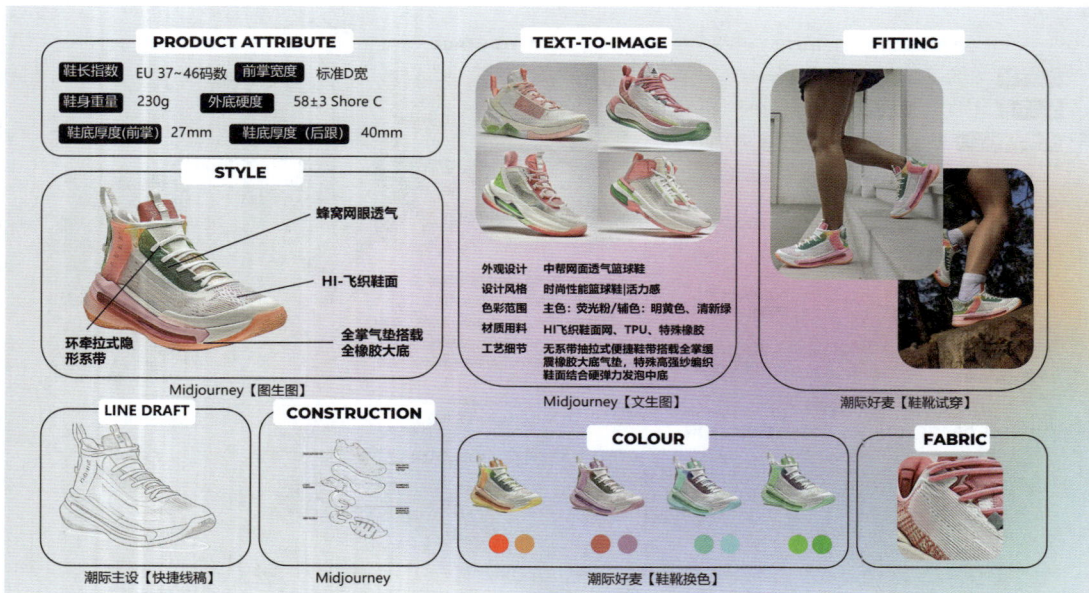

图4-18-3

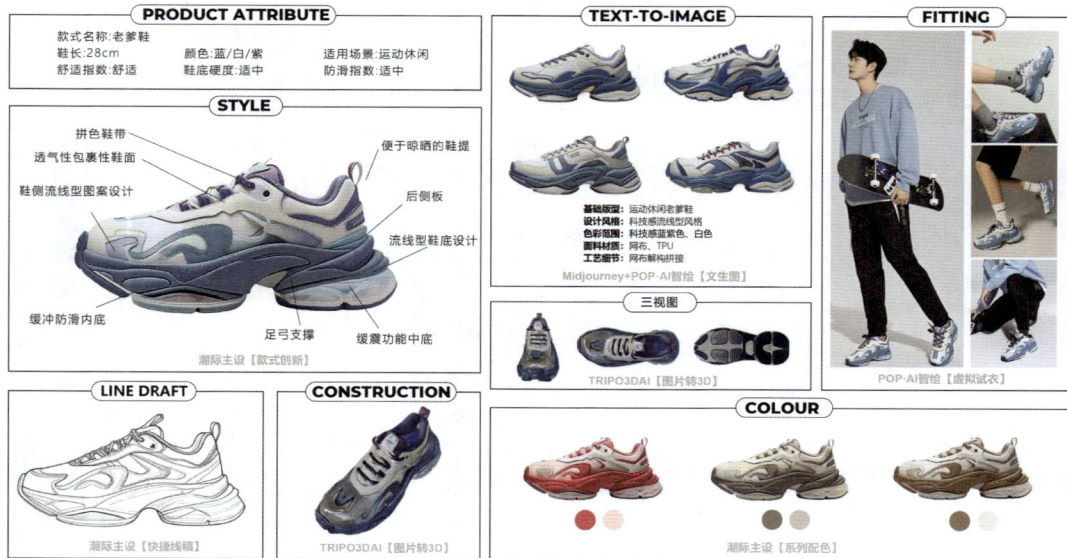

图4-18-4

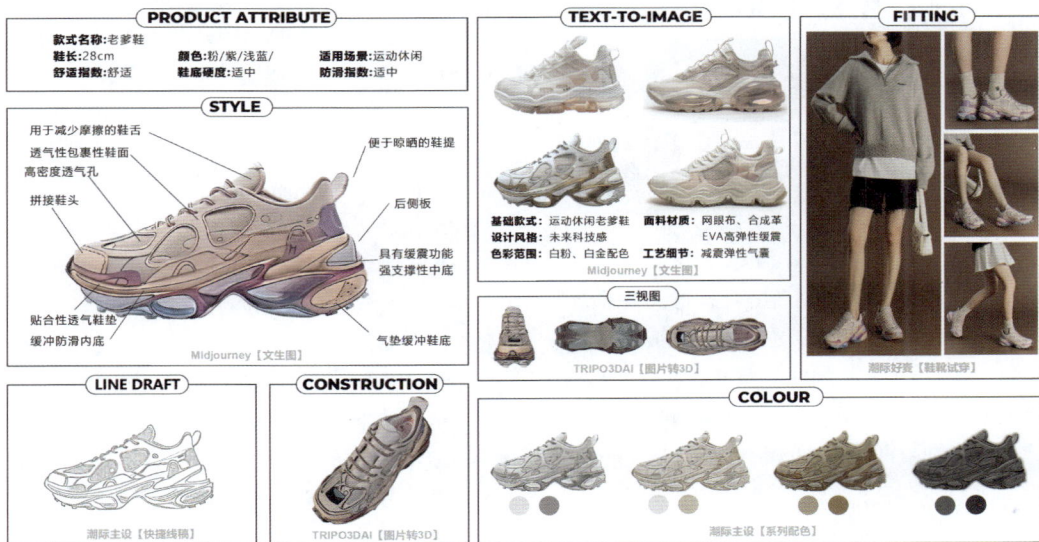

图4-18-5

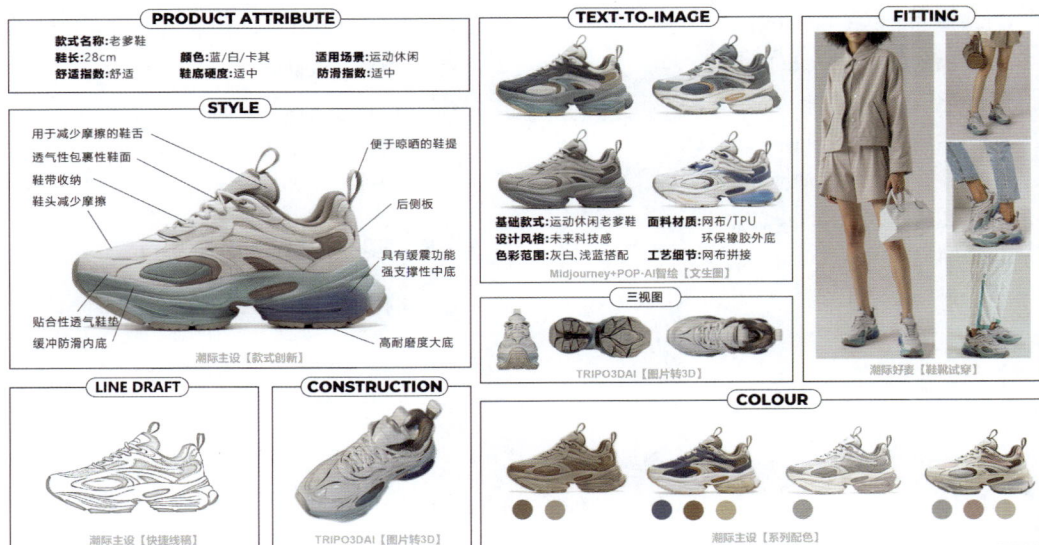

图4-18-6

4.19 创意服装

4.19.1 类别概述

创新类的服装设计旨在突破传统框架，探索时尚的无限可能。设计上不拘泥于特定风格，既可以是未来感的液态长裙，也可能是融入民族文化的解构上衣。在面料上，大胆尝试多种材料的创新融合，将前沿理念与艺术表达融会贯通。这类服装既是身体的外延，更是个性宣言与未来生活方式的探索，它跨越时间与风格的界限，引领时尚迈向更具包容性与创新精神的未来。

4.19.2 关键词

（1）设计元素

- 层次堆叠（Layered Stacking）
- 撕裂边缘（Frayed Edges）
- 不对称剪裁（Asymmetrical Cut）
- 解构拼接（Deconstructed Patchwork）
- 褶皱肌理（Crumpled Texture）
- 流苏垂坠（Tassel Drape）
- 磨砂质感（Matte Finish）
- 金属光泽（Metallic Sheen）
- 透明叠层（Transparent Layering）
- 镂空编织（Openwork Weave）
- 粗犷缝线（Rugged Stitching）
- 拼贴艺术（Collage Art）
- 破损美学（Worn Aesthetics）

- 动态流线（Dynamic Streamline）
- 3D打印细节（3D-printed Details）
- 可降解面料（Biodegradable Fabric）

（2）主题概念

- 未来主义（Futurism）
- 赛博朋克（Cyberpunk）
- 蒸汽波（Vaporwave）
- 后人类主义（Posthumanism）
- 非遗复兴（Intangible Heritage Revival）
- 文化碰撞（Cultural Collision）
- 仿生设计（Biomimetic Design）
- 太空探索（Space Exploration）
- 虚拟身份（Virtual Identity）
- 数字分身（Digital Duality）
- 梦境漫游（Dreamlike Wanderings）
- 超现实幻想（Surreal Fantasy）
- 末日废土（Post-apocalyptic Wasteland）
- 未来生态（Future Ecology）
- 数字乌托邦（Digital Utopia）
- 时间旅行（Time Travel）
- 平行宇宙（Parallel Universes）
- 无形之形（Formless Forms）
- 感官沉浸（Sensory Immersion）
- 情绪可视化（Emotional Visualization）
- 数据具象化（Data Materialization）
- 人工智能共生（AI Symbiosis）

4.19.3 实战设计

如图4-19-1至图4-19-2所示为实战案例。

TEXT-TO-IMAGE

STYLE

V领设计
灰色色块装饰
堆叠褶皱
荷叶边下摆

POP·AI智绘【AI拆款】

COLOUR

潮际主设【系列配色】

FABRIC

FITTING

基础版型　抹胸裙 | 立体造型
设计风格　前卫、解构主义
色彩范围　黑、白、灰
面料材质　仿纸质材质
工艺细节　堆叠褶边 | 灰色圆点 | 解构剪裁 | 雕塑效果

深度思考【文生图】

潮际好麦【模特试衣】

图4-19-1

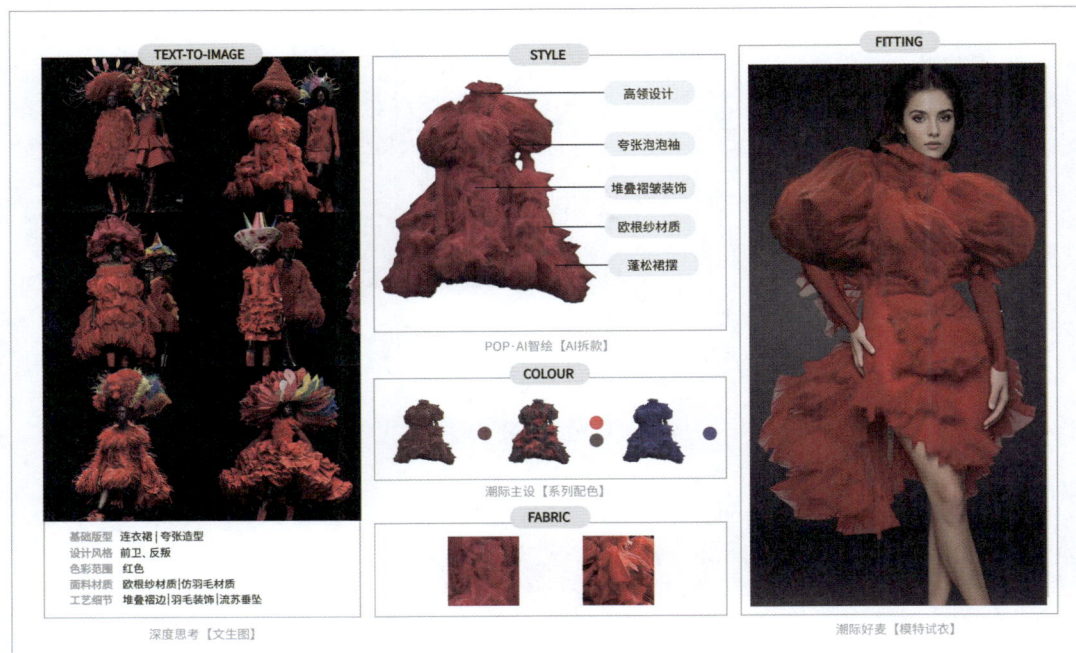

TEXT-TO-IMAGE

STYLE

高领设计
夸张泡泡袖
堆叠褶皱装饰
欧根纱材质
蓬松裙摆

POP·AI智绘【AI拆款】

COLOUR

潮际主设【系列配色】

FABRIC

FITTING

基础版型　连衣裙 | 夸张造型
设计风格　前卫、反叛
色彩范围　红色
面料材质　欧根纱材质 | 仿羽毛材质
工艺细节　堆叠褶边 | 羽毛装饰 | 流苏垂坠

深度思考【文生图】

潮际好麦【模特试衣】

图4-19-2

4.20 大师风格模拟

4.20.1 类别概述

大师风格模拟并非简单的复制，而是对经典设计理念的传承与创新，以经典为灵感源泉，结合当代审美趋势与精湛工艺，对时装史上的传奇大师精神进行演绎。经典的轮廓在色彩中流淌，在细节里绽放，在形态间重生。模拟大师风格，在重现经典作品神韵的同时，更通过色彩、形态和细节的精心设计，将大师的独到见解传递给每一位穿着者。

4.20.2 关键词

（1）时尚品牌

香奈儿（Chanel）

爱马仕（Hermes）

路易威登（Louis Vuitton）

迪奥（Dior）

古驰（Gucci）

范思哲（Versace）

阿玛尼（Armani）

普拉达（Prada）

缪缪（MiuMiu）

巴宝莉（Burberry）

圣罗兰（Saint Laurent）

华伦天奴（Valentino）

芬迪（Fendi）

赛琳（Celine）

纪梵希（Givenchy）

杜嘉班纳（Dolce&Gabbana）

卡尔文·克莱恩（Calvin Klein）

蔻依（Chloe）

巴黎世家（Balenciaga）

葆蝶家（BV）

拉夫劳伦（Ralph Lauren）

（2）设计大师

卡尔·拉格斐（Karl Lagerfeld）

亚历山大·王（Alexander Wang）

约翰·加利亚诺（John Galliano）

马克·雅可布（Marc Jacobs）

维多利亚·贝克汉姆（Victoria Beckham）

克里斯托弗·凯恩（Christopher Kane）

吴季刚（Jason Wu）

阿尔伯特·菲尔蒂（Alberta Ferretti）

西蒙娜·罗莎（Simone Rocha）

亚历山大·麦昆（Alexander McQueen）

川久保玲（Rei Kawakubo）

三宅一生（Issey Miyake）

山本耀司（Yohji Yamamoto）

斯特拉·麦卡特尼（Stella McCartney）

汤姆·福特（Tom Ford）

瓦伦蒂诺·加拉瓦尼（Valentino Galavani）

加布里埃尔·夏邦尼耶（Gabrielle Chanel）

克里斯汀·迪奥（Christian Dior）

多梅尼科·多尔切（Domenico Dolce）

斯蒂法诺·加巴纳（Stefano Gabbana）

4.20.3 实战设计

如图4-20-1至图4-20-6所示为实战案例。

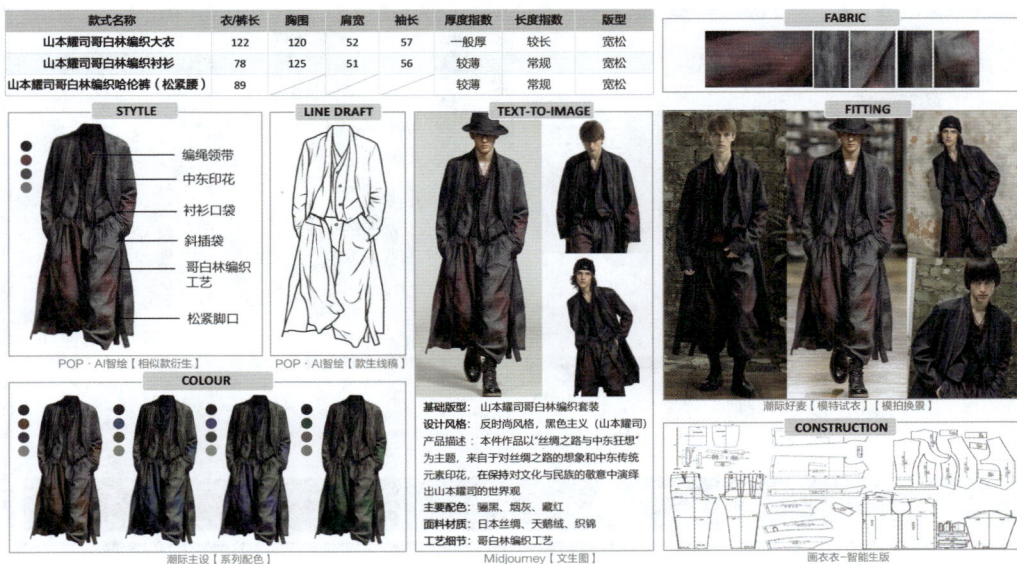

款式名称	衣/裤长	胸围	肩宽	袖长	厚度指数	长度指数	版型
山本耀司哥白林编织大衣	122	120	52	57	一般厚	较长	宽松
山本耀司哥白林编织衬衫	78	125	51	56	较薄	常规	宽松
山本耀司哥白林编织哈伦裤（松紧腰）	89				较薄	常规	宽松

STYTLE

LINE DRAFT

TEXT-TO-IMAGE

FABRIC

FITTING

编绳领带
中东印花
衬衫口袋
斜插袋
哥白林编织工艺
松紧脚口

POP · AI智绘【相似款衍生】

POP · AI智绘【款生线稿】

潮际好麦【模特试衣】【模拍换景】

COLOUR

CONSTRUCTION

潮际主设【系列配色】

基础版型： 山本耀司哥白林编织套装
设计风格： 反时尚风格，黑色主义（山本耀司）
产品描述： 本件作品以"丝绸之路与中东狂想"为主题，来自于对丝绸之路的想象和中东传统元素印花，在保持对文化与民族的敬意中演绎出山本耀司的世界观。
主要配色： 曜黑、烟灰、藏红
面料材质： 日本丝绸、天鹅绒、织锦
工艺细节： 哥白林编织工艺

Midjourney【文生图】

画衣衣-智能生版

图4-20-1

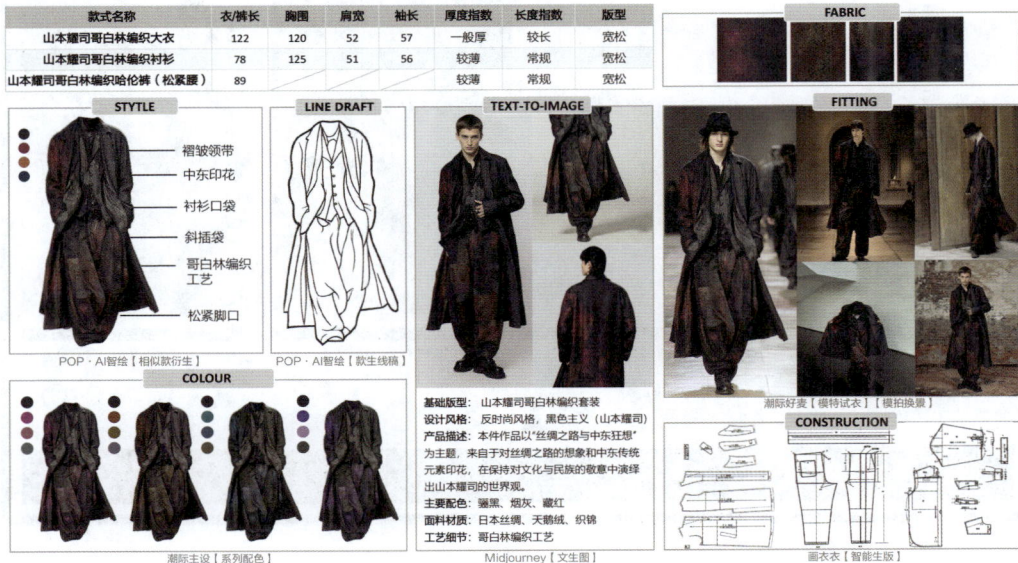

款式名称	衣/裤长	胸围	肩宽	袖长	厚度指数	长度指数	版型
山本耀司哥白林编织大衣	122	120	52	57	一般厚	较长	宽松
山本耀司哥白林编织衬衫	78	125	51	56	较薄	常规	宽松
山本耀司哥白林编织哈伦裤（松紧腰）	89				较薄	常规	宽松

STYTLE

LINE DRAFT

TEXT-TO-IMAGE

FABRIC

FITTING

褶皱领带
中东印花
衬衫口袋
斜插袋
哥白林编织工艺
松紧脚口

POP · AI智绘【相似款衍生】

POP · AI智绘【款生线稿】

潮际好麦【模特试衣】【模拍换景】

COLOUR

CONSTRUCTION

潮际主设【系列配色】

基础版型： 山本耀司哥白林编织套装
设计风格： 反时尚风格，黑色主义（山本耀司）
产品描述： 本件作品以"丝绸之路与中东狂想"为主题，来自于对丝绸之路的想象和中东传统元素印花，在保持对文化与民族的敬意中演绎出山本耀司的世界观。
主要配色： 曜黑、烟灰、藏红
面料材质： 日本丝绸、天鹅绒、织锦
工艺细节： 哥白林编织工艺

Midjourney【文生图】

画衣衣【智能生版】

图4-20-2

| STYLE | Midjourney【参考生成】 | LINE | Midjourney【参考生成】 | TEXT-TO-IMAGE | Midjourney【文生图】 | FITTING | 潮际好麦【模特试衣】 |

PRODUCT ATTRIBUTE

款式名称 - 耀羽之魅高定礼服

衣长 165cm　肩宽 38cm　胸围 84cm　袖长 非常规

厚度指数 偏厚　长度指数 超长　修身指数 紧身

COLOUR　潮际主设【系列配色】

罗马橙　丝绒白　曼波绿　冰河蓝

PROMPTS

风格：前卫、幻想风格、高级定制、亚历山大·麦昆风格
服装类别：斗篷式连衣裙
结构设计：结构化贴身胸衣、夸张廓形、戏剧化比例
材质工艺：多层羽毛、雕塑感金属质地
灵感来源：神话力量灵感

FABRIC　Midjourney【文生图】

1. 羽毛面料
2. 亮片刺绣网纱
3. 软质欧根纱内衬
4. 金属线刺绣

Alexander McQUEEN

图4-20-3

| STYLE | Midjourney【参考生成】 | LINE | Midjourney【参考生成】 | TEXT-TO-IMAGE | Midjourney【文生图】 | FITTING | 潮际好麦【模特试衣】 |

PRODUCT ATTRIBUTE

款式名称 - 朋羽使者

衣长 170cm　肩宽 38cm　胸围 84cm　袖长 无袖

厚度指数 中厚　长度指数 超长　修身指数 修身

COLOUR　潮际主设【系列配色】

PROMPTS

风格：前卫、自然色彩、亚历山大·麦昆风格
服装类别：A形长裙
结构设计：上身修身，下身大裙摆
材质工艺：羽毛装饰、蕾丝交织
灵感来源：自然鸟类

FABRIC　Midjourney【文生图】

1.黑白羽毛　2.网纱蕾丝面料　3.刺绣提花

Alexander McQUEEN

图4-20-4

图4-20-5

图4-20-6

后 记

　　放眼世界，纵览巴黎、米兰、东京大大小小的品牌发布会、服装博览会；北京、上海、广州大大小小的百货商场、批发市场；淘宝、抖音、拼多多等平台的服装演变丰富多彩，流行潮流令人目不暇接。在这瞬息万变的时尚浪潮中，一切元素都处于动态变化之中，唯一不变的，便是"变化"本身。

　　本书写作过程中，不断出现新潮流、新变化、新方法、新软件，时尚产业和这个世界一起在经历全新的变局。

　　感谢我的设计团队这么长时间一直坚持在跟时尚产业一起成长的第一线。有了这么多年设计实战的经历，才有能力适应这样的变化，才有今天书稿的完稿。

　　感谢中国服装协会、中国服装设计师协会、江苏省纺织工程学会、江苏省工信厅领导的指导；感谢国内优秀AI设计公司蝶讯、潮际、深度思考、凌迪、博克、画衣衣、POP、LOOK AI、青甲、设连锁等提供专业素材和支持；感谢我们设计实战服务的优秀领军品牌波司登、雅鹿、红豆、苏豪、361、哈芙琳、金开顺、汇鸿、艾诗丽等一直跟我们一起在AI设计实战前沿的探索。

　　感谢江南大学对面向未来成立的数字科技与创意设计学院的支持，让我们有能力迎接面向未来的时尚设计工作坊和综合创新设计课程的全方位变革。感谢国家社科基金重大项目"中华生活美学思想及其当代设计理论与实践研究"的支持。

　　特别感谢成稿过程中做出贡献的我们团队的设计师赵艺阳、杨其恕、林紫晴。

　　本书编写过程中承蒙北京、上海、江苏、广东等地服装品牌企业、相关院校、科技公司提供资料，并组织力量参加审稿，提出修改意见，对此表示衷心感谢。贺宪亭、吴偲偲、王飞、董灵丽、张晓雯、方玉明、张果千千、罗瑞、李逢美、郝宇隽、洪海玥、曾旎、雷梦缘、吴廷婷、费悦、祝佳欣、徐奥宁、张子兮、张思睿、张茜、吴圣暄、宁睿、朱筱蓓、龚颖睿、应婕、吴佩恩、樊子宁、韩思清、杨焯婷、沈宝茹、吕昀蔚、徐可馨、龙思敏、田若琳、沈迪仪、孙曦、侯灿、辛晓宇、殷明、叶飘飘、翁领航、杨雯媛等为本书的编写提供了素材、资料和建设性的意见，在此一并表示感谢。

　　时尚产业的算法革命正以指数级速度演进，昨日的前沿或许已成今日的常态。由于服装业发展变化快，AI服装设计在国内外系统地予以介绍的著作还不多见，也由于我们的水平所限，书中疏漏和不尽如人意之处在所难免，希望专家、同行和读者批评指正。

FASHION DESIGN